网络空间行动的伦理困境与社会规约研究

赵阵 / 蔡珏·著

时事出版社
北京

图书在版编目（CIP）数据

网络空间行动的伦理困境与社会规约研究/赵阵，蔡珏著．—北京：时事出版社，2023.9
ISBN 978-7-5195-0547-9

Ⅰ.①网⋯　Ⅱ.①赵⋯②蔡⋯　Ⅲ.①计算机网络—伦理学—研究　Ⅳ.①B82-057

中国国家版本馆 CIP 数据核字（2023）第 109012 号

出 版 发 行：时事出版社
地　　　址：北京市海淀区彰化路 138 号西荣阁 B 座 G2 层
邮　　　编：100097
发 行 热 线：（010）88869831　88869832
传　　　真：（010）88869875
电 子 邮 箱：shishichubanshe@ sina. com
网　　　址：www. shishishe. com
印　　　刷：北京良义印刷科技有限公司

开本：787×1092　1/16　印张：15.25　字数：227 千字
2023 年 9 月第 1 版　2023 年 9 月第 1 次印刷
定价：88.00 元

（如有印装质量问题，请与本社发行部联系调换）

CONTENTS 目录

第一章　绪论 ……………………………………………………… /1
　一、选题缘由 ……………………………………………………… /2
　二、研究现状 ……………………………………………………… /5
　三、研究价值与创新 ……………………………………………… /10

第二章　网络空间行动的伦理之困 …………………………… /12
　一、是谁在实施网络攻击 ………………………………………… /15
　二、网络攻击的对象是什么 ……………………………………… /19
　三、网络空间行动实施程度如何控制 …………………………… /25
　四、网络空间行动是否合法 ……………………………………… /30

第三章　网络空间行动的本质属性 …………………………… /37
　一、网络空间行动中的政治行动 ………………………………… /37
　二、网络攻击的暴力性 …………………………………………… /55
　三、正规的组织性活动 …………………………………………… /66
　四、案例分析："震网"攻击 ……………………………………… /78

第四章　网络空间行动的内在机理 ················· /87
一、虚拟空间的信息对抗 ························· /88
二、寻找漏洞的突然袭击 ························ /105
三、立足建设的整体防御 ························ /124

第五章　网络空间行动的战略定位 ················ /138
一、网络空间行动与核威慑 ······················ /138
二、网络空间行动与情报获取 ···················· /158
三、网络空间行动与意识形态斗争 ················ /170

第六章　网络空间行动的社会规约 ················ /189
一、网络军事力量的战略均衡 ···················· /190
二、网络空间和平的责任分担 ···················· /206
三、网络空间行动的国际立法 ···················· /225

第一章 绪论

随着计算机技术与网络技术的发展应用，网络空间已经成为人们生活、工作、娱乐的重要场域，人类社会的重大政治、经济、文化等活动也都在网络空间中进行，网络空间已然成为与自然世界相平行的虚拟空间。伴随着网络空间的发展，网络安全问题也日益凸显，网络攻击事件层出不穷，既有个体性的黑客攻击也有政府实施的网络攻击行动，一时间网络空间安全面临着严峻的挑战。为了应对网络空间安全挑战，世界上众多国家纷纷组建网络体系甚至实施网络空间攻防行动，网络空间行动的政治性、军事化特征越来越明显。已有的国际法如"海牙公约体系""日内瓦公约体系"和《联合国宪章》等，在适用于虚拟网络空间时遭遇到了严峻挑战。以美国为主导的北约制定出《塔林手册》，意图建立网络空间行动的国际准则，对各个国家在网络空间的活动尤其是军事行动进行规约。中国向来反对单边主义，主张在相互尊重的基础上通过协商建立网络空间治理体系，制定各方都能普遍接受的国际规则，以实现网络空间的和平、安全和有序。主张各国应该遵循尊重网络主权、维护和平安全、促进开放合作、构建良好秩序等原则，共同遏制信息技术滥用，反对网络监听和网络攻击，反对网络空间军备竞赛。[①] 在2017年外交部和国家互联网信息办公室联合发布的《网络空间国际合作战略》中明确提出："国际社会要切实遵守《联合国宪章》宗旨与原则，特别是不使用或威胁使用武力、和平解决争端的原则，确保网络空间的

---

① 中共中央文献研究室编：《习近平谈治国理政（第二卷）》，北京：外文出版社，2017年版，第535页。

和平与安全。各国应共同反对利用信息通信技术实施敌对行动和侵略行径，防止网络军备竞赛，防范网络空间冲突，坚持以和平方式解决网络空间的争端。"同时也鲜明表达了维护主权与安全的坚定立场。中国在遵循一贯的积极防御军事战略方针的前提下，将"加快网络空间力量建设，提高网络空间态势感知、网络防御、支援国家网络空间行动和参与国际合作的能力，遏控网络空间重大危机，保障国家网络安全，维护国家安全和社会稳定"。① 正是基于维护网络国家主权、实现网络空间和平目的，展开对网络空间行动的伦理困境与社会规约研究。

一、选题缘由

从已有的历史来看，每当人类活动拓展到新领域时总会将暴力对抗引入到这一新领域，这并不是因为人有好斗的本性，而是因为新领域与新型经济利益关系密切，为了争夺维护经济利益而对新领域进行争夺与控制，在已有的陆、海、空、天等领域及对应的专业化作战力量都充分说明了这一点。由于作战行动势必带来破坏和杀戮，人们对其总是持怀疑、反思和否定的态度，但是暴力却始终与人类政治活动如影随形，为实现政治目的保驾护航。显然，在社会伦理与行为方式之间始终保持着一定的张力，伦理原则对具体行动具有规范性、制止性的作用，而现实政治需求又无时无刻不在驱使行动方式向前发展。要看到这二者之间是辩证统一的，伦理原则从本质上而言是为政治目的服务的，即它的根本目的不在于消除暴力行为而在于有效控制战争使其更好地服务于政治，因为暴力的根源在于生产方式的矛盾而不在于伦理认知；而政治需求必须在伦理原则的框架下驱使作战行为，必须充分考虑作战行为所可能带来的社会后果而不是单纯地将其看作是一种暴力工具。

计算机及其网络快速发展并广泛应用社会生产生活各个领域，形成

---

① 中国外交部：《网络空间国际合作战略》，http://new.fmprc.gov.cn/web/wjb_673085/zzjg_673183/jks_674633/zclc_674645/qt_674659/201703/t20170301_7669140.shtml。

了独立的网络空间，人们在网络空间中围绕信息展开攻防对抗活动，从而诞生了网络空间行动这种新型对抗形式。

首先，网络空间行动是一种极其重要的行动方式。计算机网络技术广泛应用于社会各领域，不仅自身广泛连接构成体系，而且将各种物质实体也都连接起来，几乎达到了万物互联的程度。"网络空间是人类基于信息技术而开拓的一种新型空间，作为信息技术设施和规则的集合体，它不仅为人类提供了一种先进的信息传输手段和开放式的信息交往平台，而且提供了一种独特的社会人文生活空间和全新的经济发展方式，它重塑现实社会的规则制度并把规则制度本身的演进带入一个新的阶段。人类由此获得了新型的生存方式和经济发展模式。"① 网络空间已经成为与自然空间相平行的第二活动空间，人的网络生存已经成为人生存的有机组成部分，与此相对应的网络社会也成为了民族国家社会的有机组成部分，对网络空间的破坏与控制也就必然导致民族国家的动乱与毁灭，因此，网络空间行动已经远远不是计算机故障、网络断线之类的技术问题，而成为了孙子所说的"死生之地，存亡之道"。

其次，网络空间行动是一种发生于虚拟空间的崭新行动形式。网络空间行动属于战争的范畴，但是与传统战争有着重大不同，它随着计算机网络技术应用而诞生并不断发展，网络空间行动的技术装备、作战机理和社会后果都凸显了信息态特征，人们需要重新实践认知这种新型作战形式。

最后，网络空间行动的相关理论研究相对滞后。现实生活中，人们几乎无时不在网络之中，但是对于网络安全尤其是敌方有针对性的攻击可能全然不觉，事实上，从政府门户网站到个人微博、从工业内网到手机用户都可能成为攻击目标，网络攻击就在人们身边。与具体实践相比，关于网络空间行动的认知已经落后了，这也好理解，在现实利益驱动下网络攻击行为时有发生，而得到人们普遍接受的伦理原则却难以形成。"军事背景下新兴技术的某些发展可能会引发复杂的伦理、法律和社会

---

① 张影强等著：《全球网络空间治理体系与中国方案》，北京：中国经济出版社，2017年版，第25页。

问题，其中有些与民事环境下类似技术面临的问题不同。新兴技术的性质决定了其未来发展轨迹的高度不确定性，由此可能引发的伦理、法律和社会问题相应地也将异常广泛。"① 新兴技术总是带来这样或那样的伦理问题，人们需要追寻技术发展规律进行理论探索。不可否认，已有的社会伦理原则并非毫无价值，它们对于网络空间行动而言具有重要的借鉴意义，但是又不能原封不动照搬而来，毕竟网络空间行动与传统战争有着重大区别。

《塔林手册》是国际社会尝试构建网络空间行动伦理规则的重要成果，对于规范网络空间行动具有重要的借鉴意义，然而从一些具体的规则条文到伦理规范需要进行阐释和升华，需要结合网络空间本质特征和战争一般规律进行理论建构，形成具有普遍性、广泛性并易于接受的伦理规范。这就应该采用更为宽广的研究视角，通过对战争实践经验进行总结，从感性认知上升到理性认知得出能够反映新形态作战行动本质的伦理规范，这就需要从整体上研究网络空间行动，在掌握其本质特征的基础上探索符合事物基本规律的伦理规则。

本书立足于网络空间行动的实践，揭示其存在的伦理困境，然后针对这些现实问题通过深入研究网络空间行动的本质特征和内在机理等进行解决。因为要正确理解网络空间行动的伦理问题，首先要对网络空间行动有深刻的理解，要掌握这种新型行动方式的本质规律，否则就会陷入用已有的伦理规则强套新质内容的窠臼。第三章研究网络空间行动的本质属性，第四章研究其内在机理，第五章研究网络空间行动的战略定位，看似与网络空间行动伦理问题关系不大，但是没有这些本质规律性的研究，网络空间行动伦理规则将会建立在空泛的概念之上，也就失去了其实际意义。当然，从另外的角度而言，本书所给的建议对策都是定性的，重在揭示事物的客观规律，而不是制定详细的规则条文，对网络空间行动进行哲学解读是本书研究的基本定位。

---

① [美]简·卢·钱缪、威廉·F. 包豪斯、赫伯特·S. 林等著：《新兴技术与国家安全——相关伦理、法律与社会问题的解决之道》，陈肖旭等译，北京：国防工业出版社，2019年版，第6页。

网络空间由众多计算机网络构成，其中既包括己方的也包括敌对方的、第三方的，它没有自然空间的时空阻隔，将不同用户统一在了互联互通的虚拟空间之中，因此，网络用户存在一损俱损、一荣俱荣的局面。孙子早在 2000 多年前就指出："全国为上，破国次之；全军为上，破军次之。"用这种全胜的思想来研究网络空间行动是最为合适的，毕竟网络空间前所未有地将人们联结起来，如果真是因为网络空间行动而导致网络崩溃、割裂甚至是毁灭，那么即便是取得胜利的一方也是得不偿失的。

二、研究现状

（一）网络空间行动国际法研究

由北约合作网络防御卓越中心（CCDCOE）将战争法、军事法和网络技术专家组成一个国际专家组，先后完成《塔林手册》（1.0 版和 2.0 版）两个版本的撰写。《塔林手册》"不仅是国际上第一项对'网络空间行动'的国际法问题进行大规模集体研究的成果，同时也是第一次试图通过'编纂'或'认定'习惯国际法的方式，直接为'网络空间行动'澄清和确立法律规则的努力"。[①] 网络空间行动国际法是在对比已有法律基础上制定的，一般国际法、武装冲突法、国际人权法、海洋法、航空法以及外层空间法等都成为了立法借鉴。法学专家们认为，在国际法中，诉诸武力只是例外而非原则，国际法的支配性原则是追求和平和最大限度地限制暴力。因此，主张网络空间和网络安全政策的"去军事化"，并在各国政府和民间广泛协商的基础上，就网络裁军和全球网络安全治理等重大问题寻求共识，共同致力于构建和平、和谐的网络空间国际秩序。虽然手册中一再明确其中的观点只代表与会专家和专家组的观点，

[①] 黄志雄：《国际法视角下的"网络战"及中国的对策——以诉诸武力权为中心》，《现代法学》，2015 年第 5 期。

既非某一个国际组织的官方文件，也不代表专家所在国家的政府立场，但它毕竟是在北约组织主导下制定出来的，更多体现出了对既定法律和国际秩序的延续和继承，体现了主导者的利益和意志。客观而言，网络空间是计算机网络技术发展而形成的人造空间，这个空间及其性质随着技术进步而不断发生变化，人们对新技术及其社会应用后果的认知也是不断深入的过程，即便是《塔林手册》（2.0版）也会随着时间的推移而逐渐变得不合时宜，人们需要跟随技术的进程制定更高版本的手册。

（二）网络空间治理研究

网络空间治理问题相对于网络空间行动是更为宏大的范畴，关于这一领域的研究是解决网络空间行动伦理问题的基础。实现全球网络空间治理，推进网络空间法治化和网络空间的"共享共治"是国际社会共同面临的难题。在如何进行网络空间全球治理方面尚存在分歧，中国等国家强调尊重网络主权，主张发挥联合国主导作用推动国际社会通力协作进行治理；美国坚持"互联网自由"原则，实际上也就是主张以实力和技术为基础来划分利益区间，反对主权国家对网络空间治理的主导权利。在网络空间治理机制方面存在"网络巴尔干化"和"碎片化"等特征，尚未形成统一性的国际立法和组织机构，加之存在网络空间霸权主义、殖民主义、主权虚无主义等，对网络战的责任追究极其困难，如何对网络空间这一新的作战域进行全球治理，对相关伦理规范提出了难题。

美国学者米尔顿·L.穆勒（Milton L. Mueller）从技术层面研究互联网治理问题，在其著作《从根上治理互联网：互联网治理与网络空间的驯化》（2019）中系统研究了互联网之根，即域名和地址空间的分配问题，从域名和地址分配的角度研究互联网治理和管理问题。对根的控制最初存在于非正式组织的技术精英中，主要由美国计算机科学家组成。随着互联网的商业化和域名注册成为一项有利可图的业务，互联网技术专家、商业和知识产权利益集团、国际组织、国家政府和个人倡导者之间爆发了产权争夺和域名大战。在这样的基础上诞生了互联网名称与数字地址分配机构（ICANN）。就作者的观点而言，显然他对于体制化的治理方式并不满意，虽然这种体制与传统的国家主权治理模式有区别，但是依然会伤害到互联网的自由和乌托邦的理想主义。

张影强等撰写的《全球网络空间治理体系与中国方案》（2017）一书深入分析了网络空间内涵，认为网络空间是由技术主导驱动的，技术领先是确定全球网络空间治理话语权的重要指标。认为全球网络空间治理的框架体系包括治理目标、治理原则、治理内容以及网络空间行为主体的权利和义务等。对中国加强网络空间治理提出了意见建议，认为包括核心关键资源、外交战略、核心技术、信息安全、数字经济等领域需要加强顶层设计。

美国学者米尔顿·L.穆勒创作的《网络与国家：互联网治理的全球政治学》探讨了网络及网络空间的形成对传统国家政治的影响。在作者看来网络协议是基于开放式的、非专有的，但是网络构成却是私有的，这二者之间存在着必然的张力，"系统中的一部分受私人积极性与私人控制的支配，另一部分则受全球协作与非专有获取权的支配。只有将私人与共有两者结合起来，这两者才能充分发挥作用"。其实作者充分表达了这样的观点，即网络作为一种体现信息本质的技术发明，它的出现对传统社会运转方式尤其是政府管理机制产生了极大的推动作用，网络治理不应该也无法独立于传统社会单独实施，它是传统治理模式在虚拟网络空间中的延伸与创新，只强调网络特殊性或无视其特殊性的做法都是不可取的。网络治理会随着互联网技术的进步而进步，也许需要很长时间才会形成高效率、低争端的国际协调框架。

沿着这一路径研究的作品还有：弗兰金·D.克拉默（Franklin D. Kramer）的《赛博力量与国家安全》（2017），王明国的《网络空间治理的制度困境与新兴国家的突破路径》（2015），安静的《网络空间面临的多重挑战及西方网络治理经验探讨》（2016）等。习近平在第二届世界互联网大会上提出的全球互联网治理应坚持的原则，即尊重网络主权、维护和平安全、促进开放合作、构建良好秩序，是解决网络战伦理困境的指导原则。

(三) 网络战研究

网络战所维护的军事安全是网络空间最高级别的安全问题，网络战作为达成政治目的的战略手段，对网络空间安全伦理提出了严峻挑战。随着网络快速发展并渗透应用于社会各个领域，网络空间安全成为支撑经济社会发展的基础要素。网络战的根本目的在于维护网络空间安全，但在具体实施过程中却与网络主权原则、国家安全利益原则和尊重公民网络隐私权原则等网络空间安全伦理产生冲突。在开放的网络环境中，网络战容易导致产生信息安全、网络泄密、干涉监听等伦理问题。另外，看似完善的系统背后隐藏着技术漏洞和安全风险，网络战与网络犯罪、黑客攻击和网络国家安全等交织在一起，使网络战伦理问题更加复杂。

互联网的安全问题来自于其逻辑构成和本质特征，如果不了解互联网是什么就无法掌握它所面临的安全威胁，P. W. 辛格等著的《网络安全：输不起的互联网战争》（2015）正是从最基本的网络知识出发研究网络安全问题，其观点较为深刻全面；另外就是研究内容充满了详细生动的案例，凸显出网络安全的现实意义，而安全理论研究也必须以具体实践为基础而不能陷入空洞理论。但是作者在分析我们能做什么时却并没有提出具体可行性的观点，其实网络安全问题是一个全域性的而又不断翻新的时代难题，它几乎涉及了所有国家的各个领域，因为网络已经渗入到了社会的各个角落，所以说它是全域性的。而且互联网始终在快速发展，云计算、大数据、区域链等新事物必然带来新的安全隐患，人们根本无法一劳永逸地解决网络安全问题，网络安全将会成为贯穿信息时代直达未来的重大问题。作者并没有将网络战与一般的安全问题区别开来，网络战的相关研究还不够专业具体。

美国学者弗兰金·D. 克拉默等人所写的《赛博力量与国家安全》旨在创建一个清晰一致的框架，用以理解和运用赛博力量来支持国家安全。"互联网促进全球化的巨大能力使得市场可以自由竞争，打破了传统的地理界线，使言论更加自由，并且挑战了国家主权的历史观念。这种全球化的影响减小了政府对国民活动和国家经济的控制力，甚至一些政府将这些改变看成是对国家主权和国内权力的挑战。"[①] 该书首先从基础知识开始论述，然后介绍了赛博空间结构与演化趋势，赛博空间变化在军事应用和威慑方面产生的潜在影响，赛博空间的一些手段和方法对打击犯罪、恐怖分子和增强国家实力产生的影响等。作者的写作主旨在于系统梳理多种场景下赛博空间中存在的问题，并有针对性地对决策者提出可行性的措施建议。总体而言，该书所有论述几乎涉及网络战从战术层面到战略层面乃至国家安全层面的所有问题，覆盖范围广泛是其优点，但是涉及内容太过宽泛而且有的部分逻辑区分并不明显是其不足，原因在于各个章节由不同作者撰写，也就难免出现衔接中的瑕疵。

蔡军、王宇等人在《美国网络空间作战能力建设研究》（2018）中剖析了美军的网络作战能力，认为美军的现代化建设水平在世界上首屈一指，其网络空间作战能力建设也处于领先水平，网络空间作战能力包括进攻、防御、保障能力等，这些能力的建设涉及作战力量、作战理论、武器装备、战场基础环境、作战训练和人才培养等众多方面，显然网络空间作战能力建设已成为一项国家战略，对于国家安全尤其是国防安全具有重大意义。但是作者并没有将网络战与传统战争区别开来，网络战的逻辑机理并没有完全从传统战争中剥离出来，正是因为如此，当涉及网络武器、网络攻击等具体问题时就显得论述不够充分。

美国学者贾约迪亚（Sushil Jajodia）等人重点研究了《网络空间态势感知问题与研究》（2014），认为网络空间态势感知是实施网络攻防和开展网络利用的基础和前提，它包括网络状态认知、恶意行为感知、恶意行为影响评估、态势追踪、因果分析和取证、态势感知信息—情报—决策的可靠性判断以及态势预测等方面的内容。该书的研究目标是通过研究网络空间态势感知的整体性方法以及将现有的系统设计进化为能实现自我感知的新系统，进而探索如何有效提升网络空间态势感知能力。

《定向网络攻击——由漏洞利用与恶意软件驱动的多阶段攻击》（2016）是由美国学者阿迪蒂亚·苏德（Aditya K Sood）和理查德·尹鲍

[①] ［美］弗兰金·D.克拉默等著：《赛博力量与国家安全》，赵刚等译，北京：国防工业出版社，2017年版，第444页。

德（Richard Enbody）所著，具体到了战术层面研究网络战问题。该书主要研究定向攻击和网络犯罪的机理，各章分别研究了定向攻击的不同阶段和实施程序，研究内容非常详细具体。正如在书中第九章总结的那样，定向攻击包括搜集目标情报、制定攻击策略、实施漏洞利用攻击、窃取数据和保持控制等阶段。同时澄清了一些认识，比如定向攻击并非非常复杂，也不一定要由国家发起，攻击目标也可能是微小企业等不甚重大的目标等。定向攻击是网络战中非常重要的攻防方式，也是达成特定攻击目的的必用手段。

相关研究包括有吴晓蓉的《网络空间安全建设的伦理思考》（2015），宋吉鑫的《网络伦理学研究》（2012），P. W. 辛格的《网络安全：输不起的互联网战争》（2015），王舒毅的《网络安全国家战略研究：由来、原理与抉择》（2016）等。中国2016年发布的《国家网络空间安全战略》提出的尊重维护网络主权、和平利用网络空间、依法治理网络空间等原则，对网络战伦理具有指导意义。显然，网络战伦理问题不仅限于网络作战范畴，而且拓展到了网络空间安全领域，但相关研究并不全面深入。

总之，由于网络安全问题日益凸显，网络空间行动也日益受到重视，围绕网络空间行动引发的伦理问题及相关对策有了一定的研究，但仍存在进一步拓展的空间：其一，从国家安全战略角度研究网络空间行动不够，尤其是以国家总体安全观和网络安全为理论背景分析网络空间行动引发的伦理问题，研究相对薄弱；其二，从网络空间行动的具体实施细节，如新型网络技术装备、复杂攻击方式、对基础设施的破坏影响程度等环节分析伦理问题，尚未有较深入的专题研究；其三，对解决网络空间行动伦理困境的社会规约研究不够，尤其是从全球网络空间治理角度制定切实可行的措施，仍需进一步深入探讨。

三、研究价值与创新

本书从网络空间行动对传统伦理原则的挑战入手，研究网络空间行动本身存在的伦理困境，基于问题剖析建构总体安全观背景下的网络空间行动伦理规约。网络安全的维护和网络权益的争夺势必会导致对抗性的网络空间行动出现，但这种行动方式出现时间短、技术含量高并处于迅速变化之中，再加上行动空间具有虚拟隐蔽性，如何准确合理实施网络空间行动成为了世界难题，一直以来，国际社会对这种新型行动方式讳莫如深，但是又在暗地里磨刀霍霍，网络空间行动的正规化势在必行，网络空间行动的伦理困境问题亟待研究解决。本研究对于规范和指导网络空间行动进而维护国家网络安全、掌握世界网络空间治理话语权具有重要的实践应用价值。

第二章 网络空间行动的伦理之困

随着计算机网络技术的发展，网络空间行动已经开始走上历史舞台，它初登历史舞台时若隐若现，混迹于复杂的人类网络行动之中。随着科学技术不断进步和行动实践的不断深入，网络空间行动形成发展的轨迹逐渐清晰，其作为一种新型行动方式的特征逐渐显现，并对已有的伦理规范产生挑战。

我们先来回顾一下已经出现的网络空间行动。

1. "第一次网络战争"

"第一次网络战争"的称谓赋予了科索沃战争期间的网络冲突，1999年4月19日，时任美国国防部副部长哈默在一个信息安全研讨会上首次提出这个称谓。在北约对南联盟进行空中轰炸时，一些南联盟的或者支持南联盟的计算机黑客自发地对北约网络实施攻击，从网络空间向北约宣战，攻击北约总部及其成员国的网页、计算机和服务器等网络设施。北约的服务器在PING空数据包攻击下陷入瘫痪，用来发布战况信息的网站被迫关闭。另外，一种名叫"梅利莎"的病毒还攻击了美国海军陆战队的的Email系统并使其陷入瘫痪，黑客的攻击给北约造成了较大损失。

其实，在科索沃战争中以美国为首的一方拥有信息技术优势和常规作战力量优势，南联盟的网络攻击既不是有组织的官方行为，也没有达到有效瘫痪敌人的作战效果，它只是少数计算机黑客"骑士"般的英勇行为。北约的网络行动反倒值得注意，它虽然不如南联盟搞得那么轰轰烈烈、招摇过市，但由官方组织在悄无声息中对敌方实施了真正意义上的网络攻击，采取了诸如窃取敌军机密情报、攻击敌方防空系统等行动，有效削弱了南联盟的作战能力。

2. 网络空间行动成为独立的达成政治目的的工具

爱沙尼亚遭受网络攻击事件充分体现了利用网络空间行动达成政治目的的功能。爱沙尼亚是苏联时期的加盟共和国之一，国内居住着大量的俄罗斯人，历史文化与俄罗斯有着千丝万缕的联系。2007年4月该国政府计划将苏联时期的红军雕像从广场中心迁移到偏僻的军人坟场，这么做的目的是为了迎合一部分人的政治取向，但是这种行为也必然触犯另外一部分人的政治情感，于是反对者通过网络对爱沙尼亚政府展开了猛烈攻击。从4月27日开始，爱沙尼亚的多个网站因受到攻击而不得不临时关闭，报纸、电视台、银行，甚至学校都受到了网络攻击的袭扰，就连该国总统的个人网页也无法幸免。在5月的3日、8日至9日、15日先后发生了三个波次的攻击，攻击目标明确而集中，政府机构、宣传媒体和银行电信等网站是重点攻击目标。爱沙尼亚是一个波罗的海小国，但是信息化程度较高，政府行政运行、商业交易活动和各种基础设施应用都高度依赖网络，一连串的网络攻击给该国的经济、社会运行造成了重大损失。

攻击爱沙尼亚网络的是分布式拒绝服务攻击，通俗而言，就是全世界各地的计算机纷纷向爱沙尼亚的网站请求登录，直至该国服务器无法满足如此多的请求而崩溃。显然，世界各地的计算机并不是真正请求服务，而是被幕后黑手操纵成为了"僵尸机"，成为了攻击爱沙尼亚网络的武器。爱方指责是俄罗斯主导了这场攻击，但是并没有确凿的证据予以证明，俄方也矢口否认攻击事件与自己有关。至于幕后黑手是谁，至今已经成为悬案。"爱沙尼亚所遭受的攻击，是人类第一次向某个主权国家发动纯粹的网络空间攻击，且对受攻击国产生了多方面的重大影响。"[1] 这个典型案例的重要意义在于，网络空间行动成为了独立的达成政治目的手段，没有传统战争的硝烟炮火，仅凭网络空间的攻击破坏就向敌对方明确地表达了政治意图，战争大家族中出现了一种新的作战方式。"拒绝服务攻击的历史与其说是一部科技史，不如说是一部政治史，

---

[1] 吕晶华著：《美国网络空间战思想研究》，北京：军事科学出版社，2014年版，第30页。

因为那些著名的攻击事件背后都有一定的政治企图。这说明政治异议不是全部通过语言内容来表达的，也可以通过技术方式来表达。2008年爱沙尼亚和2009年格鲁吉亚遭受的拒绝服务攻击都是受政治目的驱动的。"①

3. 网络攻击达成物理破坏

伊朗作为中东地区的伊斯兰大国，一直面临着西方世界的强大压力，从军事博弈的角度而言，开发核武器就成为了该国应对国际危机的必然选择，而以美国为首的西方国家则竭力阻止伊朗研发核武器。2009年12月—2010年1月，伊朗的纳坦兹铀浓缩工场出现了问题，大量的铀浓缩离心机出现了故障。型号为IR-1型的离心机虽然脆弱且容易损坏，诸如原料不合格、维护不当或者人工操作失误等问题都可能导致高达10%的年损毁率，但是这一段时间的损毁率要远远高于这一数据。联合国国际原子能组织工作人员每隔两个月都会到纳坦兹核查铀浓缩工场的铀产量，他们也发现在这段时间里离心机损坏数量远高于正常水平。当然，国际原子能组织的工作人员并没有深究损毁率增加的原因，而伊朗方面只知道离心机替换率居高不下，也无法找出真正的原因。今天我们知道是因为铀浓缩工场工业控制室的计算机感染了病毒，这种病毒改变了离心机运转的参数，进而导致出现了大量的损毁。

网络空间行动发生于网络空间，利用网络武器对敌方数据信息或者信息设施进行攻击破坏，其破坏范围主要表现于信息域。事实上信息域、物理域和心理域紧密相连，攻击信息自然会波及到物理设施和心理状态，只是如何衔接并在实际操作中达到预期作战效果一直无法实现。"震网"攻击事件开创了通过网络攻击达到物理破坏效果的先河。至于是谁研制出专门针对特定型号机器控制软件的病毒，通过何种途径将其植入处于物理隔离状态而且防卫森严的伊朗铀浓缩机器上，这种复杂的攻击行动从什么时候开始的等等，并没有明确的官方答案。从另外的角度而言，攻击方完全隐藏了自己，在悄无声息中对伊朗的核设施实施了破坏。

---

① ［美］劳拉·德拉迪斯著：《互联网治理全球博弈》，覃庆玲等译，北京：中国人民大学出版社，2016年版，第115—116页。

以上三个案例属于网络空间行动的非典型性的典型案例，说它们是非典型性是因为网络空间行动距离独立的战争样式有差距，还处于不断发展演变过程中，但它们却是典型案例，因为它们都具有代表性，是网络空间行动发展过程逐步体现政治性、暴力性本质的典型代表。从这些案例中我们可以形成对网络空间行动的初步认知，它是发生于网络空间的用以达成政治目的的一种暴力手段。这个判断还需要进一步明确其内涵，但是就网络空间行动本身而言却带来了一系列的问题，它的实施带来了一系列的伦理问题。

一、是谁在实施网络攻击

人们对战争这一社会历史活动并不陌生，它必须由敌对双方共同实施，作战中的敌对方昭然若揭清晰明了，即便是极具隐蔽性的偷袭，也只能掩盖一时而不可能不被世人知道。总之，是谁发动了战争，一直是一个不言自明、无需争论的话题。然而在网络空间行动中，这个最基本的常识却率先遭遇了挑战：发动网络攻击者往往无迹可寻。人们通常认为是计算机黑客发动了网络攻击，但是"计算机黑客"仅是一般性称谓，它代表的是一类人却没有具体的含义，就像是说遭到了士兵的攻击一样，哪个国家的士兵、是谁在指挥士兵却无从得知。普通黑客攻击的目的无非是为了获取钱财、满足好奇或者是纯粹破坏，但是网络攻击背后代表的是政府组织的政治意图，找不到幕后黑手就无法予以反制。

正如在常规战争中，己方受到了敌方的攻击却无法辨识敌人是谁，这就致使己方无法采取反击行动。爱沙尼亚因为要移走苏联红军雕像而受到了大规模有组织的网络攻击，但是不能确定是谁在组织网络攻击，他们猜测俄罗斯是幕后主使，但并没有确凿证据能够证明，也就无法对俄方提出抗议或者进一步采取反击行动。对敌人予以反击是常规战争的基本伦理法则，但是在网络空间行动中遇到了严峻挑战，关键就是敌人的不确定性。俄罗斯固然有重大嫌疑，但也可能是其他国家刻意而为，故意利用民族矛盾嫁祸给俄罗斯,如果贸然对俄罗斯采取行动反而是发动了不正义的战争。也许有人会说,既然网络攻击难以追寻痕迹,而且基本锁定了敌对方,干脆也通过秘密途径对敌对方发动网络攻击,如果是那样的话,网络空间行动也就毫无准则可言,因为你可以对你认为攻击你的一方发起反击,你也可以对现实中敌对的国家主动发起攻击,你还可以对任何你想要攻击的一方实施攻击。

事实上,在现实中正是无法辨识攻击者是谁,才导致网络攻击事件层出不穷,世界众多国家的重要信息资源每天都面临着众多的、形式各异的网络攻击,其中包括有黑客的个人行为,也包括有组织的政府行为,而后者可能产生的问题要严重得多。

为什么网络空间行动中发现敌人就这么困难呢?传统战争通常是面对面的较量,即便是远程攻击武器使敌对双方不再接触,但是在自然空间中的运动轨迹终究便于察觉。网络空间行动发生在网络空间,是通过计算机和网络实施的攻击,攻击者与被攻击者在自然空间中毫无关联。更为关键的是网络中信息流动不会留下任何痕迹,这样说也许有些武断,但是追踪攻击者并确定主体是谁确实是个技术难题。

之所以会出现不知道网络空间行动的攻击者是谁这个有悖常理的问题,是因为网络空间行动发生于虚拟网络空间,网络空间的特点决定了网络空间行动的特征,产生了新的伦理问题。

网络空间是如何产生的呢?这就要从现代信息技术革命大背景下进行阐释。一直以来,物质、能量与信息是构成技术的三种基本要素,也是人类活动须臾不可离开的基本要素,相比较而言,信息技术发展相对缓慢。人们对信息的利用长期停留于人类语言的记述与传播层次,信息技术主要是辅助记述与传播语言文字的工具手段,诸如造纸术、印刷术,甚至是录音、录像设备等,而信息处理的中心仍然是生物性的人的大脑。现代信息技术革命彻底改变了已有的信息传输处理模式,并形成了人造的网络空间。

信息是什么?这个问题一直没有得到很好的回答。诺伯特·维纳(Norbert Wiener)认为"信息就是信息,不是物质也不是能量,不承认这一点的唯物论，在今天就不能存在下去"。① 这个论断首先为信息做了合理定位，将其作为一种独立元素与物质和能量区别开来，也就开启了单独研究信息的先河。维纳还进一步认为，"信息是我们适应外部世界，并且使这种适应为外部世界所感到的过程中，同外部世界进行交换的内容的名称"，② 显然维纳关于信息本质的看法与辩证唯物主义的观点相一致，信息来源于客观存在的事物，它不是人主观臆造的，主体的认知只能决定信息的形式，客观事物本身才能决定信息的内容。客观事物的存在具有无限多样性，任何一个具体事物也都是多维立体的，是多重存在形式的组合，以信息的方式再现事物本身只能是一种抽象概括，只能从某一方面再现事物。人依靠自己的感官获得关于事物的信息，并在观念中重构事物，然后以语言、文字或者是图画等形式再现出来，这些载体就负载了事物的信息。

现代信息革命首先发生于信息形式，即诞生了新的信息记述方式。电子管的诞生产生了电子信息，即通过电子流来反映控制信息流，这种发明至少从两个方面深刻改变了已有的信息模式：一是重新定义了信息的基本单位，在这之前很难说出信息基本单位是什么，由于事物以及整个世界的存在是连续的，人们对世界的认知也是建立于整体认知的基础之上，并未探究信息的基本单位。二是变革了信息的传输模式，信息关键在于交互，从客体到主体再到外部世界，信息得以生成并体现出了价值，如果没有传输也就无所谓信息，电子信息由于是依靠电子流记述信息，电子流远距离传输的特征赋予了电子信息传输的先天优势。

从哲学上而言，事物存在的状态无非是两种，即肯定与否定，肯定代表着事物本身是什么，而否定则是事物自我的扬弃与发展，这两种基本状态的幻化组合构成了事物的千变万化。二进制的0与1其实就是描述事物否定与肯定的两种基本状态，这两个数字的有机组合则能反映出丰富的客观世界。客观事物数字化也就意味着各种事物都能够用最基本

---

① ［美］诺伯特·维纳著：《控制论（或关于在动物和机器中控制和通信的科学）》（第二版），郝季仁译，北京：科学出版社，2009年版，第133页。
② ［美］诺伯特·维纳著：《维纳著作选》，钟韧译，上海：上海译文出版社，1978年版，第4页。

的信息单元加以表达，从而改变了人脑只能从抽象概括的层面反映事物的局限，同时也为信息加工处理奠定了基础。1938年香农发表论文《继电器和开关电路的符号分析》，首次阐述了如何将布尔代数运用于逻辑电路，为现代电子计算机开关电路奠定了理论基础。约翰·文森特·阿塔纳索夫（John Vincent Atanasoff）首先提出了利用电子器件进行计算的想法并制造出了电子计算机的雏形。

信息的数据化与电子计算机的发明是同一个过程。在电子计算机诞生以前，人们用于处理数据的机器有"加法器""乘法器""差分机"等，这些机械式计算器通过处理数字信息进行计算。电子计算机的发明则通过处理电子信息来进行计算，无数电子管组合在一起通过电流开合处理信息，从而改变了传统的信息处理方式。实际上，电子计算机的信息处理能力取决于算法，也即是说若要提升电子信息装置的信息处理能力就必须采用更优化的算法，"不同表征下的符号变换有着不同的操作方式，甚至同一表征下的符号变换都可以有不同的操作方式。既可以是物理性的方式，也可以是化学性的方式；既可以是经典的方式，也可以是量子的方式；既可以是确定性的方式，也可以是概率性的方式。在此，计算本质的统一性与计算方式的多样性得到了深刻的体现"。[1] 现代计算机一直在采用并不断追求最优化的算法。

1936年英国数学家、逻辑学家艾伦·麦席森·图灵（Alan Mathison Turing）发表论文《论数字计算在决断难题中的应用》，在附录中提出了可以辅助数学研究的机器，即图灵机。"图灵机的提出第一次在纯数学的符号逻辑和实体世界之间建立了联系，计算机以及人工智能都是基于图灵机的设想。"[2] 美国数学家阿隆佐·丘奇（Alonzo Church）认为，任何可行性计算的函数都可以通过通用图灵机进行计算，这便是人们所说的"丘奇—图灵论题"，该理论明确了一切有效可计算问题，它为现代通用计算机体系的诞生提供了理论准备。1985年英国物理学家多伊奇建

---

[1] 郝宁湘：《量子计算机的本质特征及其哲学意义》，《自然辩证法研究》，2001年第9期。

[2] 吕云翔、李沛伦著：《IT简史》，北京：清华大学出版社，2016年版，第34页。

议，把"丘奇—图灵论题"中的"有效可计算的函数"转变为"有限可实现的物理系统"，即每个有限可实现的物理系统都能由一个通用（模型）计算机以有限方式的操作来完美地模拟。如此一来，从巨大的天体到微观领域，从机械运动到人类心智运行，都能用通用计算机以有限方式进行模拟计算。这就意味着计算机可以模拟宇宙中各种物理系统的基本结构和演化过程，再现宇宙中的某个系统或部分，这就能够帮助人们更好地认识世界。

总而言之，计算机的发明意味着在现存的物质世界之外将会构建出一个全新的数据世界，这个数据世界固然要以物质世界为基础，但是它本身是一种不同于物质世界的信息世界，以信息的方式映射现实世界，以计算的方式实现信息世界的联系与发展。在信息世界中，计算机处于核心地位，它是信息生成与处理的中心，但是若要构成完整的、独立的信息空间还需要对计算机联网。

计算机网络建立起的网络空间是以信息为基础，而信息是一种非物质、非能量的存在方式，尤其是信息数据化、机器化之后，人们凭借感官无法感知数据信息的存在与流通，网络空间虚拟性使得网络空间中的行动几乎无从知晓。

二、网络攻击的对象是什么

战争通常是敌对双方军事力量之间的较量，攻击敌人的有生军事力量是作战首选。然而网络空间行动却与传统战争不同，它的作战对象肯定不是敌方的网络部队，在网络空间也根本无法消灭敌方的网络战力量。因为敌方的网络部队的装备可能只是数台联网的计算机，当他们执行任务时就连接到互联网，平时干脆就实行彻底的物理隔离，所以攻击敌方的网络部队没有任何意义和价值。那么应该以什么为攻击目标呢？

其实，从一开始网络空间行动就离不开民用设施的支撑，因为网络空间行动发生于网络空间，网络空间是由众多基础网络设施共同组成的，这一点与传统战争有着本质的不同。传统战争的作战空间如陆、海、空等都是天然形成的，军事目标在这些空间中存在的特征明显，比如空中的作战飞机，海面上的各种舰艇都属于军事目标，军事与民用在网络空间中是融合交叉在一起的，实施网络空间行动很难进行军事与民用的区分，网络本身是民用的却又是军事行动的必要通道，从输送网络技术装备的角度而言整个网络就是军事目标。"尽管在某些情况下，国家也许会设法使敌方军事设施的某些特定功能无法实现，但整个网络空间用于军事行动的事实却意味着在任何武装冲突中，削弱敌方通信网络和上网功能的做法都具有重要的战略意义。这意味着敌方无法接入网络空间的关键路径，是损坏其主要的路由器或使其无法接入主要通信节点，而非仅仅以军事基础设施的特定计算机系统为攻击对象。"[1] 阻止敌人联网或者破坏其网络信息传输已经成为现代战争首要而基础的作战行动。

网络空间行动的攻击对象只能是敌方与互联网相连接的网络设施和网络资源。攻击对象首先要与互联网相连，至少是能够通过网络取得连接（包括无限方式、摆渡方式等），否则行动无法实施。其次是这种攻击对象要具有一定的价值，如果攻击对象仅仅是敌国一名普通民众的家用计算机，那么攻击行动几乎没有任何意义，所以攻击对象一定是具有重要经济价值或政治价值的目标，比如重要的数据库、交通控制系统、银行系统等。显然，网络空间行动对象也在不断地形成和发展，因为网络的发展形成，尤其是网络资源与基础设施建设是一个不断深入的过程。如果网络仅仅用来传递电子邮件，那么它只是一个备用的通信工具，但是当它用来控制武器系统时，它就具备了军事功能，而现代社会在网络中开始建设人类信息社会，即人类社会开始以信息的形式在网络中存在，网络也就具有了重大的社会经济价值。

互联网本身储备了大量的信息资源，这些信息资源具有重大的经济价值和政治价值。除此以外，更为关键的是它还连接各种各样的信息系统，比如医疗卫生信息系统、银行储蓄信息系统、交通控制信息系统和

---

[1] US Department of Defense, *Quadrennial Defence Review Report*, February 2010, pp. 37-38, https://www.defense.gov/qdr/images/QDR_as_of_12Feb10_1000.pdf.

工业控制信息系统，在这些信息系统中存在着海量的具有重大价值的数据信息，如果信息泄露或者遭到破坏就会产生重大损失。尤其是当这些信息系统与物理设备相连接执行控制功能时，网络攻击造成信息系统故障的同时会影响到物理设备的运行，从而产生物理性破坏后果。

从选取有价值目标的角度而言，网络空间行动是可以成立的，即通过攻击敌方具有重大社会、经济价值的目标达到作战效果。迈克尔·施密特认为某些军事行动有可能故意针对平民，如"心理战"，并据此认为并非所有的军事行动都要遵循区分原则。[①] 但是这些目标只是经济社会运行中的民用目标，并不属于军事目标，甚至关联性都较小，选取这些目标进行攻击，就如同是运用导弹肆意攻击敌方的民用设施，战争法则是不允许的。

国际人道法经过历史上的战争不断洗礼而逐渐发展起来，以人道主义为出发点，保护遭受战争影响的平民、军人和文化财产等。在当今国际社会，"海牙公约体系"和"日内瓦公约体系"构成了完整的复杂的国际人道法体系。

其中，"海牙公约体系"主要是规范战争作战手段和方法的一系列公约、条约、原则的总称。1907年第二次海牙和平会议所订立的《海牙第四公约：陆战法规和惯例公约》包含著名的《马尔顿条款》，该条款明确规定，本公约未作规定以及其他战争法没有明确规定的，普通的平民和参加战斗的军人都应该受到国际法原则的保护和管辖，而这些原则来源于文明国家间形成的惯例、人道主义法规和公众良知的要求。[②] 这一规定即是针对科技进步导致作战方式改变，相关法律规约无法满足新的作战情况而进行的特别规定。

《日内瓦公约》主要是保护战争受难者免受战争所带来的伤害，其保护对象从武装部队伤病者、遇难者扩展到了平民。其两个附加议定书对一些新的战争伦理问题进行了补充性规范。

[①] M. N. Schmitt, "Cyber Operations and the Jus in Bello: Key Issues," *Naval War College International Law Studies*, Vol. 87, 2011, p. 91.

[②] 朱文奇著：《国际人道法》，北京：中国人民大学出版社，2007年版，第39页。

《日内瓦公约第一附加议定书》对军事目标做了极为严格的定义，目的是为了保护民用物体免于受到攻击。军事目标是指仅仅因其特定的性质、位置、目的或用途对军事行动具有实际的贡献，在对其全部或部分毁坏、缴获或使其失去效用能够为己方提供军事利益的物体。① 战争行动只能针对军事目标进行实施，即是说要在军事目标和民用目标之间进行区分。《日内瓦公约第一附加议定书》第51条第4款以及第5款中规定了禁止不分皂白的攻击。不分皂白的攻击是指"（1）不以特定军事目标为对象的攻击；（2）使用不能以特定军事目标为对象的作战方法或手段；（3）使用其效果不能按照本议定书的要求加以限制的作战方法或手段；而因此在上述每个情形下，都是属于无区别地打击军事目标和平民或民用物体的性质的"。"下列各项攻击，也应视为不分皂白的攻击：（1）使用任何将平民或民用物体集中的城镇、乡村其他地区内许多分散而独立的军事目标视为单一的军事目标的方法或手段进行轰击的攻击；（2）可能附带是平民生命受损、平民受到伤害、平民物体受损害，或三种均有且与预期的具体和直接军事利益相比损害过分的攻击。"同时也有在其他条文中禁止对平民居民与平民个人（第48条和第51条）；民用物体（第48条和第52条）；平民居民生存所必不可少的物体（第54条）；文物和礼拜场所（第53条）；隐含巨大破坏力的工程和装置（第56条）以及自然环境（第55条）进行不分皂白的攻击。但是作为网络战而言，上述原则是否能适用或者在何种程度上适用仍然存在着问题。"只有当网络行动发生在武装冲突背景下并与之相关时，国际人道法才能适用。因此，当网络行动发生在正在进行的武装冲突中时，适用于该冲突的国际人道法规则同样适用于网络行动，这一点应当是毋庸置疑的。例如：冲突一方在轰炸和导弹攻击的同时或除此之外，还对敌方的计算机系统发动网络攻击。"② 但事实上，网络空间行动却并不一定发生在武装冲突期间，它也可能发生于和平时期，也并不一定都是针对军事目标

---

① [比] 让-马里·亨克茨、[英] 路易斯·多斯瓦尔德-贝克主编：《习惯国际人道法规则》，红十字国际委员组织译，北京：法律出版社，2007年版，第22页。
② [美] 克尔杜拉·德勒格：《别碰我的云：网络战、国际人道法与平民保护》，尹文娟译，《红十字国际评论——新科技与战争》，国际会议，2014年4月。

的行动。而实际情况是，包括计算机、路由器、电缆和卫星等在内的所有网络基础设施，都同时用于民用和军事通信。

战争本质上是政治的继续，也就是说战争的目的并不在于战争本身，并不是为了杀戮和破坏而实施战争，但是战争的另外一个本质是暴力性，只要是发生了战争就必然有伤亡和毁坏，它是一种通过暴力实现政治目的的活动。所以在政治性与暴力性之间存在一定的张力，这种张力是目的与手段之间的张力，暴力手段服务于政治目的，但是它却只能保持在一定的限度内，超过了这个度就可能会适得其反。

在战争史上的确出现过无限使用暴力的情况，但是这种违反战争本质的事件只能算是偶然事件，在这种情况下战争已经失去了它作为政治工具的属性，战争反而会伤害政治母体本身。例如清军入关时遭遇了汉人的激烈抵抗，在打败抵抗军队后清军甚至对普通百姓实施了屠城政策，血腥屠杀或许会产生震慑效果，但也会激起更加强烈的抵抗，而且可以肯定的是，它势必会带来经济衰退、民生凋敝，这对于统治者而言同样是一种损失。

这里还要强调一个事实，战争本身并不是完全可控的，它犹如一匹烈马在政治缰绳的束缚下固然会被驯服，但也存在脱缰的可能，以其暴力本性狂奔不止。战争中难免会造成无辜人员的伤亡，导致社会经济的衰退，这种状况是不以人的意志为转移的客观存在。第二次世界大战期间，英美空军对德国工业城市实施战略轰炸，目标是德国的军工企业和基础生产设施，但是这种轰炸却变成了"狂轰乱炸"，飞行员在投掷炸弹时根本无法区分哪些是军事目标，哪些是民用目标，即便是区分出来了，具体操作时也难以精准实施，对平民和民用设施也会产生附带毁伤。有人也许对现代精确制导武器能够实施远程精确打击军事目标津津乐道，不可否认现代信息技术的发展确实实现了远程精确打击的可能，但是这种可能性并不代表着远程打击都是精确的，事实上，对近期发生的数场局部战争进行仔细分析不难发现，精确制导武器固然在改变打击毁坏的模式，但是并没有改变战争或然性的本质，战争激烈的对抗性和战场环境的复杂性使得战争根本无法精确控制，额外的伤亡破坏总是难以避免。"理论上说，战争只是战士之间的竞赛。现实中，过去数十年的战争中

90%的伤亡是平民。不幸的是，网络战也会出现类似情形。"①

正是出于对战争暴力性进行有效控制的目的，人们制定了相应的伦理法规，目的是将暴力限制在军人之间，限制在战争活动之中，以达到降低战争破坏性的目的。按照这种分析，网络空间行动从开始实施就偏离了攻击方向。不能否认在两军对垒中，通过网络攻击敌方的指挥控制系统或者武器装备的信息装置是一种网络攻击行为，但是这种网络攻击配合常规作战实施，并不是独立的网络空间行动。"就网络行动对国家、商业或私人的安全造成的威胁而言，通常并不区分网络行动是发生在武装冲突期间，还是发生在其他局势当中……实际上，在许多方面，特别是就防止计算机基础设施被侵入、操控或损坏而言，网络攻击是否发生在武装冲突的背景下并不重要。"② 那么在和平条件下，攻击敌方的军事信息系统是否可行，答案是肯定的，但是通常难以达到效果，因为军事信息系统通常会有较为严密的防护，即便是受到攻击进行物理阻隔或者系统重置就能够很快解决问题，和平时期的军事信息系统处于一种待命状态，为系统重置或修复提供了较大的缓冲区，足以应对外部的网络攻击。

网络空间行动的攻击目标只能选择敌方的具有重大政治、经济价值的非军事目标，如政府网站、交通信号系统、银行金融系统等，这些目标事关经济社会发展而具有重大的政治意义和经济价值，攻击它们恰恰符合战争政治本质的要求，同时，一些重大的基础设施通常都需要"数据采集与监视控制系统"（SCADA）和"集散控制系统"（DCS）进行管理控制，这些目标通常处于开放的网络平台之上，至少有开放的端口与互联网相连，为网络攻击提供了便捷的路径和自由的空间。"在网络空间中，其后果可能进一步加剧，导致这样一种极端状况的出现：再也没有什么民用物体，平民居民应享有免受军事行动带来的危险的一般保护这一基本规则几乎成了空谈，军事行动只受比例原则和预防原则

---

① ［美］P. W. 辛格、艾伦·弗里德曼著：《网络安全：输不起的互联网战争》，中国信息通信研究院译，北京：电子工业出版社，2015年版，第127页。

② ［美］克尔杜拉·德勒格：《别碰我的云：网络战、国际人道法与平民保护》，尹文娟译，《红十字国际评论——新科技与战争》，国际会议，2014年4月。

的约束。"① 这就形成了明显的伦理悖论：一方面民用目标在军事范畴之外不应该成为攻击目标；另一方面网络空间行动又必须选取民用目标进行攻击，才能达到攻击效果，新的行动方式与传统伦理原则出现了矛盾，是修正传统伦理原则还是放弃新的行动方式需要认真分析研究。

其实，作战对象是与作战目标紧密相关的，目的决定手段，你发动战争的目的是为了什么？为了消灭敌方国家政权，为了消灭敌人有生力量，还是仅仅为了教训敌人？要实现这些目的就要逾越敌方的军事力量，尤其是前两个目标更是要以击败敌方军队为前提，但是如果仅仅为了教训敌人，大规模的流血冲突并非必然选择，外交压力、经济制裁、武力恫吓等都是可选方式，网络空间行动也是重要的方式，只是网络空间行动属于战争范畴，而另外的可选方式不属于战争范畴。网络空间行动所要达成的目的是通过有限的战争手段——通常是网络攻击——达成有限的政治目的。显然，解决区分原则伦理困境的前提在于明确网络空间行动独特的地位和特性，它具有不同于传统战争的作战方式以达成独特的作战目的。若要正确认识这个问题还需要深入分析网络空间行动的作战效果。

三、网络空间行动实施程度如何控制

人们实施常规作战行动通常能够决定行动的走向，不仅体现在对攻击目标的选择上，也体现在对行动进程以及行动后果的把控上，但是技术的进步却不断对这种状况提出挑战。

19世纪末的化工产业发展，为新型化工产品的出现提供了条件，有的化工产品被用于战场成为了化学武器，但是世界各国很快就对化学武器的使用提出了限制，原因就在于这种武器具有不可控性。从冷兵器到火器再到机械化武器装备，杀伤力不断提升，但是主导的逻辑却并没有

---

① ［美］克尔杜拉·德勒格：《别碰我的云：网络战、国际人道法与平民保护》，尹文娟译，《红十字国际评论——新科技与战争》，国际会议，2014年4月。

改变，即通过有效控制能量对敌方目标实施打击，无论是点杀伤还是面杀伤，都是按照集中高效的方式杀伤敌人，总体而言杀伤破坏性是可控的。相比而言，化学武器却不具有这种集中可控的特征，它会在一定区域内毫无区别地破坏人体组织，甚至产生遗留性毁坏后果。正是因为这种不可控性，化学武器和生物武器成为国际法明确禁止使用的武器装备。核武器同样是因为使用过程不可控而被禁止，因其超强的能量和放射性根本无法受到控制，在战场上使用会出现无一幸免的惨剧。网络空间行动会不会出现诸如化学战、核战争的状况呢？

《塔林手册》明确提出："网络攻击若预计造成平民的附带伤害与死亡、民用物体的附带损害或以上三种后果混合的情形，过于超出预期取得的具体、直接军事利益，则该网络攻击应被禁止。"[①] 对于这种新型作战方式，人们并无十足把握掌控其实施进程，对于其所能取得的作战效果、可能造成的社会影响也难以预测。

1. 网络空间行动能否达到战争标准

迈克尔·施密特为评判武装力量设定了6项标准：（1）严重性，即武装攻击所造成的人身损害或财产损失的程度远远超过其他形式的威胁；（2）紧迫性，即武力攻击所产生的伤害更为迅速，使得被攻击国寻求和平解决的方式受到阻碍；（3）直接性，即武力攻击与所造成的危害后果之间具有更为直接的因果关系；（4）侵入程度，即武装力量进入目标国，从而造成比经济胁迫更加严重的侵犯；（5）可衡量性，即评估武装力量攻击所产生的实际后果比其他形式的胁迫更直观和确定；（6）预期合法性，即除了自卫以及根据安理会决议使用武力之外的其他使用武力的情形均被认为是违反国际法的行为。[②] 这些标准适用于网络空间行动时就会遇到一些问题，我们姑且不去逐条分析网络空间行动武装力量批判存在的问题，单就其直接产生的攻击效果而言就难以判断。

与一般的物理毁伤造成不可恢复逆转的破坏不同，网络攻击可能仅

---

① ［美］迈克尔·施密特总主编：《网络行动国际法塔林手册2.0版》，黄志雄等译，北京：社会科学文献出版社，2017年版，第455页。

② Michael N. Schmitt, "Computer Network Attack and the Use of Force in International Law: Thoughts on a Normative Framework," *Columbia Journal of Transnational Law*, 1999, pp. 914 – 915.

仅造成暂时性的失能，比如造成敌方的计算机系统崩溃、死机或者是数据遭到破坏等，这种状况会形成一定的"麻烦"，但是并不一定造成巨大的损失，敌方可能会在一定时间内就恢复了正常运行。由于网络攻击的这种特点，人们关于网络攻击是否是战争行为存在争议，有的认为只要是针对他国的关键基础设施的攻击，即只要攻击目标重大而关键就属于对该国的网络攻击。希瑟·哈里森·丹尼斯认为，禁止以平民和民用物体为目标并不仅限于"攻击"，而应该保护他们免受军事行动的影响。要构成军事行动，计算机网络攻击必须与实际使用武力相关，但攻击本身不需要造成暴力后果。[①] 有的认为只有在网络攻击造成敌方信息系统不可逆转的干扰或损坏之后才构成网络攻击，以施密特为代表的学者则进一步认为，网络攻击必须达到一定程度，即其后果与常规军事行动相似相当时才构成武力攻击。

显然，分歧的关键在于没有造成物理毁伤的攻击算不算网络攻击，即算不算是网络空间行动。其实，关于网络空间行动的后果不应该参照物理空间的标准进行判定，因为自然物的失能通常必须要遭受物理性破坏，但是信息域不同于物理域，即便是没有物理毁伤也可能造成重大损失，或者说信息系统哪怕是短时间的失能也可能造成重大损失。"就信息技术而言，认为在未造成实际损害的情况下必须使目标彻底、永久失效的观点没有意义。因为始终可以储存或更改数据，所以在没有造成实际损害的情况下是不可能永久、彻底地使某物体失效的。故此，攻击应理解为包括这种扰乱（即便是暂时的）物体运转但未造成实际损害或破坏的行动。"[②]

作为军事设施在某个时间段内如果失效，就会因为功能缺失而导致被敌方攻击，即便事后功能完全恢复也难以挽回被攻击的局面。攻击者的目的并不一定是为了毁坏物体，而只是为了使敌方无法使用该物体，暂时地剥夺其功能。例如，可通过网络行动干扰敌方的计算机系统，使

[①] Heather Harrison Dinniss, *Cyber Warfare and the Laws of War*, Cambridge: Cambridge University Press, 2012, p.201.

[②] [美] 克尔杜拉·德勒格：《别碰我的云：网络战、国际人道法与平民保护》，尹文娟译，《红十字国际评论——新科技与战争》，国际会议，2014年4月。

其防空系统在一段时间内失效,但不一定损毁或破坏其实体基础设施。当然,防空系统起到的是防范敌方空中打击的作用,防空系统失能失效就极有可能被敌方乘虚攻击造成物理毁伤。

如果是敌方重大基础设施的信息系统在某个时间段内出现了失能的状况,那将会带来非常严重的后果,试想交通信号系统哪怕是瘫痪数分钟,就会导致出现拥堵、事故等交通问题。诸如金融、医疗等领域的系统中的数据信息具有重大价值,如果遭到毁坏、泄露就会产生一系列的社会问题。所以面向重大基础设施的攻击是极具危险性的,即便是没有造成物理毁伤也可能会产生严重问题,因为被攻击的对象本来就是无形无相的信息数据,就会出现这样的状况,整个社会表面风平浪静,丝毫看不出有任何战争端倪,但是在网络空间却可能发生了激烈的攻防对抗,攻击方针对敌对方的基础设施展开了激烈的攻击行动,甚至造成了严重的破坏,只是在现实社会未能呈现出来而已。

2. 网络空间行动的进程如何掌控

由于攻击目标都是敌对方的重大基础设施,这些设施都是敌对方社会运行的基础条件,具有基础性、联通性等特征,如果一旦遭到破坏就会出现一系列的连锁反应,就会产生无法预计和掌控的严重后果。

在自然空间中,时空阻隔使得战争行动出现了间歇性特征,而在网络空间中,网络互连却为造成一系列的连锁反应创造了条件。攻击敌方的 A 计算机却可能波及到 B 计算机,攻击信息域的设备可能会牵连到物理域的设施,攻击敌对方交通系统的设施可能会波及银行系统等。这里面我们只是说可能会波及与攻击目标毫无关系的对象,存在不确定性,正是这种不确定性说明网络攻击通常是难以控制的,对于攻击方而言,他们的攻击行为所造成的后果往往不在其掌控范围之内。

这种不可控性使得一些人对网络空间行动可能造成的后果谈及色变。有的学者将网络攻击与核对抗相提并论,认为核武器能摧毁世界,网络攻击也能摧毁社会。也有的学者形容美国若遭到网络攻击就会像二战时期的"珍珠港"事件一样,形象地称之为"电子珍珠港"事件。这些学者之所以如此高估网络攻击可能造成的严重后果,并非是基于已经发生的事实,如后人对核武器的认知是基于广岛、长崎爆炸的惨状,而主要是基于网络特性的推理形成的可信度很高的结论。

网络互联的特性使得任何网络事件都不再是孤立的事件，而是与网络空间中的其他事物紧密相关，"蝴蝶效应"在网络空间中形成概率要远远高于自然空间。

与网络攻击可能造成重大灾难论调相反的观点则认为，网络攻击是一种相对较为平和的作战方式，它能够有效避免常规战争所造成的物理毁伤。比如，英国学者托马斯·里德在《网络战争：不会发生》一书中就认为："最复杂网络攻击的针对性都很强，而且网络武器也不太可能像常规武器一样造成附带损害。因此，从伦理学的角度来看，使用计算机攻击在很多情况下明显好于使用常规武器：网络攻击可能暴力性更少，创伤性更低，也更为有限。简言之，通过武器化代码进行的破坏活动可能比空袭、导弹攻击或特种部队突袭更合乎伦理。"[1]从发展历程上而言，网络空间行动确实是经历了从粗犷方式向集约精确方式转变的过程，人们对网络空间的认知越来越深入，开发出的网络武器也越来越先进，网络空间行动模式不断向正规化、标准化转变。但是这并不意味着人们对网络攻击就能掌控自如了，实际上，越是深入地研究实施网络空间行动就会发现更多的技术难题和伦理问题，新的技术应用还会引发新的问题，网络攻击实施过程中更会产生难以解决的问题。

3. 网络空间行动的后果如何评估

若战争的实施不可控，就会产生作战效果评估的麻烦，而作战效果评估又直接决定了作战行动的进程与取舍。在常规战争中，即便是存在战争迷雾或者作战双方故意掩盖自身实力的真实状况，战场伤亡情况也能够直接反应出来，这就为作战评估和战后评估提供了条件，也为进一步的行动决策提供了重要参考。但是网络空间行动的作战对象远在另外的端口，具体达到了何种作战效果根本无法掌握，而且作战效果会存在滞后现象，最简单的例子如对方不开机、开机后不联网等都为攻击设置

---

[1] ［英］托马斯·里德著：《网络战争：不会发生》，徐龙第译，北京：人民出版社，2017年版，第198页。

了障碍，另外诸如防火墙、物理隔绝以及各种保密措施等都使作战行动充满了变数，这些偶然因素直接影响了作战进程，自然也就影响了作战效果。

正如前面所描述的，攻击方不敢承认自己实施了攻击，攻击对象又是连接于互联网的各种基础设施，被攻击方也不清楚是谁发动了攻击，哪些是攻击者造成的损失，哪些是一些操作失误等偶然因素导致的问题，所有这些使得网络空间行动相比于传统战争更加"迷雾丛生"。攻击一方只能从被攻击方的新闻报道、网络信息等渠道获得间接信息来求证作战效果，然后根据实际进展调整作战行动。比如在"震网"行动中，西方国家攻击伊朗位于纳坦兹的核设施，破坏其用于提纯铀的离心机，具体作战效果是通过联合国调查员核查时才发现的。

如果不能有效评估出作战效果，也就意味发动这场战争就难以达到预期，战争是为了达成特定的政治目的，政治目的的实现必须以作战效果为基础，当作战效果无法准确掌握时，政治目的的实现也就无法得到保障，发动实施网络空间行动的价值就值得怀疑了。当耗费不菲地实施网络攻击之后，却难以达到预期效果，这绝对是实施方不愿意看到的。这里需要强调的是，网络空间行动的作战效果与政治效果并非是等同的，即便是作战取得了辉煌战果也可能没有实现预期的政治目标，政治目标的实现必须以精确地控制实施作战行动为前提。

四、网络空间行动是否合法

关于网络空间行动是否合法是存在争议的，有的学者认为已有国际法可以适用于网络空间行动，有的学者则持否定态度，有的学者甚至认为网络空间行动本身就不合理，就不应该发生。对网络空间行动本身持否定态度的人是和平主义者，和平主义者认为任何战争以及一切暴力行为都是不正当的，都是应当禁止的。比如池田大作的绝对和平主义就反对一切形式的战争，"现在不可能有什么保卫正义的战争，就是说战争本身已消灭了正义"。① 和平主义者以网络和平应用为由反对一切形式的网络战争及网络军事化。和平主义者并不是基于客观现实以解决实际问题的立场对待网络空间行动的，其观点并不可取。

有的学者认为已有国际战争法不能适用于网络空间行动是由其本质决定的。首先，国际人道法假定冲突各方是已知的并可以识别。其次，国际人道法基于这样一个假定，即战争手段和方法会在现实世界产生暴力后果。最后，敌对行动规则（尤其是区分原则）的整个架构是基于一种假定，即民用物体和军事目标在大多数情况下是能够区分的。而这些特征显然并不适用于网络空间，因此也就提出了网络空间行动不能适用战争法。

有的学者认为现有战争与武装冲突法适用于网络攻击。首先，海牙法具有高度的灵活性，认为只要是武力行为都应当由其规制。其次，战争法条文并未穷举作战手段、方法，而是留了兜底条款，例如《马尔顿条款》。最后，在对待核武器问题上有先例可以遵循。国际法院认为国际人道法依然适用于核武器，即便是其先于核武器产生。同样逻辑国际人道法依然适用于新近产生的网络攻击。

网络空间行动作为一种随着计算机技术发展而诞生的新型作战方式，有着完全不同于传统战争的内在机理，它在具体展开过程中具有无限丰富的境遇特征，简单地予以肯定或否定都是不可取的，需要深入研究网络空间行动的内部机理，在掌握其基本发展规律基础上才能形成合理有效的伦理规范。这种伦理规范既是限制规范网络空间行动的条规，也是促进其发展的遵循。

（一）归因困难

从古至今战争一直存在，然而随着社会文明程度的发展，人们开始反思战争有可能带来的恶果，尤其是进入 20 世纪，在各个国家之间达成了关于限制甚至是禁止战争的规约。《联合国宪章》第 2 条第 4 项规定：

---

① ［英］阿·汤因比、［日］池田大作著：《展望二十一世纪——汤因比与池田大作对话录》，荀春生等译，北京：国际文化出版公司，1985 年版，第 235 页。

"各会员国在其国际关系上不得以武力相威胁或使用武力来侵害任何国家的领土完整或政治独立，或在任何其他方面与联合国宗旨不符。"由于这一规定直接明确主动战争的非法性，被誉为国际法最重要的规范，维护国际秩序的核心条文。经过两次世界大战的浩劫，国际社会对和平的重要意义和价值达成共识，维护和平、保护独立国家权益不受侵犯已经成为国际行为的基本准则，在当今社会没有哪个国家敢"冒天下之大不韪"侵犯他国国土，已经形成的战争伦理和国际法规对人类的战争行为进行了有效制约。

但是需要指出的是联合国对战争的禁止在于非正义性，即否定了没有正当理由而仅仅为了侵占他国利益而发动的战争，并没有否认战争存在的合法性，当为了维护自身利益进行自我防卫时战争就成为了必须手段，出于自卫目的或者是为了捍卫和平就可以实施战争。《联合国宪章》第51条规定："联合国任何会员国受武力攻击时，在安全理事会采取必要办法，以维持国际和平及安全以前，本宪章不得认为禁止行使单独或集体自卫之自然权利。会员国因行使此项自卫权而采取之办法，应立即向安全理事会报告，此项办法于任何方面不得影响该会按照本宪章随时采取其所认为必要行动之权责，以维持或恢复国际和平及安全。"海湾战争时，美国之所以大张旗鼓地以联合国的名义攻打伊拉克，是因为伊拉克首先入侵了科威特，兴义兵攻打侵略者自然是正义战争。

从维护国家主权进而维护世界和平的角度而言，网络空间行动是正义的，正如有的学者所指出的那样，"只要故意在他国领土境内造成的任何破坏性后果的网络攻击，该网络攻击都是属于违反《联合国宪章》第2条第4项规定的非法使用武力，并可能引起他国行使自卫权"。[①] 关于网络空间行动的认知一定要与黑客攻击的概念相区别，它绝对不是一种不负责任的黑客行为，而是一种服务于国家政治的军事手段，是一种达成和平目的的战争手段。至于网络空间行动是否具有正义性，则需要具体问题具体分析，需要就每一次战争行动的起因、经过和结果进行深

---

① Walter Gary Sharp, *Cyberspace and the Use of Force*, Aegis Research Corporation, 1999, p. 140.

入探讨，并不存在抽象的正义的或非正义的网络空间行动。

显然，如果率先攻击他国网络自然是非正义的，出于防御目的或者捍卫网络和平而实施的网络空间行动，是否就属于正义性网络空间行动？按照已有的战争伦理进行判断答案是肯定的。这就要确定防御性网络空间行动与和平性网络空间行动的性质，如果这种性质的网络空间行动不存在或者无法确定，那么网络空间行动也就不存在正义性。实际上，当下的网络空间行动确实是处于难以确认合法性的状态。"在未以任何其他（动能）形式使用武力的情况下，计算机网络攻击能否构成国际性武装冲突，问题的答案取决于计算机网络攻击（1）能否归于国家，以及（2）是否构成动用武装部队（国际人道法并未定义这一概念）。"[①] 问题是人们恰恰无法将网络空间行动准确归因，无法明确是谁以及是否动用了武装部队实施攻击。"网络攻击可能是由政府鼓动的……可能是自发性的，也可能二者兼而有之。这样的环境大大增加了将攻击归因于政府并给出令人信服的理由的难度。这已经成为了全球秩序的不稳定因素。"[②] 实际上，网络空间中的攻击行为有故意为之，也有无意为之，还有故意掩盖真相的行动。

网络攻击归因主要体现为两个方面：攻击者的归因——谁发动了攻击；攻击行为的归因——攻击属于哪种类型。[③] 在虚拟空间中，归因是如此困难以至于人们无法准确判断出源头。在物理世界，确定攻击者的归因经常转化为攻击产生的"场所"或"源头"，但是网络空间的攻击场所或源头是不确定的。[④] 即便是能够找到攻击场所或源头，也难以确定到底是谁操控计算机发动了攻击，因为并不能排除他者利用敌对方的计算机实施了攻击行为。网络服务器的位置往往不能正确反映真实的位

[①] ［美］克尔杜拉·德勒格：《别碰我的云：网络战、国际人道法与平民保护》，尹文娟译，《红十字国际评论——新科技与战争》，国际会议，2014年4月。

[②] ［美］P. W. 辛格、艾伦·弗里德曼著：《网络安全：输不起的互联网战争》，中国信息通信研究院译，北京：电子工业出版社，2015年版，第68页。

[③] Susan W. Brenner, "At Light Speed: Attribution and Response to Cybercrime/Terrorism/Warfare," 97 *J. CRIM. L & CRIMINOLOGY* 379 (2007), pp. 382–405.

[④] Susan W. Brenner, "At Light Speed: Attribution and Response to Cybercrime/Terrorism/Warfare," 97 *J. CRIM. L & CRIMINOLOGY* 379 (2007), p. 409.

置或来源，因为任何人都有可能发动匿名的跨国网络攻击。比如 A 国可以利用地理位置处于 B、C、D 等多个国家的计算机发动攻击。《塔林手册》明确指出，"网络行动是从政府网络基础设施发起或在其他方面源于政府网络基础设施，或者侵入网络基础设施的恶意软件意图向另一国的政府网络基础设施'提供反馈'，仅仅这样的事实本身常常不足以作为将该行动归因于有关国家的证据"。[1] 人们努力确定的攻击源头可能仅仅是庞杂攻击链条上的一个跳板，仅凭确定的攻击点并不能将攻击行动归因于这个国家。

正确的归因判断在确定攻击的性质和特征时非常重要，是实施网络攻击或防御性反击的前提条件，"正确的归因能够保证受害国在行使自卫权时不损害无辜的人和国家"。[2] 当对发动者无法准确归因时，就给正常反制带来了一系列问题，因为一国的回应策略建立在准确判断攻击类型和性质的基础之上。当网络攻击"不用"负责时，似乎就激发起了一些国家在网络空间实施破坏的欲望，这种状况显然不利于网络空间乃至现实世界的和平，但是就现有的技术条件而言，因为难以解决网络归因问题，也就无法解决网络战所带来的伦理问题。

（二）主权模糊

网络空间行动发生于虚拟网络空间，是各国维护网络空间利益矛盾斗争的最高形式，体现了网络空间利益化、政治化的基本走向，显然，从政治目的角度而言网络空间行动是合法的，它本身并不是为了攻击破坏计算机及其网络，而只是通过这种行为实现特定的政治经济目的。但是，新领域空间的军事化确实是有点"冒天下之大不韪"，尤其是在现实世界和平与发展已经成为时代主题的背景下，信息技术发展竟然被用于战争，这显然与现实社会价值走向相违背。更为重要的是，已有的战

---

[1] ［美］迈克尔·施密特总主编：《网络行动国际法塔林手册 2.0 版》，黄志雄等译，北京：社会科学文献出版社，2017 年版，第 126—127 页。

[2] Sean M. Condron, "Getting It Right: Protecting American Critical Infrastructure in Cyberspace," 20 HARV. J. L. & TECH. 403 (2007), p. 414.

争法基于传统战争模式而制定，网络战刚一出现就"违法"了，这更加重了人们对其合理性的质疑。在 21 世纪的前 20 年，网络空间行动基本上是在谴责声中默默发展，没有哪个国家敢声称实施了网络空间行动，也少有国家敢于公开自己的网络空间行动战略规划和力量建设等内容。

但事实上，在网络空间中各个国家每天都面临着不计其数的网络刺探和网络攻击，没有哪个国家会因在网络空间无所作为而放弃自身在这一领域的利益，而维护网络空间的最高方式就是建设网络战部队。关于这一点可以对比传统物理空间中维护国家主权的做法，当一国的领土、领海、领空等主权物理边界受到侵犯时，主权国家有权力进行反击，这是战争法赋予主权国家的权力。但是网络空间的主权却不如自然物理空间那么好界定，信息在互联互通的网络空间中自由流动，人们难以像物理空间中那样找到界碑、分界线等疆域划分的标志。网络空间需要有特定的判别标准来为国家主权划界：其一，以网络基础设施的国界划分网络的边疆，虽然网络空间是联通的，但是构成这一空间的物理设施分设于全球范围的不同国家，设施属地是划分网络空间国家疆域的重要依据。其二，以访问权限来界定网络疆域，在虚拟的网络空间中谁掌握访问权限谁就拥有主权。

《塔林手册》中明确指出，由于构成网络空间的大量网络基础设施位于各国的主权领土内，因此一国不能对网络空间本身主张主权。[①] 网络主权并不能按照传统绝对主权的意义来理解，如果将网络主权当作对网络空间的绝对拥有和控制，实际上是间接否定了主权的存在，因为没有哪个国家能够做到这一点。有学者提出主权层次理论，认为主权应该包括绝对主权和各项具体的主权权力，绝对主权不容置疑和侵犯，而各项具体主权权力却可以分享和让渡。[②] 在绝对主权共有的情况下，网络主权应该体现为网络活动权、设施处置权和相关管理权等。实际上，网络物理层的硬件和基础设施、网络社会层参与网络活动的个人和团体都

[①] ［美］迈克尔·施密特总主编，《网络行动国际法塔林手册 2.0 版》，黄志雄等译，北京：社会科学文献出版社，2017 年版，第 58 页。

[②] 俞正梁：《国家主权的层次理论》，《太平洋学报》，2000 年第 4 期。

具有明确的国别归属,一国政府自然拥有最高管理权。网络逻辑层由相关的协议、法则和指令构成,作为一种虚拟性存在必须与硬件设施绑定才能为数据信息提供流动空间,对数据信息的管理就体现了对网络逻辑层的治理。总之,网络主权有着明确的现实指向。

网络空间并不是自由飞地,而是国家主权行使的新疆域,那么国家主权平等原则就适用于这一新疆域,对比于传统疆域主权,网络主权的内涵就包括有网络独立权、网络平等权、网络自卫权、网络管辖权,只是网络主权相较于传统国家主权具有相对性特征,是随技术发展和设备变更而不断变迁的相对主权。与传统国家主权具有绝对性从而容易辨别和维护相比较而言,网络空间主权的模糊性、变动性和技术性等特征使其难以维护。尤其是网络空间是信息技术发展形成的人造空间,技术性特征异常突出,拥有技术优势的一方就具有明显的力量优势,就能够在开放的、无边界的网络空间中自由活动,也就更容易侵犯、破坏他国的网络主权。各国在网络空间中的不同地位就决定了它们对于网络主权的态度,信息技术发达的西方国家自然不愿意承认网络国家主权,因为那样将会限制它们的"自由"活动,而其他国家自然要呼吁尊重网络国家主权,技术强国不应该肆意践踏网络主权。

第三章 网络空间行动的本质属性

网络空间行动是一个包含多种情景和行为的词语，它既可以被用来描述利用网络活动造成破坏或混乱的攻击性行为，例如爱沙尼亚网络战，也被用来形容利用网络手段形成的实际战争状态。早在2010年《经济学人》杂志的封面专辑就将网络空间行动描述成了从军事冲突到信用卡欺骗涵盖广泛的"战争"。其实，定义网络空间行动并不复杂，网络空间行动的关键要素与其他领域战争都有相似之处，也即是说战争具有其内在的本质特征，例如政治目标、暴力元素和特定的组织方式等。

一、网络空间行动中的政治行动

网络空间行动到底是不是一种独立的新型战争方式，这需要从战争的本质进行分析。毛泽东认为，战争是从有私有财产和有阶级以来就开始了的、用以解决阶级和阶级、民族和民族、国家和国家、政治集团和政治集团之间，在一定发展阶段上的矛盾的一种最高的斗争形式。[①] 这一定义突出了战争的对立性和斗争性，也暗含了战争所具有的政治本性。"从马克思主义的观点来看，必须根据每一个具体情况，就每一次具体

---

① 毛泽东著：《毛泽东选集（第一卷）》，北京：人民出版社，1991年版，第171页。

战争，确定战争的政治内容……任何战争都仅仅是政治的继续。"①"战争是政治的继续"，这句话最初由19世纪普鲁士军事理论家克劳塞维茨提出，"战争无非是政治通过另一种手段的继续"，明确提出战争本身是一种政治行为。这个观点克服了单纯从战争本身解读战争的弊端。但是克劳塞维茨无法正确理解政治的含义，将政治与社会制度、阶级斗争和经济关系割裂开来，抽象地认为国家代表的是社会全体的利益，战争只是国家对外政策的继续。

战争的本质在于政治，若要正确认识战争就需要正确认识政治，按照马克思主义的观点，战争从来就不是孤立的社会现象，而是与社会经济、文化等因素有着内在本质的联系，它由政治产生、受政治支配，是实现政治目的的工具和手段。将政治与经济关系和阶级斗争联系起来，是马克思主义对克劳塞维茨军事理论的超越，从而对战争本质的理解更加科学合理。

显然，战争不单是一种军事行动和暴力行为，而是与政治紧密相关，属于国家性或其他政治组织性行为。近代以来政治行为的主体主要体现为国家，它是生产力发展到一定阶段阶级矛盾不可调和的产物，在实现阶级统治的同时还承担着管理服务社会职能，而军队是国家履行职能的极其重要的一种暴力工具。国家代表的是一种公共权力，"构成这种权力的，不仅有武装的人，而且还有物质的附属物，如监狱和各种强制设施"，②国家建立于组织性暴力的基础之上。有学者认为，"国家指的是作为一个单位的社会，它被公认为有权使用绝对的物质力量去支配它的成员"。③"所以，那个社会就是一个国家，通常被承认是一个可以合法地使用暴力的组织。""国家的活动本身虽然远远不限于公开使用暴力，但它完全是由社会活动的一个方面构成的，这个方面取决于最后裁决者

---

① 中共中央马克思恩格斯列宁斯大林著作编译局编译：《列宁全集（第28卷）》，北京：人民出版社，1990年版，第303页。
② 中共中央马克思恩格斯列宁斯大林著作编译局编译：《马克思恩格斯文集（第4卷）》，北京：人民出版社，2009年版，第190页。
③ ［英］鲍桑葵著：《关于国家的哲学理论》，汪淑钧译，北京：商务印书馆，2009年版，第193页。

兼调节者、机械常规的维持者和权威意见的提出者的特性，这种特性就是有权使用暴力作为最后手段。"①

马克思在《资本论》中直接说国家政权是"集中的、有组织的社会暴力"。② 恩格斯则称国家为"特殊的镇压力量"。③ 这种暴力被用于维护统治阶级的利益，用于镇压被统治阶级、不服从管理的社会成员。从更广泛的意义上而言，国家是阶级矛盾调和的产物，当相对立的两个阶级之间因矛盾对立而产生冲突时，国家作为强制性力量消解矛盾以确保社会的稳定发展。从本质上而言，国家的内部职能与外部职能是一致的，对外部干扰侵略因素的防范及反击自然也是为了维护统治阶级的利益，目的也在于推动社会的稳定发展。国家对暴力的掌握与运用取决于其本质属性，只要国家还存在就一定要掌握暴力工具并用它达成政治目的。

（一）联通共有的新型空间

判断网络空间行动是否是战争的第一个标准便是它是否是国家达成政治目的的暴力工具，当然这个问题也可以转换角度表达出来，网络空间行动所实现的战争目的是否关乎国家政治，如果是，它就满足了成为战争的前提条件，否则就不能将其看做是一种新型战争。政治有着丰富的内涵，它是经济社会各种现象最为集中和最具代表性的体现，其中政治最为突出的职能就体现为维护国家利益，这种利益既包括经济利益，也包括文化利益或者是领地利益等。一国只有拥有主权才能够实现维护利益的目的，"国家及国家利益是国际政治的中心，国家利益只有通过权力才能实现，主权的政治作用就是维护国家利益"。④ 当然，国家主权

---

① ［英］鲍桑葵著：《关于国家的哲学理论》，汪淑钧译，北京：商务印书馆，2009年版，第194页。
② 中共中央马克思恩格斯列宁斯大林著作编译局编译：《马克思恩格斯文集（第5卷）》，北京：人民出版社，2009年版，第861页。
③ 中共中央马克思恩格斯列宁斯大林著作编译局编译：《马克思恩格斯文集（第3卷）》，北京：人民出版社，2009年版，第561页。
④ ［美］汉斯·摩根索著：《国家间政治：权力斗争与和平》，徐昕、郝望、李保平译，北京：北京大学出版社，2006年版，第34页。

行使的范围通常是在自然空间中划定的，比如一定的陆地、海洋或者天空范围之内某国拥有主权，该国就能够自由支配这一领域的利益元素，凡是侵犯这一领域的其他国家或组织都会受到抵制和惩罚。

自然空间的划界标准清晰明了，即便存在领土、领海纠纷问题，但只是某处的归属问题而不是划分界限的问题，而网络空间首先就存在难以划分界限的问题。

与之前出现的海洋、太空和电磁频谱空间相似，网络空间是典型的非领土空间，关于其主权归属问题不同国家秉持不同的判断标准：

一是先占者拥有主权，这一原则突出国家在新空间中的硬实力，以实际占有状况为判断标准，根据其实力状况分配新空间利益份额。持这一原则的国家通常打着"自由"的旗号，认为要尽量减少运用规则或者其他非实力因素去限制国家行动，这实际上就是实力至上论。

二是人类共同财产原则，一些不具备绝对实力的国家通常持这种观点，希望通过在国际社会形成多边机制促使世界各国共同占有自然资源，以便保护自身的合法权益。由于一些技术相对落后的国家无法与技术发达国家争夺新空间资源，它们希望通过这一原则为自己保留一定的新空间资源份额，而不至于一无所有。

从社会现实的角度而言，网络空间本身就是人创造的技术空间，只有掌握先进技术者才能够拥有使用这一空间，才能够充分利用网络空间资源，获取更多的政治和经济收益，在这种情况下如果要求其放弃唾手可得的利益，困难程度可想而知。主权国家在国际社会中都是具有独立性的利益主体，它们思考处理问题的出发点是满足自身利益，并基于这一基础而进行网络技术和网络产品的开发，在利润驱动下从事网络空间活动。先占者主权与自我中心的"理性人假设"是一致的，对于拥有先进技术的国家主张先占者主权原则是符合"理性人假设"的，如果其坚持人类共同财产原则反而是非理性的了，也就不符合其自身的逻辑推理。

但是网络空间不同于土地、矿产等传统资源，其最大的价值并不在于独占，而必须以联通和共享为基础，如果没有相互连接的计算机，网络空间也就不复存在。网络空间是一种技术性存在，是由众多技术体构成的人造空间，正如美国《国防部军事和相关术语字典》（Department of Defense Dictionary of Military and Associated Terms）（2017）对网络空间的定义为："一个全球性信息领域，由相互依存的信息技术基础设施和居民数据网络组成，具体包括互联网、电信网络、计算机系统以及嵌入式处理器和控制器。""网络空间的特殊性在于：必须同时保持一定的覆盖范围，也就是说，网络空间必须具有某种公共性，而不能成为少数乃至单一国家政府掌控之下的私有网络；同时，如果所有国家都奉行同样程度的先占者主权原则，网络空间可能在某种程度上陷入霍布斯所说的'无政府状态'，即'一切人反对一切人的战争'，这种'无政府状态'下的网络空间，难以成为提升用户福祉的来源。"[①] 网络空间本身就是众多国家计算机系统相互连接的结果，某个国家和地区单独并不能构成网络空间，从这个角度而言，网络空间是所有国家共同创造的"利益空间"。

与自然空间相比较，网络空间具有以下特征：

其一，虚拟性特征，网络"空间"的"空间"之称实际上是对比自然空间而提出的，其实并非是真实的能够容纳现实事物的"空间"，它所能容纳的只是信息，是传输和存储信息的介质。而信息本身就是一种不同于物质和能量的存在，它没有长、宽、高所构成的体积，当它没有以特定的形式和载体呈现时，人们无法感知信息的存在。也即是说信息空间是人无法感知的空间，是人、技术、发明物连接构成的一种虚拟空间。

其二，联通性，信息的基本特性之一就是流动性，即信息只有在交流中才能体现价值，它随着分享程度的提升而产生更大的影响，因此，信息空间需要为信息流动提供尽可能大的平台。实际上，现实社会中的信息空间是以地球为单位的，即全世界的网络相互连接彼此贯通，各种计算机、网络等设施组成了一个没有界限分割的网络空间。

其三，网络空间属于不断发展的新生事物，计算机网络诞生于半个

[①] 方兴东、崔光耀主编：《网络空间安全蓝皮书（2013—2014）》，北京：电子工业出版社，2015年版，第198页。

多世纪前，而互联网的真正形成也不过是 20 余年的时间，它本身尚处于不断发展完善过程中，其技术指标和性能特征还在改进。此外人们对于网络空间的认知也是一个由浅入深、由现象到本质的过程，这一点是符合人们认识事物的基本规律，对网络空间的认知是一个逐步深入的过程，关于网络空间如何定位存在争议也就不足为怪。

网络空间不同于传统的领土、领海、领空等主权物理边界，而是一种由人造物构建串联起来而形成的虚拟空间，"网络以其网络空间的虚拟性和开放性对国家主权进行着侵蚀和挑战"。[1] 如果仅仅将网络空间看作是一种技术产物，那么它必然会消解国家主权性。其实关于网络空间国家主权的讨论也应该持辩证的观点，即从动态发展的过程予以解析，而不能抽象地进行讨论，还原历史本身才能正确认识事物。

（二）网络形成的技术逻辑与政治背景

互联网是科学家和工程师发明的产物，在其诞生时及发展的早期主要由少数科技精英所主导，他们的理念转化为构成互联网的具体架构、协议、运行规则等，并由此确立了互联网共享、开放、透明等基本特征。最初将计算机联网的目的并不是为了构建网络空间，而是为了共享计算资源。在发展之初，计算机庞大而昂贵，只有军事部门、政府机构、大公司或者大学等单位才有实力拥有计算机。然而很多单位甚至个人也需要计算机处理数据，如何解决这个供需矛盾成为了计算机发展的重要动力。当然，降低计算机生产成本，使更多的单位和个人买得起计算机是一个重要方向，另外还有一种解决问题的途径，那就是共同分享已有的计算机，这种分享的思路促使产生了阿帕网，并最终演变成为了互联网。

阿帕网的英文名字是 ARPANet，而 ARPA 是 The Advanced Research Projects Agency 的简称，通常翻译为高级研究计划局，该机构隶属于国防部。高级研究计划局下设的负责计算机发展的信息处理技术处，一直在

---

[1]　余丽著：《互联网国际政治学》，北京：中国社会科学出版社，2017 年版，第 74 页。

关注并推动新型计算机技术的发展。在这个过程中，很多单位都需要使用计算机进行数据处理，于是纷纷向信息处理技术处提出购置需求，如果每个单位都购买计算机，那么将会是一笔巨大的开支，而实际上根本没有这种经费预算。于是只能采取加强资源共享的方法予以解决，使处于不同地方的用户可以使用远程的计算机。1966年鲍勃·泰勒（Bob Taylor）任信息处理技术处处长，萌发了建设新型计算机网络的想法。1967年，泰勒继任者拉里·罗伯茨（Larry Roberts）开始筹建"分布式网络"，并在次年提交研究报告《资源共享的计算机网络》，并根据这份报告筹建国防部的 ARPANet，1969 年底阿帕网正式投入运行。

在计算机联网的方式上，阿帕网并没有采用传统电话线路的交换机模式，而是运用了新型的分布式处理模式，这种模式最大的特点就是没有中心。有人认为 ARPANet 是为应对核打击而研发，他们往往以兰德公司的保罗·巴兰（Paul Baran）提出分布式网络通信理论为论据。今天判断这个观点是否与实际相符，就要探究 ARPANet 到底是不是基于巴兰的理论而建设的，或者说巴兰及其理论到底在 ARPANet 诞生过程中起到了什么作用？

20 世纪 60 年代初冷战进入高峰时期，美国军方确实担心战略武器的控制系统在核攻击下可能会出现瘫痪，从而无法实施核反击。"脆弱通信网络的中断将会隔断战场指挥官和总部的联系，进而导致各种各样的危险灾难。然而，苏联只要有一个原子弹击中集中式交换设备，就可能破坏掉整个通信系统。"[①] 如何在对方核打击的情况下确保生存，并有能力实施反击至关重要，寻找确保军事通信在核打击下能够生存的方法成为重大现实课题。美国空军专门委托兰德公司研究如何在核打击情况下保持通信畅通问题，于是作为课题的承担者巴兰从 1962 年起先后撰写了 11 份报告，其中就包括 1964 年发表的《论分布式通信系统》。他在文章中建议建立一种没有明显中央指令与控制的通信系统，就是建立分布式网络通信系统，当系统中某些节点受到攻击时，其他节点都能够重

---

① Thomas J. Misa, "Leonardo to the Internet: Technolgoy and culture from the renaissance to the present," Baltimore: The Johns Hopkins University Press, 2011, p. 223.

新建立连接。巴兰自己曾说："做这项工作是为了应对曾经存在的最危险的情形。"[1] 显然，巴兰的研究目的指向性非常明确，即解决大规模核毁伤情况下的通信问题，其提出的分布式通信理论是军事需求驱动的直接产物。

但遗憾的是，巴兰提出的现代网络思想并未引起人们的重视，美国的通信巨头 AT&T 公司的技术专家们仍然固守传统的核心交换机通信模式。虽然兰德公司极力向美国空军推荐巴兰的网络思想，美国空军也表示愿意承担建设新型网络的费用，但是 AT&T 始终不为所动。后来美国国防部指定国防通信局（Defense Communications Agency）负责网络建设，而主导这一机构的仍然是来自各军兵种的持旧式通信理念的军官，他们深受 AT&T 的影响，缺乏新型数字技术的相关经验，新型网络建设最终搁浅。所以，巴兰的现代网络思想提出后并未付诸实际建设，而是被束之高阁，最终是 ARPA 率先开始了现代计算机网络的研究与建设。

这里需要进一步研究的是 ARPA 在开始建设网络时是否沿用了巴兰的思想，答案是否定的，因为分布式通信理论并不是巴兰的独自发明，几乎与巴兰同时独立提出现代网络思想的还有美国麻省理工的伦纳德·克兰罗克（Leonard Kleinrock）、英国物理学家唐纳德·戴维斯（Donald Watts Davies）。ARPANet 的建设理论主要直接来源于克兰罗克。1959 年克兰罗克在麻省理工学院读研究生时，就建立了分组交换理论，1964 年出版了著作《通信网》，奠定了网络通信的基础，也正因为如此被后人誉为"互联网之父"。[2] 事实上，建设 ARPANet 的主要负责人罗伯茨在进入高级研究计划局之前，从未听说过保罗·巴兰的名字，[3] 自然也就无从知晓为在谋求核攻击下生存而创造出的理论，其现代网络思想主要来自于麻省理工学院的同事与好友克兰罗克，后者使罗伯茨相信利用包

---

[1] Katie Hafner, Matthew Lyon, *Where wizards stay up late: The origins of the Internet*, New York, TOUCHSTONE, 1996, p.31.
[2] 刘瑞挺：《互联网由来：四位互联网之父》，《新电脑》，2006 年第 3 期。
[3] Katie Hafner, Matthew Lyon, *Where wizards stay up late: The origins of the Internet*, New York, TOUCHSTONE, 1996, p.39.

交换通信要比交换机通信更具理论可行性。①

相比较而言，巴兰的理论主要是为了解决通信网络可能面临的毁伤问题，而克兰罗克的理论则重在提高通信效率。当罗伯茨在开始建设网络时，他们首先要解决的问题是网络传输的反应时间，当然是越快越好，然后是可靠性，抗打击性并不是建设的主要性能指标。"罗伯茨设计网络实验并没有将通信生存能力作为主要考虑目标，甚至连第二目标都不是。核战争情景和指挥控制问题并没有提到罗伯茨的紧迫日程上。"② 显然，ARPANet本质上是一种前沿科技研究成果，现实军事需求为其发展提供了良好的条件，但是诸如抗打击性等军事应用需求并非其发展的主导逻辑。

ARPANet本身是美国国防部ARPA为了共享信息计算资源而进行的技术发明，采用分布式网络模型是为了最大化地共享计算机资源，同时使网络保持开放性，其他计算机可以随时接入网络系统。"这个计划体现了最为和平的意图，即连接全国范围内科学实验室的计算机，使研究者可以分享计算机资源。"③ 计算机资源共享既是ARPANet诞生的主要动因，也是其不断成长发展最终演变成为互联网的推动力。

在互联网发展的早期阶段，技术逻辑处于主导地位，网络建设与管理属于"技术治理模式"（technology governance model），技术专家及其设计的标准主导了互联网建设发展的方向。乔恩·波斯特尔（Jon Postel）建立了现代互联网域名系统（DNS），负责互联网名称与数字地址分配系统及相关网络政策的决策，他被《经济学家》杂志称为"互联网的上帝"。大卫·克莱克（David Clark）曾明确表示，"我们拒绝国王、总统和投票。我们信奉一致共识和运行的代码"。正是在这种信条的指引下，1985年成立了互联网工程任务组，该组织严格按照技术逻辑制定各

---

① Barry M. Leiner, Vinton G. Cerf, David D. Clark, Robert E. Kahn, Leonard Kleinrock, Daniel C. Lynch, Jon Postel, Lawrence G. Roberts, Stephen S. Wolfff, "The Past and Future History of the Internet," *Communications of the Acm*, Vol. 40, No. 2, February 1997, p. 103.

② Katie Hafner and Matthew Lyon, *Where wizards stay up late: The origins of the internet*, New York, TOUCHSTONE, 1996, p. 45.

③ Katie Hafner and Matthew Lyon, *Where wizards stay up late: The origins of the internet*, New York, TOUCHSTONE, 1996, p. 1.

项技术标准,为互联网技术的工程和演变作出了极大贡献。《网络空间独立宣言》的起草人约翰·佩里·巴洛(John Perry Barlow)宣称:"工业世界里的各国政府们:你们在网络世界中不受欢迎,你们在这里没有主权。网络世界不在你们的国境之内。"①

20世纪90年代,互联网治理进入自我治理模式(autonomous governance model),没有国家政府主导其治理活动,是技术精英和"有识之士"发动成立的相关技术组织实现对互联网的治理,这种治理模式属于"技术治理模式"的延伸,这说明网络普及程度尚浅,在全世界范围内仍然是技术精英们在使用互联网。

如果互联网只是技术精英的科研用品,那么网络空间主权就无从谈起,但是随着网络的不断发展壮大,当网络由局域网发展到世界性的互联网时,网络的本质也在发生着改变。

科学家和工程师们创造出了互联网,自然也就会按照他们所擅长的技术标准进行治理,但是随着网络的不断扩大,技术专家的思想更多地体现于网络的建设方面,而在网络运行维护方面则显得鞭长莫及。在互联网实现全球范围内的电子邮件、文件传输、图像通信等技术功能时,科学家和工程师们根本无法承担起管理网络的责任,国家政府接管网络设施管理势在必行。从最初起源来看,互联网就是美国政府鼓励科学家进行创新发明的产物,在这个过程中美国政府投入了大量的资金,但并没有将其刻意划归为一种政府财产,像各种武器装备那样纳入政府统一管理范围,而是将其放置于民间任其按照技术逻辑发展演变。如果互联网一直在美国境内"繁衍生息",自然也不会出现主权争议问题,但是在技术逻辑驱动下互联网蔓延到了全世界范围内,不同主权国家计算机网络设施接入互联网,这才出现了网络空间国家主权争议。

网络空间发展过程存在两个环节的质变:一是从科研用品到社会基础设施的转变;二是从局域网到国际互联网的转变。

1. 从科研用品到社会基础设施的转变。国家主权的实质在于政府拥

---

① [美]约翰·佩里·巴洛:《网络空间独立宣言》,赵晓力译,《互联网法律通讯》,2004年第2期。

有对本辖区人员、物品的管理处置权力，这种权力具有排他性、权威性，有暴力机关确保权力的执行。近代威斯特伐利亚国际体系形成之后，国家主权往往以疆界、领海、领空的形式体现出来，在这些疆域内自然体现出了国家主权，本质上体现出来的是对疆域利益的占有和维护。网络空间随着网络技术的发展应用而不断拓展，只有当这一空间成为一种社会性空间时，而且深刻影响到经济社会发展时才涉及国家利益问题，才具有讨论国家主权的意义。当一个国家几乎没有什么网络，也没有相关设施和财产与之相连时，即便是强调主权问题也意义不大；反之，网络化程度高的社会里，网络空间主权的重要性丝毫不亚于传统的物理空间。

从更深层次的意义上而言，当网络空间成为人们生活工作空间后，其主权性也就凸显出来。主权概念与现代国家的历史演变相对应。[①] 网络主权不是新一代主权的概念，而是原有主权在虚拟世界的延伸，是人们为了维护网络空间利益而势必尽力争取的权力。当互联网作为一种社会稀缺资源而只是少数技术精英操持对象时，它所体现出来的是公共空间的形象，好像是价值无涉的自由飞地，但是当它与国家基础设施、经济、安全等紧密相关时就必然体现出主权的特征。正如约瑟夫·奈所主张的那样，"位于主权国家领土范围内的国际互联网实体基础设施是稀有的专有资源，不符合公共产品的特征。网络空间也不像公海一样是公域，因为它部分处于主权国家的控制之下，它充其量也只是'不完全的工地'或没有完善规则的共有共管地"。[②] 显然，主权性是随着网络不断发展而生成的。

2. 从局域网到国际互联网的转变。毫无疑问，网络是美国人的发明，互联网也最初起源于美国，这种历史原因势必导致产生美国统治网络空间的霸权，全世界 13 台根服务器中 11 台都在美国，该国具有在网络空间称霸的技术优势，更是因为习惯性思维作祟。实际上，当网络从一个国家开始向世界范围内蔓延时，它的本质特性就已经在发生改变，

[①] ［澳］约瑟夫·A. 凯米莱里、吉米·福尔克著：《主权的终结——日趋"缩小"和"碎片化"的世界政治》，李东燕译，杭州：浙江人民出版社，2001 年版，第 24—30 页。

[②] ［美］约瑟夫·奈著：《权力大未来》，王吉美译，北京：中信出版社，2012 年版，第 194 页。

当互联网从一种单纯的通信手段成长为国民经济发展的大动脉时，它就背负了极其重大的政治功能。在这种情况下再把网络看作是技术，把网络空间看作是一种价值无涉的自由飞地，显然是与现实相脱节的，这种观点无非是霸权主义在网络空间的借尸还魂。

实际上，否认网络空间国家主权的做法并不是要还网络空间真正的自由，其体现的恰恰是一国图谋掌控整个网络的企图，这种做法本质上是与网络自由开放的理念相违背的。关于网络空间国家主权应该持辩证的观点，首先应该认识到国家主权确实是存在的，因为众多基础设施都存在于不同的国家领土之上，而且网络空间已经成为各个国家社会生产生活的第二空间，关系到人们切身的政治经济利益。《塔林手册》（2.0版）认为，特定国家领土上的网络基础设施具有主权性，即便是某国将这些设施连接到了网络上但是它依然拥有其主权，它有权将网络基础设施连接在互联网上，也有权将其断开。但是网络空间国家主权却又不同于传统疆域的主权，既然是世界各个国家的网络基础设施共同构成了网络空间，那么网络空间就不属于某个国家，即是说一国不能对网络空间本身提出主权要求，没有哪个国家能够独占网络空间。关于网络空间主权需要结合网络技术特征进行具体划分。

（三）网络利益争端必然引发网络空间对抗

国家主权对内表现为一国所固有的最高权力、对外则是国家所拥有的自然、平等的权力。[①] 借鉴国家主权的概念可以对网络主权进行定义，"网络主权就是一国国家主权在网络空间中的自然延伸和表现。对内，网络主权指的是国家独立自主地发展、监督、管理本国互联网事务；对外，网络主权指的是防止本国互联网受到外部入侵和攻击"。[②] 网络主权包括对内主权和对外主权，对内主权是指一国在遵守其国际法义务的前

[①] 张影强等著：《全球网络空间治理体系与中国方案》，北京：中国经济出版社，2017年版，第32页。

[②] 若英：《什么是网络主权？》，《红旗文稿》，2014年第3期。

提下，对其领土内的网络基础设施、人员和网络活动享有主权权威；对外主权是指一国在其对外关系中可自由开展网络活动，除非对其有约束力的国际法则作出相反规定。[①] 有学者更为简洁地进行描述，认为网络主权是国家通过运用网络信息，保证网络安全行使的内政、外交、国防和国际事务中的权利。[②] 参照传统国家主权可以对网络主权进行更为详细的解析。

其一，网络空间独立权。拥有这种权力就寓意着本国的网络可以独立运行，而不受制于其他国家。

其二，网络空间管辖权。在拥有独立权的基础上，能够对本国网络实施管理，比如设置准入许可限制未被授权的网站接入网络，关停不服从管理的网站，监管整顿网络生态环境等。

其三，网络防卫权。即保护本国网络不受外部网络攻击，或者受到攻击后能够进行防卫和反击。网络防卫权是维护国家生存和发展的最基本的权利。

其四，网络信息平等权。从网络国际社会而言，各个国家在网络空间都是平等的，网络主权国家之间不应有高低贵贱的差别。

这种解析方式清晰地描述了网络主权的内涵，但是难以在实践中具体体现出来，因为它脱离了网络空间特性来抽象地谈论主权，是传统概念在新生事物上嫁接的产物。

网络空间属于人造空间，它包括两个组成部分：一是硬件；二是软件。在2008年1月美国发布的国家安全54号/国土安全23号总统令《国家网络安全综合纲领》（CNCI）中认为，赛博空间是指一个全球范围的信息环境，主要由信息技术基础网络构成，其中包括互联网、电信网、计算机系统以及嵌入式处理器和控制器。《塔林手册》将网络空间定义为"由物理和非物理组成部分构成的环境，其特征在于使用计算机和电磁频谱进行存储、修改以及使用计算机网络进行数据的交换"；中

---

① ［美］迈克尔·施密特总主编：《网络行动国际法塔林手册2.0版》，黄志雄等译，北京：社会科学文献出版社，2017年版，第59—61页。

② 裴学进、俞艺彬：《论网络主权及其维护战略》，《前沿》，2016年第8期。

国的《国家网络空间安全战略》（2016 年）这样描述网络空间，"伴随信息革命的飞速发展，互联网、通信网、计算机系统、自动化控制系统、数字设备及其承载的应用、服务和数据等组成的网络空间，正在全面改变人们的生产生活方式，深刻影响人类社会历史发展进程"。"赛博空间是相对真实物理空间的或者是由真实物理空间映射而成的虚拟逻辑空间。在真实物理空间中表征其性质的最小粒子为原子，而赛博空间这一虚拟逻辑空间的基本粒子是比特（信息位），或者说在赛博空间的虚拟空间中弥漫的是信息流。赛博空间对应的真实客体主要是信息网络，包括互联网、电信网和接入网。其支撑环境是网络基础设施和电信基础设施，支持技术是电子信息网络技术。"[1] 显然，网络空间的形成首先依赖于各种各样的实体设备，实体设备是软件及信息的载体，实体设备与软件结合在一起才能构成完备的信息处理传输空间。

需要特别强调的是，计算机和网络空间只是赛博空间的主要构成部分，是一种被包含关系。[2] 从技术层面考虑，赛博空间主要体现于以下 6 种网络：[3]

（1）基于 TCP/IP 的计算机网，如局域网（LAN）、广域网（WAN）、城域网（MAN）、虚拟专用网（VPN）等，最典型的是世界广泛应用的互联网。

（2）固定电信网，如公共电话交换网（PSTN）、数字数据网（DDN）、综合业务数字网（ISDN）、帧中继网（FR）、光同步网（SONET）等。

（3）移动通信网，如地面移动通信中的 GSM、CDMA，卫星通信方面有"铱星"系统，国际移动通信卫星等。

---

[1] 孙义明、李巍编著：《赛博空间——新的作战域》，北京：国防工业出版社，2014 年版，第 22 页。

[2] Cyber、Network 和 Grid 的含义有所差别，Grid 更强调规则性，通常翻译为栅格、网格；Network 可以泛指各种各样的网络，比如铁路网、电力网、防空网等；Cyber 通常是指一般意义上的网络，具有"以虚控实"的特征，本身蕴涵着信息控制和信息管理的含义，可以包括铁路信息网、电力管理网、防空指挥信息网等。

[3] 孙义明、李巍编著：《赛博空间——新的作战域》，北京：国防工业出版社，2014 年版，第 32 页。

（4）时统与导航网络，如美国的 GPS、俄罗斯的 GLONASS、欧共体的 Galileo、印度的 IRNSS、中国的"北斗"、日本的"准天顶"卫星（QZS）等。

（5）传统的无线传输网，如短波、超短波、散射、微波网络等。

（6）无固定设施支撑的自组织无线网络，例如 Ad – hoc 等。

所有的网络都建立于计算机系统之上，而所有的计算机系统都可以连接于互联网之上，互联网是网络空间的基础和主干。关于网络主权的划分需要根据网络构成进行具体分析。"可以从两个层面理解网络空间：从技术上看包括物理网络层、逻辑网络层和用户或者社会网络层。它向下逐渐过渡到电磁频谱空间，向上逐渐过渡到信息空间。从战略管理角度来看包括公开互联网、国家关键信息基础设施、军事关键信息基础设施三个层面。其中，国家关键信息基础设施又包括各类工业控制系统。"[1] 也有学者认为网络构成通常包括：物理基础设施层；由代码组成的逻辑层；信息内容存储、传输、转换的信息内容层；由分别扮演不同角色和功能的行为体、实体和用户组成的人类社会层。[2]

网络空间的物理层主要是指各种网络基础设施，包括有计算机、服务器、路由器、交换机和电缆光缆等，互联网资源的存储分配主要由各级服务器实施，网络传输依赖于光缆、卫星和基站等，路由器、交换机等则负责信号的转换和信息的组织。显然，这些基础设施所有权清晰明了，它们处于不同的国度属于不同的国家，主权归属毫无争议。社会层主要是指人及人所产生的各种信息等，其归属性亦清晰明了，因为使用网络的人都有明确的国别，他们的行为都发生于特定的社会领域，所以在社会应用层面也不存在主权争议。英文 Cyber 被翻译为网络空间，Cyber 与 Net、Network 的最大区别在于：前者形成的 Cyberspace 把人的意识、认知、行为以及人与社会的映射（虚拟人与虚拟组织）连接了起来，Cyberspace 是个"虚拟对立统一"的空间；后者仅指计算机硬件、

---

[1] 温百华著：《网络空间战略问题研究》，北京：时事出版社，2019 年版，第 3 页。
[2] David Clark, "Characterizing Cyberspace: Past, Present and Future," MIT CSAIL, Version 1.2 of March 12, 2010, pp. 1 – 4.

软件形成的物理—信息网络，不包含"人"，没有反映人际交互的虚拟环境特性。①

《牛津大词典》和《网络大词典》设立的词条"Cyberspace"显示，Cyber是指计算机或者计算机网络，Cyberspace则专指计算机空间或者计算机网络空间。显然网络空间是基于计算机和网络技术的一种新的人造空间，是由技术、行为体和活动共同组成的空间。"实际上，人类社会只有两个空间，一个是物理空间，一个是网络空间，陆、海、空、天四个空间都包含在物理空间中，而且这四个空间都会映射到网络空间。"②既然是一种新空间，必定有新的行为体、新的行动方式和与之相适应的制度和规范等，因此，理解网络空间就应该把握其深刻的内涵，人类的各种活动都会映射到网络空间之中，但并非是一一对应的同构映射，而是体现出了人类在网络空间新的行为范式。"人类在物理空间的政治、经济、社会、文化、军事、科技活动都被映射到网络空间中，映射在信息化的过程中完成，而且随着信息化的发展，物理空间在网络空间的映射会越来越丰富、全面。这种映射是同态映射而非同构映射，换言之，它不是一对一的。映射是一种持续性的活动，随着网络空间的扩大和数据的丰富，网络空间正在以各种不同的形态和方法反过来影响和控制物理空间的运行。"③显然社会层的内容来自于现实社会，其主权性自然是归属于现实国家。

实际上，网络空间主权争议主要在逻辑层，这个层次内容体现了网络互联本质，由各种指令、协议、法则等构成，它通过统一标示符提供了可互操作、开放的环境空间。逻辑层是国际社会以及学术界关于网络空间主权性争议的焦点，因为逻辑层的主要原则就是开放互联，进而实现信息共享，在这个层面起主导作用的是技术原则。有学者认为，"在三层次中物理层、经济和社会层都存在国家或国家间组织，而逻辑层则没有。这也表明：在互联网全球治理中，国家和国际组织在事实上处于

---

① 孙智信等：《网络全域：Cyberspace 的概念辨析与思考》，《火力与指挥控制》，2012 年第 4 期。
② 周宏仁：《网络空间的崛起与战略稳定》，《国际展望》，2019 年第 3 期。
③ 周宏仁：《网络空间的崛起与战略稳定》，《国际展望》，2019 年第 3 期。

非核心地位，需要通过代表（行业企业、社会组织等）来体现国家意志，实现国家利益"。① 逻辑层所体现出来的是技术专家们的思想，而技术专家们确实是按照开放共享的逻辑设计网络的。

鲍勃·泰勒和劳伦斯·罗伯茨最初将计算机联网的动因就是为了共享计算资源，② 鲍勃·卡恩和温顿·瑟夫合作开发 TCP/IP 协议秉持的是开放自由的理念，使各种局域网能够在不改变自身构成的情况下以平等身份加入互联网。③ 在互联网发展初期起决定性作用的是一些技术团体，如互联网工程任务组（IETF）、互联网号码分配局（IANA）和互联网体系结构委员会（IAB）以及互联网协会（ISOC）等。工程师们希望创建一个没有中心、平等自由的网络理想王国，而开放共享的思想充分体现在逻辑层。但是网络开放共享的逻辑并不能真正实现，因为它是人类社会信息通道，无论是其中的信息还是它本身都充分体现社会的基本结构。

目前互联网采取的是根域名解析制，从根域名自上而下进行解析，这实质上是集中式分层管理模式。访问数据时通过根服务器对域名进行解析，否则数据就无法达到预定地点。根域名服务器具备掌握各级域名的权力。通常而言，自然空间中从高到低的行政区域组成也映射到网络空间之中，某一国家和地区的计算机具有相同的顶级或高级域名，也即是说现实社会的国家或政治组织在网络空间中仍然独立存在。

在域名体系中，如果某个国家或地区的顶级域名在根服务器中被删除，那么其域名下的所有网站就会从网络空间消失，不仅无法连接到互联网，也无法被访问。集中式根域名解析体系对于世界上众多国家而言，存在消失性风险、致盲性风险和孤立性风险。显然，域名解析系统在网络空间中重构了现实国际政治格局，域名成为最为重要的网络资源，掌握了域名分配和管理实际上就掌握了整个互联网的运行。网络工程师们

---

① 张影强等著：《全球网络空间治理体系与中国方案》，北京：中国经济出版社，2017年版，第37页。

② Barry M. Leiner, Vinton G. Cerf, David D. Clark, Robert E. Kahn, Leonard Kleinrock, Daniel C. Lynch, Jon Postel, Lawrence G. Roberts, Stephen S. Wolfff, "The Past and Future History of the Internet," *Communications of the Acm*, Vol. 40, No. 2, February 1997, pp. 102－103.

③ [美] 杰夫·斯蒂贝尔著：《断点：互联网进化启示录》，师蓉译，北京：中国人民大学出版社，2015年版，第131页。

所构想的技术王国最终成为现实政治的附庸,成为了实现政治目的的工具手段。

　　由于历史原因互联网发源于美国,域名分配和管理的人员和机构都处于美国政府管辖范围之内,美国政府就成为了实际的域名分配管理者,从某种意义上而言,美国实际上对互联网具有一定的支配权。在伊拉克战争期间,伊拉克顶级域名".iq"的申请和解析工作突然被终止,直接导致了所有以".iq"为后缀的网站从网络空间消失。这种情况在2004年4月再次发生,以利比亚顶级域名".ly"为后缀的网站瘫痪了数日。看似平等互联的网络空间中仍然存在"弱肉强食",现实社会中国家之间的政治角力仍然出现在虚拟空间之中,技术优势方仍然通过网络谋取更多的利益资源,而利益之争势必导致网络冲突乃至网络战争的发生。

　　从某种意义上而言,网络空间是人所创造的新的可以自由活动的空间,人在网络空间中的自由度要大于传统自然空间,它可以理解为是人利用技术发明提升自由的产物,体现了人对自由本质的不断追求。但网络空间不是人对自身及社会的颠覆与否定,它的新特性固然要产生新的原则要求,新要求却是基于已有社会原则的创新与发展,借助新事物发展之机而对已有原则进行全盘否定是一种形而上学的观点。毫无疑问,既然是一种新的发展就需要结合实际情况进行创新研究,探索新的原则要求。

　　总之,网络空间主权之辩已愈益清晰,其主权性不同于自然空间的主权特征,但是不容置疑,事实上,人们之所以有所争论固然是因为技术发展带来了不确定性,更主要的是利益争论,即少数国家通过模糊网络空间主权而意图主导网络空间。既然主权特征已然确定,从维护和破坏主权的角度而言,网络战的政治性也就不容否定,它是国家或组织维护网络主权完整独立的终极手段。之所以称其为终极手段,是与法律、外交、谈判等非暴力手段相区别,它是所有这些手段都难以达成目的时,除此以外别无他法的手段,而这种手段标志自身就是暴力性。

二、网络攻击的暴力性

一些学者结合《联合国宪章》的条规研究网络空间行动问题。在诉诸武力权方面,《联合国宪章》第 2 条第 4 项规定:"各会员国在其国际关系上不得以武力相威胁或使用武力来侵害任何国家的领土完整或政治独立,或在任何其他方面与联合国宗旨不符。"这一条是国际法最重要的规范,是维护国际秩序的核心条文。那么网络攻击是否属于该条文的禁止行为,它是否属于武力?乔治敦大学客座教授沃尔特·夏普(Walter Sharp)认为计算机网络攻击属于一种经济和政治胁迫手段,势必会危害到国家主权独立、领土完整和国际和平等,因此属于使用武力的范畴,网络空间行动应该受到国际条文的约束。英国威斯敏斯特大学高级讲师马可·罗西尼(Marco Roscini)认为科学技术的进步使武器的范畴发生了重大改变,诸如木马病毒、蠕虫等也是武器,也会产生有形或无形的危害,因此网络武器同样应该禁止。

美国海军学院国际法系的迈克尔·施密特(Michael Schmitt)教授则从"规模和后果"的角度论述网络空间行动的诉诸武力权和作战争议性等问题,认为如果网络攻击产生与传统军事手段相当的伤亡和破坏,无疑是构成使用武力的。某次网络空间行动是否属于网络攻击首先取决于它是否构成"使用武力",而后者又取决于它所造成的后果及影响,"决定行为是否属于攻击的并非手段的暴力,而是后果的暴力"。[1]《塔林手册》认为应该从规模与效果的角度区分网络攻击是否构成武力,"如果网络行动的规模和效果相当于使用武力的非网络行动,则构成使用武力"。[2] 当然也存在发动实施大规模网络攻击时,遭到敌方严密防御后无

---

[1] Michael N. Schmitt, "Wired Warfare: Computer Network Attack and Jus in Bello," *International Review of the Red Cross*, Vol. 84, No. 846, June 2002, p. 377.

[2] [美]迈克尔·施密特总主编:《网络行动国际法塔林手册 2.0 版》,黄志雄等译,北京:社会科学文献出版社,2017 年版,第 335 页。

功而返的状况,这属于广义上使用武力,此处讨论的是狭义的使用武力,即展示暴力并造成破坏后果的武力。

在《塔林手册》中施密特进一步细分了是否属于使用武力的判断因素,包括有严重性、迅即性、直接性、侵入性、效果的可衡量性、军事性、国家介入程度、推定合法性。① 具体而言,对人员或财产造成有形损害后果就意味着网络行动是使用武力,其中后果的范围、持续的时间和烈度对评估严重性具有重要作用,而严重性是判断是否使用武力的最重要因素。迅即性即行动发生的快慢,相对快速的行动更容易被认为是使用了武力,而经历数周甚至是数月才逐渐被发现的行动更容易被看作是间谍行为。直接性是指网络初始行为与其后果之间有更为紧密的关系,严重的破坏后果与网络攻击行动紧密挂钩自然被看作是使用了武力。侵入性是指侵入目标国家网络系统的程度,目标网络系统安全性越高,对其被渗透的关注就越严重。与探测可公开访问、非认证的普通民用系统相比,入侵军事系统尤其是武器系统更具有侵入性。另外,域名作为网络空间地理位置和产权归属的标志,对于评估侵入性具有重要意义,如果是针对特定国家域名的网络行动就是侵入该国的网络空间。

(一) 传统暴力通过物理破坏影响敌人心理

克劳塞维茨把暴力性看作是战争的本质特征之一,认为战争本质上是一种暴力行为。在人类历史上,战争呈现出了使用各种武器进行厮杀破坏的场景,一部战争史体现为武器装备演变史,是杀伤力不断提升的历史。这也就容易让人将战争与破坏性暴力画上等号。

从更深层次来理解,我们要对暴力和武力相区别,有学者认为,"武力由合法的、短期的伤害与剥夺构成——典型地意味着——执行伤害的人对他们的行动享有合法保护。武力因此包含合法自卫但不是无缘无故

---

① [美]迈克尔·施密特总主编:《网络行动国际法塔林手册2.0版》,黄志雄等译,北京:社会科学文献出版社,2017年版,第339—340页。

的攻击。可见，暴力指的是不享有合法保护的伤害"。[1] 他这里所说的暴力指的是非正规军事行动的暴力，是不合法正当武力的使用。武力的本质在于暴力性，但是二者并不相等，"武力"与"暴力"是既相互联系又有所区别的概念，"武力"本质上就是军事力量，它着重突出的是力量的性质，而"暴力"则是武力应用的效果，体现出来的是结果与效能。从法律层面而言，大多用武力指称军事力量及其运用，从哲学层面而言则以暴力表达军事力量的本质特征。克劳塞维茨所说的暴力应该理解为"武力"，即能够实施的合法暴力，武力拥有暴力性才能对敌方造成破坏，才能够迫使敌方服从己方意志。作为主权者执法使用武力，武力就不仅仅是暴力了，或者说暴力被合法化了。正是由于合格的事实，武力不再是武力，并且成为权力。[2]

武力必然具有暴力性，而具有暴力性的活动并不必然属于武力，在本书中所讲到的暴力性就是指武力即军事力量的暴力性。事实上，战争决不能等同于暴力破坏，暴力破坏只能算是最后的本质特征。"暴力，也就是物质暴力（因为除了国家和法律的概念之外就没有精神暴力的），是一种手段，是将自己的意志强加于敌人。为了能够达到这个目的，必须让敌人无力反抗。所以，从概念上讲，战争的真正目标是使敌人无力抵抗。"[3] 暴力（或武力）只是达成战争目的的手段，本身并不是目的，孙子也认为战争的最高境界是"不战而屈人之兵"。战争的目的并不在于破坏，而在于迫使敌方放弃抵抗。战争暴力与主体意志紧密相关，一方面，主体的战争意志对暴力的实现具有能动性影响，使用暴力的主观意愿以及具体目的对暴力的影响较大；另一方面，客体即战争对象的意志也直接影响了暴力的实现程度，当客体直接放弃抵抗时实际上也就意味着失去了使用暴力的必要，反之，倘若客体具有极强的抵抗意志就会不断促使暴力升级。显然，战争的暴力性不在于其手段性，而在于其目

---

[1] [美] 查尔斯·蒂利著：《集体暴力的政治》，谢岳译，上海：上海人民出版社，2006年版，第25页。
[2] Hannah Arendt, *On Violence*, New York: Harcourt, Brace, Jovanovich, 1970, p.37.
[3] [德] 克劳塞维茨著：《战争论（修订本）》，魏止戈译，武汉：华中科技大学出版社，2019年版，第4页。

的性，即它是一种改变敌方意志的行为。不应该将攻击的手段作为暴力的标准，而是将暴力的后果作为攻击行动的判断标准。例如，即使其中不涉及有形的暴力，使用生物、化学或放射性制剂的行动无疑也构成攻击。① 更为极端的是，具有大规模杀伤性的核武器具有极强的威慑性，它在发射架上就可以迫使敌方放弃抵抗意志，这当然也是一种武力使用方式，体现了鲜明的暴力性特征。

马克思主义战争观认为战争的本质特征在于暴力性。列宁通过考察战争与政治和暴力手段的必然联系，对战争的本质做了科学界定："辩证法的基本原理运用在战争上就是，战争无非是政治通过另一种手段（即暴力）的继续。"② 暴力性是战争区别于其他社会斗争的本质属性，是战争的标志性特征。马克思和恩格斯认为："有组织的暴力首先是军队。"③ "目前，暴力是陆军和海军。"④ 军队是战争实践的主体和骨干力量，它们之间的对抗是战争的基本实践活动形态。首先，战争是运用暴力解决对抗性矛盾的最高斗争形式。正如克劳塞维茨所说："战争是迫使敌人服从我们意志的一种暴力行为。"⑤ 其次，战争的根本功能是通过暴力实现的。"政治发展到一定的阶段，再也不能照旧前进，于是爆发了战争，用以扫除政治道路上的障碍。"⑥ 最后，区分战争与和平的界限在于暴力的运用。"对抗是矛盾斗争的一种形式，而不是矛盾斗争的一切形式。"⑦ 战争是与和平相对立的一种社会状态，是军队使用武器装备实施的暴力活动，即是说，军队所从事的战争是在暴力对抗的状态下进行的，而其他社会活动则是在和平状态下进行的。

---

① Emily Haslam, "Information Warfare: Technological Changes and International Law," *Journal of Conflict and Security Law*, Vol. 5, No. 2, 2000, p. 170.
② 中国人民解放军军事科学院编译：《列宁军事文集》，北京：战士出版社，1981年版，第205页。
③ 中国人民解放军军事科学院编译：《马克思恩格斯军事文集（第1卷）》，北京：战士出版社，1981年版，第38—39页。
④ 中共中央马克思恩格斯列宁斯大林著作编译局编译：《马克思恩格斯选集（第3卷）》，北京：人民出版社，1972年版，第206页。
⑤ [德]克劳塞维茨著：《战争论（第1卷）》，北京：解放军出版社，1964年版，第22页。
⑥ 毛泽东著：《毛泽东选集（第二卷）》，北京：人民出版社，1991年版，第479页。
⑦ 毛泽东著：《毛泽东选集（第一卷）》，北京：人民出版社，1991年版，第334页。

随着技术发展和时代的进步，战争概念及其活动领域正在被不断放大，贸易战、金融战、心理战、媒体战、法律战等新型非暴力"战争形式"层出不穷，似乎战争已经慈化，不再流血，也没有了杀伤。以至于有人认为："发生在明天或后天的任何一场战争，都将是武力和非武力战混合的鸡尾酒式的广义战争。"① 事实上，战争与政治斗争、经济斗争和外交斗争等区别所在就在于其暴力性，如果将战争泛化，把各种非暴力的斗争形式都看作战争，就会陷入一切都是战争、战争包括一切的认识误区，从而泯灭了战争与其他政治经济活动的本质区别。这样就会使人们忽视国防和军队建设，而当战争真的来临时，就会因为准备不足而变得束手无策。

从本质上而言，战争是两支武装力量从事的有组织暴力性的攻防对抗活动。人类的战争向来都是暴力搏杀，是一种体能和智能的双重较量。其实任何先进的武器都是战争的工具和手段，不可能改变战争本性，人体之间的暴力对抗也绝不会从历史舞台上退出，因为它是作战双方相互对抗的原点，各种军事技术的应用只是在延伸和拉长相互作用的距离，但无法脱离这个原点。信息技术的广泛使用虽然深刻影响了战争模式和作战方式，但是并没有改变战争的本质，网络攻击虽然无法达到传统武器所造成的物理毁伤，但是这并不意味着这种新型战争形式就不具有暴力性，它所具有的是一种新型暴力。

（二）网络空间行动具有信息暴力性

网络空间行动发生于网络空间，使用的武器是数据信息，攻击对象是计算机信息系统及其数据，通常不会造成物理毁伤，这是否也就意味着网络空间行动不具有暴力性呢？

---

① 乔良、王湘穗著：《超限战》，北京：解放军文艺出版社，1999年版，第47—55页。

有学者认为:"暴力指的不是攻击的手段,后者只包括动能手段。"①《日内瓦公约第一附加议定书》第 49 条第 1 款所定义的攻击是"不论在进攻或防御中对敌人的暴力行为"。《塔林手册》认为,"无论进攻还是防御,网络攻击是可合理预见的会导致人员伤亡或物体损毁的网络行动"。②

攻击的暴力性不能局限于行动的性质而是行动的后果,释放动能的行为固然是暴力行为,但是诸如化学、生物或放射性攻击通常并不对特定目标产生动能影响,但它们也属于法定的攻击行为,关于这些非动能作战方式的判断可以借鉴到网络空间行动。"尽管网络攻击极少对目标网络系统释放直接物理力量,但它们能对个人或物体造成极大损害。"③ 网络攻击虽然并不直接产生动能打击,但是它也可能造成人或物的损失,例如改变电网的数据采集与监控系统的运行,进而导致火灾甚至是人员伤亡,因为这些后果是毁灭性的,所以是一种攻击行为。

在《塔林手册》中,依据网络行动所产生的后果来界定是否属于攻击,对物理设施造成影响并导致不得不更换组件的属于攻击,对操作系统或特定数据造成影响致使其不能发挥原定的功能的属于攻击,其实计算机网络系统已经广泛深入到经济生活各个领域,任何攻击只要造成宕机就会造成重大的损失,有时这种损失是无形的,造成的是间接经济损失或时间成本增加。但是有的行动却明确排除在网络攻击之外,例如网络间谍活动,类似于电子频道阻塞的网络行动,前者属于情报战的范畴,后者则归属舆论战的领域,攻击的本质在于其暴力性,而诸如网络心理行动或网络间谍行为等因为不具有暴力性,所以不能划入攻击范畴。这些问题在第五章中将重点阐述。

另外,网络攻击并非每次都能达到作战效果,很多情况下可能是

---

① Yoram Dinstein, "The Conduct of Hostilities under the Law of International Armed Conflict," Cambridge: Cambridge University Press, 2004, p. 84; M. N. Schmitt, "Cyber Operations and the Jus in Bello: Key issues," *Naval War College International Law Studies*, Vol. 87, 2011, p. 5.
② [美]迈克尔·施密特总主编:《网络行动国际法塔林手册 2.0 版》,黄志雄等译,北京:社会科学文献出版社,2017 年版,第 406 页。
③ [美]迈克尔·施密特总主编:《网络行动国际法塔林手册 2.0 版》,黄志雄等译,北京:社会科学文献出版社,2017 年版,第 407 页。

无功而返，如果是这样，在悄无声息中网络攻击犹如没有发生过一般，既没有造成实际的破坏也没有产生社会影响，这算不算发生了攻击性的网络空间行动。《塔林手册》对这种行为也有明确定位，给予了肯定的回答。"当一个攻击被成功拦截，且没有造成实质性伤害时，仍然是武装冲突法之下的攻击。因而，网络行动被防火墙、反病毒软件和入侵检测或防御系统等被动网络防御击退，仍然构成一次攻击，因为如果没有这样的防御，它将很可能导致攻击后果。"[1]类比于传统战争，往对方领土上投掷炸弹即便是没有造成人员伤亡也属于攻击行为。

关于网络攻击的暴力性需要进一步明确，否则就难以将网络战与一般的黑客行为区别开来，"事实上，人们在讨论'网络攻击'时，经常太过习惯仅仅因为都涉及网络技术，就将很多似是而非的网络活动捆绑在一起。这就好比将'用烟花进行恶作剧''持枪抢劫银行''安装路边炸弹'及'使用巡航导弹'视为同样的行为，仅仅因为它们都与火药产生的化学反应有关"。[2] 在现实中，最为困难的正是在各种各样的网络行动中明辨出哪些属于作战范畴的网络攻击行动，哪些属于普通的黑客攻击行为，哪些属于网络安全事故。

有学者专门对网络攻击、网络防护进行了定义，认为"网络攻击的功能是利用各种网络供给武器在对方信息基础设施中，渗透其安全保密机制，突破其访问控制机制，利用、获得、降低、失效或瘫痪对方的程序，破坏对方信息的完整性与保密性"。[3] 而网络防护则是针对网络而采取的防御性措施，"网络防护是利用各种防护措施保护己方信息基础设施的安全，免受网络攻击，主要是通过增强网络计算机的访问控制能力和保护软件与数据的完整性措施实现的，如入侵检测、防火墙、用户身

---

[1] ［美］迈克尔·施密特总主编：《网络行动国际法塔林手册2.0版》，黄志雄等译，北京：社会科学文献出版社，2017年版，第410页。

[2] ［美］P. W. 辛格、艾伦·弗里德曼著：《网络安全：输不起的互联网战争》，中国信息通信研究院译，北京：电子工业出版社，2015年版，第61页。

[3] 肖军模、周海刚、刘军编著：《网络信息对抗（第2版）》，北京：机械工业出版社，2011年版，第14页。

份认证、加密与数字签名等防护措施"。① 网络攻击与网络防护本身并不能确定行动性质，因为政府网络空间行动可以采取这种行动，黑客也可以采取这种行动，但是黑客攻击属于非法性活动。黑客攻击是指一切对计算机网络构成威胁的非法用户（包括未注册的非法用户和越权的网络合法用户）对网络的攻击行为。黑客通过网络探测和脆弱性分析，利用对方的网络信息系统的漏洞进入对方的系统，以合法用户身份对目标网络实施破坏活动，包括获取系统中重要文件与信息、修改或删除数据、安置木马后门程序等。② 黑客攻击行为仅仅在于窃取信息、谋求利益或者满足兴趣，而网络空间行动的攻击行为则在于通过暴力达成政治目的。

那么，就迫使敌方服从我方意志而言，网络空间行动并不失其暴力性特征，因为它可以成为胁迫敌人放弃自己意志的行为方式，之所以得出这种判断是因为网络已经成为一个国家及其社会重要的组成部分，它可以成为一种受胁迫的对象。

从深层次而言，为什么暴力就能够改变敌人的意志？是因为暴力能够给敌人造成不可承受的损失，比如对其人员造成重大的伤亡，对其重要设施、财产造成重大破坏，如果不放弃抵抗，那么伤亡破坏就会一直持续下去，这个过程的极限是敌人的彻底消灭。实际上，现实的战争很难达到人员完全死亡和物品彻底破坏的程度，在达到这个目标之前敌人会因为无法承受过重损失而放弃抵抗。

英国学者里德认为，大多数网络攻击都不是暴力性的，不能被理智地理解为一种暴力行为。而且，那些确实有武力潜质的网络攻击必然只是间接地具有暴力性。通过网络空间实施的暴力至少在四个方面并非那么直接：与更为常规的使用政治暴力相比，它的物理性、情感性、象征性以及由此而来的工具性都要稍逊一筹。然而，网络攻击可以达到政治暴力意图达到的同样目标，亦即削弱信任，特别是对特定制度、系统或

---

① 肖军模、周海刚、刘军编著：《网络信息对抗（第2版）》，北京：机械工业出版社，2011年版，第14页。

② 肖军模、周海刚、刘军编著：《网络信息对抗（第2版）》，北京：机械工业出版社，2011年版，第15页。

组织的集体社会信任。①

传统暴力是通过力、能量或介质三种媒介之中的一种实施的。力是指改变物体位移的作用力,其大小由物体质量乘以加速度,武器实施打击的基本原理之一就是将质量和加速度结合起来,比如投掷石块、弹头弹片和动能武器等。能量其实是形成力的来源,它自身也具有杀伤力,比如火、热、辐射等。介质武器的代表是生物武器和化学武器,介质武器不能直接损害建筑物或车辆等装备,但是其作战目标是人,通过损害人体组织造成伤害或死亡。

网络武器是一种新型暴力,它的作用对象既非是人亦非是物,而是信息尤其是数据形式的信息,通过对数据信息的攻击而达到对人和物的破坏。例如计算机病毒攻击对象是计算机系统,而计算机却控制了各种物理设备尤其是武器系统,有效的网络攻击可以成功瘫痪敌方的武器系统。由于不能直接作用于人,里德认为暴力在网络空间中有三大局限,即代码引起的暴力在身体上、情感上和象征意义上都是有限的。② 这种观点具有一定道理,因为战争的主体是人,历来的武器都能够对人体进行杀伤,"技术以不均衡的方式影响着暴力和人体之间的关系:技术大大改变了暴力的手段,但并未改变人体的终极脆弱性这个'基础'。技术可以使作恶者在身体上远离其所造成的暴力,但不能使受害者在身体上远离其所遭受的暴力"。③ 人们想尽办法对自身进行防护,但是最终遭受伤害的还是人本身。

网络空间行动不会给敌人造成物理毁伤,至少物理毁伤不是其长项和重点,但是会给其计算机系统和数据信息造成重大破坏。有学者认为,仅仅无形数据的损毁而没有物理损害,即使该数据具有很高的经济价值,也不能将该网络攻击行为视为"使用武力"。④ 这种观点显然是没有认清

---

① [英]托马斯·里德著:《网络战争:不会发生》,徐龙第译,北京:人民出版社,2017年版,第13—14页。
② [英]托马斯·里德著:《网络战争:不会发生》,徐龙第译,北京:人民出版社,2017年版,第24页。
③ [英]托马斯·里德著:《网络战争:不会发生》,徐龙第译,北京:人民出版社,2017年版,第22页。
④ Katharina Ziolkowski, "Computer Network Operations and the Law of Armed Conflict," (2010) 49 Military Law and the Law of War Review 47, pp. 69–75.

未来经济社会的发展趋势，低估了计算机网络系统的巨大影响力。进入21世纪，人类社会结构、经济活动和生活方式发生了重大变化，根本原因就是计算机网络系统的广泛应用。

其一，现实物理世界都以数据的形式存在网络之上。比如地形地貌、道路交通、城市设施以及户籍信息、档案数据、企业数据等等，都以数据的形式存储于计算机之中，而计算机通常是处于联网状态，即便是内部网络也都会以某种方式与互联网相连。

其二，计算机信息系统承担着管理控制基础设施的功能。交通信号系统、铁路调度系统、金融系统和能源设施，也包括各种工业生产设施等都是由计算机信息系统管理控制，如果计算机系统出现了问题，这些设施就会出现功能紊乱甚至是瘫痪的可能。

随着互联网技术的发展，TCP/IP协议和交换机、路由器及各种操作系统等商业产品正在广泛应用于管理和控制复杂基础设施，因为这些技术越来越成熟、越来越经济，它们的使用不仅能够大幅度减少管理控制系统的开发维护成本，而且能够显著提升管理控制性能。但是弊端也非常明显，那就是使用标准协议和通用软件很容易产生重大风险，很容易被对手掌握己方的漏洞与缺陷。

其三，互联网成为了人们生活交往的新空间。互联网首先改变的是人们的通信方式，它能够分布传输、即时到达，而且传输流量日益增大，从文字、语音到视频通信内容日渐丰富。随着网络通信功能的提升，人们开辟形成了网络社区，比如网络游戏、网络购物、网络交友等等，俨然形成了一个新的网络社会。

以中国网络建设情况为例，中国数字经济规模已达31.3万亿元，占国内生产总值的比重达到34.8%。① 截至2020年3月，中国网络购物用户规模达7.1亿，实物商品网上零售额达8.52万亿元；中国在线政务服务用户规模达6.94亿；在31个已建成的省级平台提供的22152项省本级行政许可事项中，超七成已经具备网上在线预约预审功能条件。②

---

① 国家互联网信息办公室：《数字中国建设发展报告（2018年）》，2019年5月。
② 国家互联网信息办公室：第45次《中国互联网络发展状况统计报告》，2020年4月。

总而言之，在计算机诞生以前人们只有一个现实的物理空间，随着计算机技术的发展，现实世界开始以数据信息的形式存在，于是以计算机网络系统为载体，以数据信息为载体就形成了一个现实世界的虚拟世界，后者平行于前者而且映射出前者的存在，同时又以信息为纽带为现实世界存在物架起了沟通联系的桥梁，深刻改变了物质存在方式和人的活动规律，自然也就颠覆了既有的社会利益和财富格局。"网络战将被证明是游戏规则的改变者，它的出现将使曾经出现在科幻小说中的技术和操作变为现实。但即使在大量使用数字武器的时代，战争仍然是一个混乱的领域。这意味着即使是网络战，也仍然会耗费大量的资源和精力。"[1] 网络空间行动的对象显然是敌方网络空间中的社会存在，这种虚拟的社会存在同样具有重大经济利益和社会价值，如果攻击成功就会给敌方造成重大损失，进而改变其战斗意志并做出相应的妥协，网络空间行动也就达到了其政治目的。

（三）从网络空间向心理空间的过渡

也许有人提出质疑，网络空间行动的作战对象是计算机等硬件设施、软件设施以及数据信息等，网络攻击所造成的破坏通常是软杀伤，即导致软件系统崩溃进而导致硬件系统失能，或者直接破坏数据信息，这种软杀伤所造成的破坏通常具有局限性。软件系统崩溃可以通过重启或者重新安装等途径加以解决，通过物理隔绝或者断电等手段能够及时解决被攻击的问题，通过备份解决数据信息被破坏的问题，总而言之，网络攻击似乎无法造成不可逆转的毁伤。如此看来，网络空间行动所造成的损失程度有限，这个判断并不是要否定网络空间行动的严重性，正如前面所强调的那样，网络攻击可能会造成严重的危害，甚至像核攻击那样导致社会瘫痪，但在大多数情况下网络空间行动导致的损伤微乎其微。

实际上，网络空间行动的暴力性更具弹性，从社会大范围的破坏到

---

[1] [美] P. W. 辛格、艾伦·弗里德曼著：《网络安全：输不起的互联网战争》，中国信息通信研究院译，北京：电子工业出版社，2015 年版，第 122 页。

软件系统的崩溃都可以纳入到网络空间行动破坏性的范畴，正如传统战争范围涵盖了从全面战争到小规模冲突各种强度的暴力对抗一样，当然小规模冲突可以不称之为战争，但是本质上仍属于战争。

分析网络空间行动时应该考虑其在心理域所产生的暴力。传统战争发生在物理空间，战争与和平的界限泾渭分明，人们对战争威胁的感知是明确的，导弹并不会突然从天而降。但是网络空间行动却改变了这种战争心理预期模式，由于人的社会生存已经与网络紧密融合在一起，甚至可以说人是一种网络性存在，网络危机就会直接导致人的生存危机，在这种情况下网络空间行动就具有了特殊的战争意义。试想，如果一个人整天处于网络攻击的恐惧之中，会产生什么样的心理压力，当然也许有人会认为人们根本意识不到网络战的存在，如果是那样的话后果就会更加严重，当不加防范时就更可能产生极其严重的后果。

实际上，由于网络空间行动的对象是数据信息，而信息又是直接影响认知和心理的介质，通过操纵剪辑数据信息而直接作用于敌对方人员心理也已经被纳入到网络战的范畴，至于网络空间行动是否包括心理战、宣传战等作战方式我们在后面会继续进行讨论，但是干预数据信息却是网络空间行动的题中之意。所以网络空间行动对敌对方的心理产生暴力性影响也是不争的事实，相较于传统战争而言，网络空间行动的心理暴力更为突出，这不仅是因为人们网络生存社会现状使然，更是取决于网络空间行动对象的特殊属性。

三、正规的组织性活动

战争行为是有组织的暴力性活动，体现为它与零散的、非政治性暴力行动的不同，组织性就体现在专业的人员和工具，独特的组织形式与实施方式等。网络空间行动作为一种新型战争方式必然具有组织性特征。

（一）网络空间行动组织性体现为独立的作战方式和新型的战争形态

克劳塞维茨认为战争不是短促的一击，而是一个逐渐展开的过程，暴力的使用具有持续性，这也就意味需要成立专门的军事组织从事这项活动，同时需要大量资源的支撑。

战争是有组织的暴力性活动，这一点与普通的暴力性活动存在本质的区别。个人甚至是少数人组成的团体的暴力性活动通常不具有组织性特征，属于个别"英雄式"的攻击行为。

首先战争的组织性体现于政治性目的，即是否使用暴力、如何使用暴力以及暴力后果的估量都取决于政治需求，都由政治因素决定。

其次战争的组织性还体现于整体性上，其实从古至今战争行为都不是一种孤立的社会现象，而是与社会经济、文化等因素紧密相关，尤其是与经济密不可分。孙子就明确指出，"弛车千驷，革车千乘""日费千金，然后十万之师举矣"。实施战争就需要有源源不断的经济资源予以支撑，这种支撑不仅贯穿于战争始终，而且筹谋于战前并延续至战后，没有经济资源支撑的战争根本无法实施。

马汉曾列举出发展国家海上力量的几个必要因素，包括地理条件、工业水平、民众、民族性格和政府治理等。而空中力量则关涉到工业、研发、飞机和人力等。网络力量同样具有相关性，与从事网络空间行动的人以及相关技术紧密相关，但是网络空间行动却又有明显不同之处。任何一个现代化国家如果没有强大的工业生产能力和雄厚的经济基础就不可能拥有和运用强大的海上和空中力量，对于网络空间而言，这一点并不成立，网络力量只需要数百名甚至是数十名的军人就足够了，而且并不需要庞大的工业经济基础。爱沙尼亚作为一个小国家拥有发达的网络系统和先进的网络空间力量。如此而言，是否就意味着网络空间行动可以脱离社会经济基础，不再像传统战争那样严格依赖于国防整体实力。其实，从表面上看网络空间行动依赖于少数技术精英，但是这种战争形式依然需要社会网络基础，网络基础设施建设的好坏直接决定了网络攻防效率与效果。这种趋势在未来会更加清晰地展现出来，网络空间行动将以庞大的网络国防建设为基础而不仅仅是少数精英的黑客行为。

当然战争的组织性最终体现于其正规性上，即有专门的人员操持专业的工具从事专业的活动。专门的人员就是指正规的军队，而专业的工具指正规的武器装备，专业的活动则体现为特定的战略战术。若要在激烈的暴力对抗中击败对方，合理的组织方式与正确地使用武器至关重要，受过专门军事教育训练的人员就会表现出强大的战斗力，反之则是"乌合之众"，毫无组织性、纪律性，自然就缺乏战斗力。

网络空间的攻击行为最初是计算机黑客的个人行为，一些计算机高手和网络爱好者出于报复社会、恶作剧甚至是无意识的状况，而制造出了网络攻击事件，对他人、政府，甚至是社会上大面积的计算机造成了破坏。黑客的攻击行为不属于网络空间行动范畴，它发生的根源在于黑客的个体意志，而不是政治动因，而且它也只是一种偶发性行为，算不上具有组织协同性的作战行动。网络空间行动是一种有组织性的网络攻防活动。

网络空间行动的组织性主要体现为一种独立的作战方式和新型的战争形态。

作战方式这个概念最先出现在恩格斯所著的《反杜林论》第二篇第三章《暴力论（续）》中，包括作战方法与作战形式等内容，作战方法是指战争过程中的用兵方法，战略、战役法和战术等都是不同范畴的作战方法。作战形式则具有整体性特征，是作战行动整体或基本的表现形态。[①] 作战形式通常是战略指导的内容，"是解决战争胜负全局的总体方法，而不是解决战争局部问题的具体方法；是一支独立军队的战略指导者需要研究解决的全局性问题，而不是其下属的战役或战斗指挥员需要研究解决的局部性问题；是一支独立军队作战行动的整体的或基本的表现形态，而不是在上级编成内遂行作战任务的某下属部队的作战的表现形态"。[②] 综合而言，作战方式可以定义为在一定作战空间中军事力量的

[①] 全军军事术语管理委员会编：《中国人民解放军军语》，北京：军事科学出版社，2011年版，第67页。

[②] 董学贞、任德生：《论信息化条件下局部战争的主要作战形式》，《中国军事科学》，2010年第2期。

运用方式及表现形态。① 根据这个定义，作战方式包括三种要素：一是作战空间；二是军事力量；三是运用方式。其中作战空间具有基础性地位，它决定了后面的要素，因为如果有了新的作战空间，势必需要建立新的军事力量，而新的军事力量势必需要采用新的运用方式。网络空间行动发生于网络空间，这是一种不同于自然空间的新型人造空间，为了执行这一空间的军事任务就需要建设新型军事力量，而其作战行动就体现为全新的军事力量运用方式。网络空间行动是基于网络技术和网络武器装备的新型作战方式，而且逐渐发展成为了一种崭新的战争形态。

（二）网络空间行动是传统作战方式的衍生物

传统战争主要发生于物理域，对作战目标实施物理破坏以达成作战效果。传统战争中也存在心理战，但是由于技术手段的限制，心理战更多的是一种战略心理威慑，并没有形成独立的作战方式。随着信息技术的发展，作战方式开始出现了新的变化，信息技术的发展不仅开创了独立的作战领域——信息域，也开启了物理域、心理域和信息域"三域"融合的新局面。

首先我们要辨析几个概念。信息战，是指围绕信息进行攻防对抗的统称，当信息技术不断发展进步，信息要素作用日渐凸显时，也就诞生了信息战。显然，信息战是一个统称，统指围绕信息域而展开的攻防对抗，它包括有电子战、网络空间行动，甚至是宣传战等多种具体的作战方式。《中国人民解放军军语》从作战对象的角度定义了信息作战，其作战对象主要包括电子战目标、网络战目标和心理战目标。② 2003年版的美国陆军颁布的信息作战条令FM3-13把信息作战行动明确定义为：使用电子战、计算机网络作战、心理战、军事欺骗和作战保密这些核心能力，并与特定的支援能力和其他相关能力协调一致地影响敌方的信息

---

① 赵阵著：《军事技术变革影响作战方式研究》，长沙：国防科技大学出版社，2014年版，第27页。
② 全军军事术语管理委员会编：《中国人民解放军军语》，北京：军事科学出版社，2011年版，第259页。

和信息系统，影响其决策过程，同时防护己方的信息和信息系统不受类似影响。①

信息战是以信息为作战对象的类作战方式的统称，其中网络空间行动就是其核心作战方式，因网络空间行动正是以信息与信息设施为攻击对象，而且是以信息的方式实施打击。对比电子战和心理战就可以更好地理解这一点，电子战通过干扰甚至毁坏敌方信息装置达到作战目的，虽然作战目标是信息，但作战对象却是物理装置，作战途径是通过电磁能或定向能等方式攻击电子信息装置，通过外部毁伤破坏电子设施以达到破坏信息的目的，属于信息域中的"物理战"。而心理战是通过发挥信息的心理影响，其作战对象不是信息而是心理，是通过信息达成作战目的的作战方式。

与这两种作战方式不同，网络空间行动的作战对象就是敌方的信息和信息系统，通过攻击敌方的信息和信息系统而达成作战目的，当然网络空间行动的作战目标或者说最终效果并没有局限于信息域，它能够通过信息域活动而影响到物理域和心理域，即通过信息破坏而达成物理破坏的效果，通过信息操控而干涉敌方心理。网络空间行动是心理战的重要途径，当通过网络实施心理攻击时，网络空间行动与心理战就产生了交集，网络成为了进行心理宣传、心理欺骗和实施心理影响的平台。各种物理实体也可以成为网络空间行动的攻击目标，但是必须以计算机信息系统为中介，通过破坏信息和信息系统然后引发对物理实体的毁坏。但始终要强调的是，网络空间行动的作战对象是信息和信息系统，它所有的作战目标都是通过这一对象实现的。

网络空间虽然是一种新的独立空间，但是它具有渗透融入性，它存在于传统作战力量的网络链路之中，网络空间行动与传统作战方式紧密关联。美国军事专家认为网络力量是利用网络空间达成战略优势，以影响其他作战环境中事件的横跨多种力量运用手段的能力。有学者对网络空间行动进行了区分，分为"利用网络空间作战"和"在网络空间作

---

① The U. S Headquarters Department of the Army, "Information Operations: Doctrine, Tactics, Techniques, and Procedures (FM3 - 13)," 28 November, 2003, p. ⅲ.

战"两种作战方式，①前者强调的是网络战服务于传统作战方式，通过网络攻击影响敌方传统作战力量的发挥；后者则是直接攻击敌方计算机系统，通过网络攻击达成战略目的。显然，成为独立的作战方式，指的是后一种情况。从逻辑上而言，成为独立的作战方式是由辅助的作战方式演化而来的，传统作战方式中信息要素的增加使作战方式都开始重视对信息的利用和保护，同时攻击破坏敌方信息能够达到事半功倍的效果，于是战争对抗就延伸到了信息领域，延伸到了网络空间。

网络空间行动经历了从一种辅助性的作战手段向独立作战方式的转变，这个转变过程即是网络空间行动作用机理不断成熟完善的过程，也是信息化尤其是网络化水平不断提高的过程。

近代工业革命推动社会生产向机械化转变，也对人类战争尤其是武器装备产生了深远影响，机械化武器装备广泛应用改变了战争的时间与空间，作战力量在广袤的陆、海、空、天范围内高速进行，这就对战场态势感知和作战通信提出更高要求。人们要能够获得广阔而又瞬息万变的战场态势信息，并把态势信息转化为决策命令，进而传输给作战单位，这样才能实施作战以致赢得胜利。显然，机械化战争形态的形成对信息技术提出了更高的要求，当然信息技术的发展应用过程也推动了机械化战争形态的逐渐完善。

战争是敌对双方的对抗，根本的制胜法则是以多打少、以强胜弱。所谓的以少胜多、以弱胜强都是一种"虚假"的表现，它可能体现在整体上或者是某一方面，但绝对不会出现在具体的交战过程中，任何的具体对抗中都是多胜少、强胜弱。这就存在一个具体转化的过程，即无论一方战争潜力如何、军事实力如何，都要通过具体的作战指挥转化为现实的作战力量，在具体作战过程中形成对敌人的实力优势。这个过程充满了不确定性，古今中外战争史上杰出的将领都是优秀的实力生成者，在不确定性转化中实现力量运用的最优化，甚至达到艺术化的境界。

指挥官谋求作战力量优势最直接的方式便是尽最大可能聚集己方力量，同时分散敌方力量，实现这个目的的途径有很多，具体体现为各式

---

① 温百华著：《网络空间战略问题研究》，北京：时事出版社，2019年版，第103页。

各样的战略战术，但是所有具体方式的基础是能够及时获取情报信息，然后根据情报信息调动使用作战力量，让己方的力量实现联合作战，实现1+1=2，甚至是1+1>2的效果。信息技术的发展为指挥官更好地凝聚力量提供了技术前提。

从本质上而言，联合作战是以共享信息为基础的统一指挥各种作战力量实施的作战，用信息技术把各个作战单元联接起来，形成一体化作战力量，组成一个庞大的军事系统，这既是信息的本质使然，也是军事力量对抗的实际需要。以战斗机这个作战平台为例，如果没有联合，那么它只能依靠自身设备获得外界信息，显然所能感知到的外界环境非常有限。当通过信息链与预警机或其他作战飞机进行链接后，就能大幅度提高信息感知范围，因为预警机的探测能力可达数百公里，其他作战飞机获得的信息显然也能够丰富战场态势感知。海湾战争期间，伊拉克方面的"米格-29"单机性能并不输于美国的"F-15"战斗机，但是处处被动挨打，问题的关键就在于美军较好地实现了信息联通，为战斗机提供了丰富的信息支撑。"衡量武器平台信息功能的先进与否，就不能只评估单机信息功能高低，还应当评估整个战场信息系统的信息保障能力。换言之，也就是看单机的信息支援体系的保障能力和水平。"[①] "米格-29"战斗机只是单个作战平台的个体行动，而"F-15"战斗机则是以先进的信息网络做支撑，通过与其他作战力量的联合，从而具有了更为强大的整体作战能力。如果每一个作战单元都能够获得足够的信息支撑，那么就能够形成己方军队优势的整体作战能力。

从本质上而言，任何时代的军队都在利用信息串联统领作战力量，如果超出了信息沟通的范围就无法指挥控制，也就失去了作战力量的意义。拿破仑滑铁卢失利就是因为一支部队失去联系而无法投入战斗，战场上的信息通信直接决定着胜负走向。现代信息技术的发展改变了战场通信方式，更重要的是以计算机为核心的信息处理装置实现了对信息进行人工智能化处理。计算机就如同能处理复杂信息的大脑，在实现对武

[①] 赵小松、魏玉福编著：《军事信息优势论》，北京：国防大学出版社，2008年版，第351页。

器装备进行火力控制、运行控制的同时,也使各个作战平台成为指挥控制系统的信息节点。信息化局部战争作战力量运用不是通过人员和武器平台的累加实现的,而是发挥信息技术和信息力的主导作用,将各作战单元、作战要素和作战系统紧密连接为一个统一整体,实现对诸军兵种作战体系进行网络化链接与集成。

计算机及其网络对战争的影响要远甚于之前电报电话系统的应用。不可否认,19世纪下半叶电报电话系统开始应用于战场指挥,给人类战争带来了巨大变化。1837年莫尔斯发明了电报机,1854年有线电报开始应用于军事通信;1876年贝尔发明了电话,19世纪90年代有线电话开始用于军事通信。有学者高度评价电报对战争的影响,"电报的出现彻底改变了指挥和控制的方式。在战场上不断向前推进的军队第一次可以在一瞬间就和自己的中央司令部取得联系,而这一切只是通过一根细细的铜线而已。虽然这样的传输方式不可避免地会削弱和延迟信号,但是这种新的通信方式的出现也使指挥机构可以根据战事的发展来实时监控和调整自己军队的位置"。[1] 19世纪的电报、电话固然实现了信息的实时传输,但是仍然依赖于架设线路,这就限制了其应用的作战层次,只有上层指挥官才能得到较好的通信保障。随着无线电的出现,技术通信保障范围进一步向基层延伸。1895年意大利人马可尼和俄国人波波夫分别成功地进行了无线电通信试验,到1899年美国陆军通信兵建立了岸对舰无线电通信线路。无线电技术使军队远距离无线实时指挥成为可能,为军队机动作战指挥、野战指挥提供了有效的手段,特别是成为海军、空军作战指挥的主要手段。正是无线电技术深刻影响了指挥控制系统,战场上出现了闪击战、大纵深作战等新型作战方式。

然而无论是有线的电报电话还是无线电都存在一定的不足,它们都是信息传输工具,不能够对信息进行处理,无论是信息输入端还是输出端都离不开人,这就决定了其信息传输量是有限的,只能传输有限的语

---

[1] [美] 罗伯特·L. 奥康奈尔著:《兵器史——由兵器科技促成的西方历史》,金马等译,海口:海南出版社,2009年版,第247页。

音和文字信息。

　　计算机及其网络的诞生克服了传统信息传输方式的不足，进一步推进了信息与作战力量的融合程度。计算机装置的广泛应用开始使战场信息数据化，所有的战场信息都能够以数据的形式进行表达、传输和处理，这就意味着人们对战场环境的掌握可以达到无限准确的程度。同时各个组成部分——无论是独立的作战单元还是单独的作战平台——都嵌入了计算机装置并实现了联网，都能够实时获得态势信息和作战指令，人们能够实现作战力量的最优化使用和调配。实际上，计算机装置已经嵌入到了独立的弹药装置中，无论是从指挥官处还是从战场环境中都能够及时更新作战信息，实现对目标的精确打击。

　　计算机及其网络的广泛应用改变了作战力量的组织形式。美军以"网络中心战"描述网络化作战力量的运用，认为所有力量的建设使用都必须以网络为中心，才能实现效能最大化。"网络中心战"的理论根源是"梅特卡夫定律"关于网络可以产生无限潜力的思想，该理论认为战场上的一切战斗力要素，包括单兵、武器系统、作战单元等都与网络连接，其效能的发挥不仅取决于自身，也取决于网络和信息，网络是信息化战争的核心。2001年美国国防部提交给国会的《网络中心战》认为，完全成熟的网络中心战将会实现以下特征：物理域，部队的各个作战单元都通过网络可靠地连接起来，实现安全、无缝的连通。信息域，部队具备收集、处理、共享、保护信息的能力；部队具备在信息域进行协同的能力，这使部队能通过相关、融合和分析等处理过程改善其信息位置；部队能在信息域取得对敌人的信息有利地位。认知域，部队具备产生和共享高质量态势感知的能力；部队具备共同了解指挥官作战意图的能力；部队具备自我同步其作战行动的能力。

　　无论是联合作战还是网络中心战，现代的任何战争方式的制胜关键就在于信息域，即要通过网络互连为物理域和认知域提供信息支撑，己方要尽最大努力实现网络互连，与此同时则要破坏敌方的网络连接，隔断其信息交流。于是在传统作战方式的基础上，就衍生出了信息作战方式，尤其是网络空间行动。"信息技术的进步及信息技术不断发展和更新,使得对敌方信息和敌方信息系统进行系统性攻击的思想颇具吸引力;其次,信息技术的进步至少对破坏敌方指挥控制的非冲突(如果不能完全整合)的其他工作创造了一种显而易见的需求。"[1] 破坏敌方信息的重要性与日俱增,甚至成为决定战争胜负的重要因素,网络空间行动的重要性也逐渐提升。

(三) 网络空间行动成为独立的作战方式

以信息的方式攻击敌方的信息是网络空间行动这种新型作战方式的本质,是与其他作战方式相区别的根本所在,网络空间行动能否成为独立作战方式就取决于这种本质特征的实现。

首先是作战对象的信息化程度。既然网络攻击对象是信息与信息系统,那么这就意味信息和信息系统要在敌方那里大量存在而且具有重大的作用,这样才能凸显网络空间行动的重大意义,如果敌方信息化程度较低几乎没有信息和信息系统,那么网络空间行动也就不具有重大的战略意义。进而言之,网络空间行动这种作战方式与社会信息化程度紧密相关,网络基础设施的重要性已经具有战略地位时,其重要性会影响甚至决定决策者行为时,网络空间行动就能够成为达成战略战术目的的独立作战方式。

其次是信息作战力量建设情况。作为有组织性的军事行动,网络空间行动与普通黑客攻击有着本质区别,黑客攻击属于个体性、试探性的窃取行为,而网络空间行动则是组织性的政治行为,具有明确的作战计划和行动部署,若要实现这个目标,就必须进行网络空间行动作战力量建设和相关作战理论研究。简单地网罗数个计算机黑客只能算是网络力量建设的起点,要进行专业化的军事训练和作战研习,探索网络空间行动的作战机理,以军事视野规划网络空间行动。

在网络军事力量建设方面,防御力量建设是起点,因为人们首先

---

[1] [美] 克里斯托弗·保罗著:《信息战理论与实践》,董宝良等译,北京:电子工业出版社,2015年版,第3页。

要解决的是开放网络空间不受他人袭扰。1998年12月，美国最先建立了一支信息网络部队，主要承担了网络防御的职能使命，到了2000年网络防御部队又被赋予了网络攻击的任务，人们逐渐认识到通过网络攻击也能达成特定的作战目的，而不仅仅是通过网络刺探敌方情报。沿着正规化的方向美军网络力量建设领先于世界各国，2003年美国国防部发布的一份"信息作战路线图"，首次将信息战看作是与陆战、海战、空战和特种作战并列的核心军事能力。后来又围绕一系列具体实际问题进行研究，这些问题包括对信息及信息系统进行何种操作构成攻击或者使用暴力；什么样的行为算是合法的自卫反击；基于何种程度的归因溯源才能对敌人实施自卫反击；能否使用"跳板机"即借助或控制第三方系统实施攻击等。在解答问题的基础上，制定形成全面评估网络武器和间谍工具能力的方法流程，以及运用网络武器的相关准则政策。

2010年美军正式组建了网络司令部，隶属于战略司令部，并在随后宣布网络空间已经成为继陆、海、空、太空之后的第五作战域。

2017年8月18日，时任美国总统特朗普宣布，提升美国网络司令部的地位，将其升级为与战略司令部、太平洋司令部等平级的联合作战司令部，以网络威慑和先发制人为目的，负责网络空间作战行动，帮助研发网络武器，防范网络攻击，必要时进行先发制人的打击。升级后的网络司令部大大提升了美国对网络袭击的反击能力。

编制的调整和级别的提升就意味着网络作战力量建设的加强，意味着对这种新型作战方式的研究不断深入，它已经成为一种独立的作战方式，不仅能够遂行特定的战术目的，而且能够达成特定的战略目标，成为了一种新型的战争形态。

客观而言，任何一种作战方式走上历史舞台，都要经历时间的砥砺和反复的实践，正如飞机发明后，人们反复围绕空战的独特地位而展开争论。当年，杜黑高度重视空军的作用，主张以飞机为武器建立独立的军种，并提出通过战略空袭达成战争目的，其建议可谓高瞻远瞩，深刻揭示了军事技术进步促进作战方式演变的内部规律。今日计算机技术快速发展，不仅带来了经济社会领域的深刻巨变，也必然引起人类军事活动的重大变革，网络空间行动登上历史舞台必将导致人类战争活动的深刻革命。

这里需要强调的是，新型战争方式的出现将会是漫长的历史过程，人们需要在战争实践中不断探索完善具体的作战原则与伦理规范，新的战争理念是继承与创新的产物，既不可能与传统断然割裂，也要在新环境下创新发展。在网络空间中，需要建立更为完善的指挥控制系统。对比传统指挥控制系统，主要指挥控制己方作战力量，实现对作战力量的高效有机调配，网络空间行动指挥控制系统的建设是通过在敌方计算机系统中安装恶意软件实现的，托管服务器，包括指挥控制管理软件、恶意软件等。通过遥控各种恶意软件实现对敌方计算机系统的控制与破坏。网络空间行动是现代战争中最具创新特质的战争方式，尤其需要进行探索研究。

表3-1 战争原则的演化[①]

现代化的原则	与传统原则的关系
价值觉悟	士气：是什么使一个人愿意冒着生命危险进行战斗
洞察力	判断力、认知、出其不意
战略定力	专注并突出进攻
耐久性	将安全融入作战计划；对后勤的依赖
交战优势	吸收和简化机动性；利用/对抗出其不意的策略
统一行动	在统一指挥下行动；重新诠释节制武力、集中力量、机动
适应性	以灵活性为先决条件，但不强求简洁
终极力量	在给定等级的冲突中，军事力量需要达到令人满意的结局

[①] ［美］弗兰金·D.克拉墨等著：《赛博力量与国家安全》，赵刚等译，北京：国防工业出版社，2017年版，第57页。

四、案例分析："震网"攻击

迄今为止最具代表性的网络空间行动是伊朗核设施遭受"震网"病毒的攻击事件，这一事件充分展现了网络空间行动的政治性、暴力性和组织性等本质特征，是网络空间行动发展历史上具有代表性的重要事件。一直以来，美国对伊朗核问题的基本观点包括以下两点：一是无法接受伊朗拥有核武器；二是采用非军事手段达到某种可以接受的结果。[①] 简而言之，美国既不愿意伊朗拥有核武器，也不想发动战争进行阻止，于是最终选择了通过外交谈判的方式加以解决，当然这种"和平"方式本质并不和平，而是经济制裁、秘密行动、和平演变和战争威胁等多管齐下。在这样的背景下，选择网络空间行动的方式攻击伊朗核设施就成为了最佳选择。

（一）"震网"攻击的政治背景

时至今日，人们虽然依然无法确定到底是谁发动了"震网"攻击，但是攻击目标为伊朗核设施确定无疑，阻止伊朗发展核武器是这场网络战争的主要目的。核武器自从诞生以来尤其是在日本初次应用以后，就成为了一种战略性武器，成为强大国家推行霸权的武器，弱小国家寻求战略均衡的筹码，世界范围内很多国家都卷入了关于研发核武器的争端。比如印度和巴基斯坦先后跨过核门槛，再有就是伊朗寻求成为有核国家。

伊朗地处中东地区，具有重要的战略地理位置，而且具有丰富的石油资源，该国发生伊斯兰革命以后就走上了与西方所谓"民主"国家不一样的道路，伊朗与以色列乃至西方国家的矛盾几乎难以调和，作为阿拉伯国家中强硬派的代表自然会受到特别"照顾"。时任伊朗总统内贾

[①] Jeffrey White, "What Would War with Iran Look Like? " http：//www. the‐american‐interest. com/article‐bd. cfm? piece = 982. （上网时间：2012 年 7 月 6 日）

德在接受采访时曾说："如果你放弃核计划，他们会要求人权。如果你在人权方面屈服，他们还会要求动武权利。"① 其实无论伊朗是否有发展核武器的决心，它在中东的地位以及所显现出来的国际姿态必然招致美国的"关注"，即使没有核问题也会有其他问题成为针对的借口。在这样的背景下，伊朗发展应用核技术的道路可谓一波三折，以美国为首的西方国家决不会坐视伊朗成为有核国家。紧张对抗关系反倒是激发了伊朗发展核武器的决心，因为它要从这个超级武器中获得安全感，以应对西方国家的恐吓和讹诈。

早在 1970 年 2 月，伊朗就加入了《不扩散核武器条约》（NPT），作为尚不拥有核武器的 NPT 成员国，伊朗一方面负有遵守核不扩散的义务，另一方面也有权利获得国际社会的援助，和平发展并利用核能。而在这之前，美国与伊朗之间就已经签署了民用核能合作协议，美国以提供核能技术和核材料的方式支持伊朗和平利用核能。1979 年伊朗国内情况急转直下，伊斯兰革命使伊朗政权发生更替后，美国开始指责伊朗有发展核武器的计划，并主导国际社会和国际原子能机构（IAEA）加强监督与控制，反对其他国家与伊朗开展核方面的合作。实际上，美国是出于对未来安全的担心而遏制伊朗对核能的利用，这种担心的根据仅仅是意识形态具有差异，就把伊朗推向了敌对的一方，而敌对的一方必须要与"核"划清界限，即使是和平利用核能也不行。"理论上，促进和平利用核能和实施核保障监督，防止核武器扩散，是 IAEA 并行不悖的两大功能或者目的。但执行起来，二者之间很难保持平衡。因为核大国特别是美国注重的是，通过 IAEA 防控核扩散；无核武器国家则更注重通过 IAEA 获取开发利用核能方面的援助与支持。"② 从某种意义上而言，和平利用核能就是某种形式的核扩散。

事实上，当美国谴责伊朗时，IAEA 并没有发现任何证据证明伊朗在发展核武器，但是也无法阻止美国等西方国家对伊朗的指责与制裁。这

---

① 引自雷·塔克雅 2006 年 1 月 31 日在美国对外关系委员会接受伯纳德·格兹曼采访时的言论，http://www.cfr.org/publication/9718。
② 刘华平：《国际原子能机构的局限：以伊朗核问题为例》，《外交评论》，2010 年第 3 期。

种单方面的霸权行为无疑使伊朗难以接受，原本正常合理的事件却在国际纠纷中演变成了尖锐的矛盾。"伊朗作为 NPT 成员国，作为接受 IAEA 全面保障监督的国家，在核能的和平开发利用方面没有得到它所希望的援助与合作，或许是导致其独立甚至秘密进行核开发的一个重要原因。"① 为谋求成为地区性大国，获得大规模杀伤性武器以与西方强国相抗衡，伊朗对核武器的追求可谓不遗余力。2005 年 6 月，内贾德担任伊朗总统后在核政策上更加强硬。此后不久伊朗与国际社会的核对话就陷入僵局，于是干脆大张旗鼓地推进核项目建设。

2005 年美国《国家情报评估报告》曾进行推测，认为伊朗还需要 6—10 年时间才能制造出满足一枚核弹的铀，以色列官员推断的时间则是 5 年以内。事实上，以色列推断出的时间随着伊朗恢复了纳坦兹试验场运转而进一步缩短，认为伊朗只要 2—4 年时间就可以具备制造核武器的能力。2006 年 5 月，伊朗官方宣布，纳坦兹试验场成功生产出第一批纯度为 3.5% 的铀，然后又宣布将在纳坦兹地下车间安装首批 3000 台离心机。国际原子能机构对伊朗的行为并非毫不知情，但是他们所能做的极为有限。在 2006 年 7 月联合国安理会通过了一项决议，要求伊朗在 8 月底前暂停铀浓缩，否则将面临制裁，但遭到了内贾德政府的断然拒绝。于是通过了对伊朗实施制裁的决议，包括禁止原油出口、禁止引进或发展与核计划有关的技术，以及后来追加的冻结伊朗核计划相关个人和组织的资产等，但是这些做法根本无法动摇伊朗实施核计划的决心。

正如有学者评价的那样，"在伊朗核问题上，西方国家已经将强制外交用到了极致，却仍然无法达到自己的目标。究其根源，强制外交带有的强权政治和霸权主义特征是其难以成功的'原罪'。而强制外交一旦失败，则会对强制方非常不利"。② 西方国家一方面在拼命营造紧张的国际关系，给予伊朗空前的外界压力，与此同时却又要求它停止发展核技术，这无疑是让身处困境的人自断其臂，也就难怪伊朗在核发展道路上

---

① 刘华平：《国际原子能机构的局限：以伊朗核问题为例》，《外交评论》，2010 年第 3 期。
② 任远喆：《强制外交与伊朗核问题》，《国际安全研究》，2012 年第 2 期，第 72 页。

"一往无前"。阻止伊朗拥有高浓缩的铀成为了美国和以色列等国家的当务之急，以色列前总理埃胡德·奥尔默特（Ehud Olmert）在公开演讲中曾警告说，如果无法叫停伊朗核设施，以色列将采取单边行动。他说，"为了维护国家重大利益，我们有自由采取一切行动的权利。我们将坚定不移地行使这种权利"。在外交途径无法解决时，就只能诉诸武力，通过暴力的方式强制性地甚至是破坏性地予以阻止。

早在1981年以色列实施了"巴比伦行动"，通过发射16个2000磅的炸弹破坏伊拉克的核设施，结果还造成了11名士兵和平民的死亡；2007年以色列战斗机曾经成功袭击叙利亚的阿尔奇巴尔建筑群，一举摧毁了叙方苦心筹建的核反应堆。但是伊朗与叙利亚等国不同：其一，伊朗距离以色列更远，空袭目标在以方飞机的作战半径以外，需要空中加油才能顺利返航。其二，伊朗核设施的防护性更优，伊朗将离心机群建在了地下，可以有效预防敌方空袭，通往地下建筑物的坑道被设计成了U形，能够有效阻止导弹通过入口飞入内部打击目标。其三，美国不主张用武力解决问题。美国对空袭伊朗具有顾虑，它担心以色列难以确切掌握伊朗核设施的位置，唯恐空袭后难以全身而退，反而引发了新的局部战争，这对于深陷伊拉克和阿富汗两国战争泥潭的美国而言是绝对无法接受的。因此在物理打击无法实施的情况下只能另辟蹊径。发动网络战争确实是一种较为理想的作战方式，它既能够达成与动能打击相似的作战效果，也不用冒传统军事行动的风险，自然就不用承担军事行动的后果。一方面是现实的政治需求，双方的矛盾斗争已经无法通过常规途径予以解决，尖锐的矛盾必须通过战争这个终极方式才能解决；另一方面，现实条件却又限制着传统战争的实施，不能因为出于限制核武器发展而实施一场局部战争，外科手术式打击又难以达到预期效果。传统战争作为达成政治目的的手段在伊朗核纠纷中遇到两难困境，于是网络战粉墨登场。

（二）"震网"攻击的暴力性破坏

通过网络空间行动就能阻止伊朗核进程吗？攻击伊朗核设施中的

数据或者信息系统，可以导致其系统瘫痪，但是软件设施的崩溃并不能造成永久性毁伤，伊朗方面很快会在攻击中恢复过来，攻击是难以达到预期效果的。这种疑问也是众多对网络空间行动持怀疑观点者的看法，难道网络空间行动真的只是导致对方死机、崩溃这么简单吗？"震网"攻击用事实告诉世人，网络空间行动同样能够产生物理性毁伤。

伊朗核进程的关键环节是对浓缩铀的提取，相关设施集中于纳坦兹的两个巨型地下车间。在 2007 年初，伊朗人就开始在编号为 A 的车间安装离心机，A 车间有 8 个机房，编号分别为 A21—A28，每个机房可安装 18 个级联系统，每个级联系统可容纳 164 台离心机，这也就意味着每个机房都可以安装 2952 台离心机。

2007 年 2 月，技术人员首先在 A24 机房安装离心机，并计划于 5 月之前完成 18 个级联系统的安装，但是实际进程却远比这慢。事实上，即便是投入运行也总是存在这样或那样的问题，最终导致出现产量不及预期、原料消耗过快、浓缩铀纯度偏低等后果。纳坦兹的技术人员声称，他们得到了纯度为 4.8% 的浓缩铀，但国际原子能机构的测试结果显示，成品浓缩铀气体的纯度仅为 3.7%—4.0%。专家们估算认为，仅靠 3000 台 P-1 型离心机，就可以在一年时间内生产出制造一枚核弹所需要的低纯度浓缩铀，这种核弹因为核纯度较低而被称为"脏弹"，而且伊朗是有能力将铀浓缩到更高程度的。①

事实上，伊朗的核原料生产并非一帆风顺。纳坦兹的离心机未能按计划的数量进行安装，最终只安装了 3772 台就再也没有增加，与此同时核原料成品的生产量也未能达到预期的数量。从 2007 年初到 2008 年底，浓缩铀的产量一直偏低。进入 2009 年初，新的机房开始投入运行，但是运行效果并不理想。成品浓缩铀的纯度仍然在下降。

据专家估算，在理想条件下，伊朗可以将 700—800 千克低纯度浓缩铀转化为 20—25 千克武器级浓缩铀，这个数量足以制造出一枚"脏

---

① International Institute for Strategic Studies, *Iran's Strategic Weapons Programmes: A Net Assessment*, London: Routledge, 2005, p. 33.

弹"。但事实是伊朗方面在提取浓缩铀过程中出现了问题,也就是说他们的离心机因毁坏率过高而影响了浓缩铀的产量。那么是什么原因导致离心机大面积地毁坏呢？当然不是外部力量导致的物理毁伤,而是控制系统致使离心机运转出现异常,因转速过快而毁坏,而控制系统则是受到了外部的网络攻击才出现异常。破坏级联系统中的离心机,不会引发核泄漏事故,在整个级联系统中存在几十克的六氟化铀,即便发生溢出也会很快扩散,并不会因吸入过量而对人体产生危害。如果说这些都是由"震网"（0.5版）造成的,那么确实可以说攻击者通过"震网"达到了预期的目标,在悄无声息中干扰破坏了敌方的核计划。

"震网"攻击较普通的网络攻击更进了一步,之前人们所认知的网络攻击都是针对数据和信息系统的,但是忽视了数据与信息系统都与物理设施紧密相连的事实,而"震网"病毒却实现了通过信息破坏实物的跨越,从而将网络空间行动向实战层面推进。

(三)"震网"攻击的独特方式

战争是国之大事,历来是兴师动众、举世瞩目,但是网络空间行动却在悄无声息中进行。"震网"攻击这一大事件,如果不是因为偶然因素被发现,人们甚至都不知道世界上曾经发生了这场战争。"震网"（Stuxnet）病毒的发现过程极具偶然性,如果不经过深入分析人们很难将其与战争联系在一起。[①]

2009年4月,《Hakin9》杂志发布打印机服务远程代码中存在执行漏洞：MS10-061。

2009年6月,发现最早的"震网"病毒样本。

2010年1月,发现"震网"驱动标识了属于瑞昱半导体公司的合法

[①] Nicolas Falliere, Liam O'Murchu, Eric Chien, *W32. Stuxnet Dossier* (*Report*, 2011), Oct. 12, 2016, http://www.symantec.com/content/en/us/enterprise/media/security_response/whitepapers/w32_stuxnet_dossier.pdf.

认证。

2010年3月，第一次发现"震网"病毒变种利用漏洞：MS10-046。

2010年6月，白俄罗斯网络安全公司 VirusBlokAda 指出 W32.Stuxnet 利用快捷方式/.lnk 文件的 MS10-046 漏洞。

2010年7月13日，美国杀毒软件诺顿侦测到 W32.Temphid（之前查为 Trojan Horse）。

2010年7月16日，微软公司发布安全建议"视窗 Shell 程序允许远程代码（编号：2286198）执行的漏洞"，包括快捷方式/.lnk 文件，随后瑞昱半导体公司撤销证书。

2010年7月17日，斯洛伐克杀毒软件（ESET）发现新的 Stuxnet 驱动，此次属于智威技术公司认证。

2010年7月19日，德国西门子公司调查被恶意感染的系统，诺顿将其重命名为 W32.Stuxnet。

2010年7月20日，诺顿监控 Stuxnet 病毒的调度与控制过程。

2010年7月22日，美国威瑞信公司撤销智威技术公司的认证。

2010年8月2日，微软发布漏洞：MS10-046 的补丁来防范 Windows 的 Shell 程序漏洞。

2010年8月6日，诺顿公司报告 Stuxnet 如何将感染病毒隐藏代码于工业控制系统 PLC（可编程逻辑控制器）。

2010年9月14日，微软发布漏洞：MS10-061 的补丁以防范打印服务程序的漏洞。

2010年9月30日，诺顿在英国"Virus Bulletin"病毒技术研究所介绍并发布了"震网"（Stuxnet）病毒的深度分析报告。

"震网"攻击所用到的是计算机网络领域最先进的技术，世界众多先进的软件公司都只能窥见这一病毒的一二，而难以真正破解它，这说明它是世界上拥有最先进软件技术的国家开发出来的新产品。网络空间行动绝非是如同人们通常所设想的那样，是少数黑客或计算机天才的恶作剧，而是代表了最先进技术水平的国家政府行为，它是国家安全战略的重要组成部分。

网络武器开发是一件复杂的工程，需要成建制的专业团队合作攻关，并由庞大的物质资源作为支撑。在"震网"攻击中至少利用了6个漏洞发动攻击，其中5个为零日漏洞。这5个零日漏洞，有3个是Windows操作系统的零日漏洞，2个是工业控制专用程序WinCC软件的零日漏洞。[1] 每个漏洞的发现获得都需要消耗大量的人力和财力，而一次性使用这么多的漏洞真正体现了不惜成本的特点。

"震网"攻击事件中网络武器是一个庞大复杂的系统，探测者发现，在德国、荷兰、瑞士等地共有至少80个用作指挥控制服务器的独立域名，攻击者通过这些服务器控制感染病毒的计算机，收集窃取文档。利用如此众多的域名，也就意味着它承担了各种不同的任务，拥有多种攻击目标。面对如此复杂的构成和庞大的任务，个人和商业团体都难以承担庞大的经费支出，只有政府才有足够的人力和财力资源组织实施。

早在1993年，兰德公司就发出了天才式预言："网络战来了！"约翰·阿奎那（John Arquilla）也认为："我们预计，在21世纪，网络战将成为像闪电战那样一击制敌的利器。"[2] 还有学者披露，"震网"出现的10年前，NSA就开始认真关注网络攻击问题了。他们认为，随着关键基础设施对数字化控制系统的依赖程度越来越高，网络攻击必将大行其道。作为一种新型的战争形态，网络空间行动到底会导致出现什么样的后果难以确定，有学者对这种不确定性表示了担忧，"迷人的新武器可被认为是正义战争的一个范例。它没有杀任何人，这是一件好事。但是我害怕这只是一个短期的观点。从长远来看它打开了潘多拉的盒子"。[3]

通过"震网"攻击事件我们可以对网络空间行动进行初步定性，虽然在这一事件中实现了物理毁伤，但是网络空间行动难以实现大规模的物理破坏，不可能实现德累斯顿大轰炸或广岛长崎核攻击所产生的破坏效果，它所产生的是长期的、间接性影响。另外，网络空间行动中的武器和军事行动比传统战争更加难以预测。传统武器的射程、爆炸半径以

---

[1] 所谓零日漏洞是指此前从未被发现过的漏洞。
[2] John Arquilla and David Ronfeldt, "Cyberwar is coming!" Rand, 1993.
[3] ［美］P. W. 辛格、艾伦·弗里德曼著：《网络安全：输不起的互联网战争》，中国信息通信研究院译，北京：电子工业出版社，2015年版，第115页。

及当量等都有明确的数量等级，但是网络武器所造成的损毁却是难以估量的。网络空间行动可能产生第二级甚至是第三级的影响，不断扩大影响范围的同时就会产生不可预测的后果。总体来说，网络空间行动尚处于初级发展阶段，人们对这种新型战争形式的了解和掌握还是初步的，随着战争实践的不断深入需要深化认识。

第四章　网络空间行动的内在机理

网络空间行动的实施依赖于网络空间的形成，网络空间既可以单独成为行动空间，亦可以拓展到其他领域，与其他空间相交汇融合共同构成战场空间。网络空间依靠计算机和微电子技术方能创建和进入，而网络空间行动的目的在于生成、存储、交换或利用信息，因此网络空间行动的直接目的也在于数据信息，通过攻击敌方计算机系统，致使其网络联通出现阻塞、数据信息遭到破坏并甚至影响到其物理设施。

网络空间行动作战步骤与常规战争相似，大致如下：

一是战前情报工作。任何攻击行动都必须立足于情报，网络空间行动也不例外，也需要通过各种渠道尽可能多地收集敌方和战场信息，然后对情报进行分析，找出敌方的薄弱环节并制订攻击计划，为攻击行动建立可行的模拟方案。

二是感染目标。也就是接触并将实施攻击的软件安装于敌方的系统，通过社交工程欺骗或诱使敌方使其接触甚至运行恶意软件。

三是系统漏洞攻击。当恶意软件被安装到系统上后，就会利用系统漏洞控制操作系统的各种功能。

四是获取数据信息。从受感染的系统中向外秘密传输数据。

五是保持控制和网络访问。攻击者处于隐身状态而不被发现，通过持续控制终端用户系统，来谋求对网络其他系统中的访问权限。

但是网络空间行动与常规战争最大的区别在于它发生于网络空间，以网络技术运用操控为基础。

一、虚拟空间的信息对抗

网络空间的英文是"Cyberspace",由"cyber"和"space"两个词组成,"Cyber"是指计算机或者计算机网络,显然网络空间就是指由计算机和计算机网络构成的空间。网络空间是一种人造虚拟空间,这里的"人造"至少有两种含义:其一,它是由人制造出来的技术实体;其二,各种技术实体按照预设逻辑进行联结,这一点尤其反映出网络空间的属人特性。从起源来看,计算机是人们处理数据信息的机器,而处理数据信息的目的在于用信息控制各种物理设备,这一点可以从"Cyber"词源意义上得到证明,因为"Cyber"另外的含义就是控制,所以网络空间即"Cyberspace"是人们创造出来的具有特定功能的虚拟空间。

(一) 网络战场是人造虚拟空间

网络空间是信息环境中的全球域,其特征是利用电子和电磁频谱,并通过基于信息通信技术的相互依赖和互相连接的网络,来创建、存储、修改、交换和利用信息。① 网络空间与其他自然空间最大的区别在于,它必须使用电子技术进行创建和"进入",电子技术使用了该空间所特有的电磁频谱的能量和属性。网络空间改变了人们创建、存储、修改、交换并利用信息的方式,也导致人们在其他领域行动和使用国家力量的方式发生变化。"网络空间并不是我们通常意义上理解的仅有设备和网线联接而成的网络,而是指一切能够获取、存储、处理、交换或利用信息的人或物组成的空间。"② 网络空间本质上是一个具有开放性的能够无

---

① [美] 弗兰金·D.克拉默等著:《赛博力量与国家安全》,赵刚等译,北京:国防工业出版社,2017 年版,第 12 页。
② 蔡军、王宇、于小红、朱诗兵编著:《美国网络空间作战能力建设研究》,北京:国防工业出版社,2018 年版,第 23 页。

限互联发展的虚拟空间，它以国际互联网为主体，同时也包括各种局域网如军事网络系统，虽然军事网络系统出于特殊需求与互联网相隔离，但是它们属于同质空间，也可以通过特定方式相连接。

网络空间是一个行动空间，人类及其组织使用必要的技术在这个空间中开展行动并产生影响，这种行动可能仅限于网络空间中也可能涉及其他领域或要素。网络空间行动的核心是利用网络空间攻击敌方的人员、装备或设施，以达到削弱、压制或摧毁敌方作战能力的目的，同时保护己方不受攻击。

1. 网络空间形成的历史与逻辑

假如没有对网络空间的访问，21世纪的战争几乎是不可能的，现代武器装备和军事力量建设都是基于网络系统。互联网是人类社会最具代表性、普遍性的网络系统，也是网络空间行动的主场域。从互联网发展历史进程来看，最初是数台计算机相互连接，然后是某一单位或地域的计算机联网形成局域网，局域网之间再进行联接并以此类推不断发展壮大，最终才能形成互联网。最先诞生的 ARPANet 仍然属于局域网，它若真正蜕变为国际互联网首先要解决的是各网络之间的相互连接的问题。计算机网络之间如何连接，连接之后彼此之间的地位如何等都需要有明确的规则和标准，这就需要制定严格的协议，从而将千差万别的个体统一于网络之上。这种相互连接的协议执行网络控制的功能，类似于网络的大脑和神经系统，一旦制定出统一的协议标准就成为了网络运行的规范，这样就能确保网络不断发展壮大和正常运行。虽然网络协议是一个技术标准，但是它所体现出来的是一种开放共享的价值理念，用开放共享价值理念来指导技术标准的制定，用技术标准确保开放共享价值理念的实现，二者的辩证关系统一于互联网的发展过程中。

1972年鲍勃·卡恩（Bob Kahn）提出了开放式网络结构的理念，包括使用网关和路由器来连接网络、不改变网络的内部结构、坚持通信优先等联网原则。后来卡恩邀请温顿·瑟夫（Vinton Cerf）参与网络连接协议的具体设计，后者在网络连接方面有着丰富的实践经验，卡恩的设计理念和瑟夫的实际操作经验搭配在一起，孕育出了 TCP/IP 这个炫目之花。"每个不同的网络代表它自己,当它接入网络时不被要求进行调整;网络传输应具有活力和灵活性;由网关和路由器来连接网络,应避免数据包通过网关时的信息滞留;在运行中不应有全球层面的控制。"① TCP/IP 协议的发明是 ARPANet 向互联网转变的关键环节。

如果说分组交换网络思想消除了网络的核心,那么 TCP/IP 协议则在这一基础上为网络无限扩张铺平了道路。"传输控制协议就是在 ARPANet 的环境下出现的。这些协议使因特网的概念从本地网到广域网成为现实。"② 为了快速推广,在发明之初美国国防部就无条件公布了 TCP/IP 协议核心技术,到 1980 年又将该协议确定为国防应用标准。TCP/IP 协议标准的确立为互联网的形成奠定了技术基础,正如有学者评论的那样,"最成功的网络是在增长阶段能不受阻碍地增长的网络",③ 以 TCP/IP 协议为基础不同的网络和计算机不受阻碍地连接在了一起,逐渐形成了庞大的开放系统即互联网。

但是开放性的价值理念总是与现实的制度和保守的思想相冲突。1975 年美国国防通信局接管了网络的管理工作,不仅制定了网络操作政策,而且要具体审批新节点的加入时间和地点。美国国防通信局的接管明显增加了 ARPANet 的行政色彩,即使是相关合作单位的雇员都明显感觉到有更多的表格要填,繁琐的行政审批手续造成了更多的麻烦,这难免让网络用户大为光火。事实上,由于职业的特殊需要,军事管理者自然会设定应该做什么不能做什么的规则,这一点与互联网开放式发展理念相冲突,如果不能接入更多的网络节点,互联网的发展就会受到限制。正如梅特卡夫定律所揭示的,网络的价值随着用户数量的增加而按几何级数增长,也就是说连接入网的用户数量越大,网络的价值也就越大,而且是成几何级数增长的。问题并不是出自技术本身,从分布式结构到

---

① 赖燕茹、石海明:《论互联网技术构建中的政治塑造》,《自然辩证法研究》,2017 年第 1 期。
② 美国信息研究所编著:《知识经济:21 世纪的信息本质》,王亦楠译,江西教育出版社,1999 年版,第 189 页。
③ [美] 杰夫·斯蒂贝尔著:《断点:互联网进化启示录》,师蓉译,北京:中国人民大学出版社,2015 年版,第 131 页。

TCP/IP 协议，ARPANet 已经为互联网的发展奠定了坚实的技术基础，但最终实现"蝶变"必须摆脱军事行政藩篱的束缚。

到 1979 年，全美国大约有 120 个大学拥有计算机科学单位，但是 ARPANet 的 61 个节点中只有 15 个设立于大学之中。[①] 这意味着绝大多数的大学计算机并未联网，这对于计算机及网络前沿科学研究和人才培养极为不利，但 ARPANet 有限的维持运行经费无法承担更大规模节点的加入。在这种情况下，美国国家科学基金会（NSF）组建了国家科学基金会网络（NSFNET），供全美各大学和研究机构等组织机构免费使用。"大多数历史学家都承认 NSF 是互联网的好管家，其规模每 7 个月都会翻倍并最终成长为 5 万个网络，最多的时候曾包括 4000 家机构。"[②] 在其 8 年半的生命周期内，国家科学基金会网络的主干网从 6 个节点 56kb/s 增加到了 21 个节点 45Mb/s，相互连接的数万个网络分布范围涵盖了七大洲并延伸到外层空间。事实上，从 ARPANet 到 NSFNET 并没有本质的变化，连接协议和运行模式都是一致的，只是网络主导者由美国国防部，变成了美国国家科学基金会。美国国家科学基金会专门制定了一个"可接受使用政策"，明文规定"NSFNET 主干线仅限于如下使用：美国国内的科研及教育机构把它用于公开的科研及教育目的，以及美国企业的研究部门把它用于公开的学术交流。任何其他用途均不允许"。[③] 他们认为网络建设的资金来自于纳税人的钱，这种公共设施就不能供私营商业盈利。

虽然 ARPANet 和 NSFNET 都为网络连接及使用设定了门槛，但是其开放性的技术逻辑却又在不断打破机制束缚，并最终形成了互联网。由于认识到了网络连接的可能性与可行性，在 NSFNET 之后就涌现出了一批小型网络，包括有 BITNET、UUCP、USENET、SPAN 等，这些小型网络组合在一起，就形成了真正的互联网。网络的建设与运营不再是政府

[①] Katie Hafner and Matthew Lyon, *Where Wizards Stay up Late: The origins of the internet*, New York, TOUCHSTONE, 1996, p. 152.

[②] ［美］杰夫·斯蒂贝尔著：《断点：互联网进化启示录》，师蓉译，北京：中国人民大学出版社，2015 年版，第 35 页。

[③] 杨吉著：《互联网：一部概念史》，北京：清华大学出版社，2016 年版，第 60 页。

机构的专利，商业公司也开始加入进来，在提供资金来源的同时也开启了商业运作模式，这就进一步推动了互联网的加速发展。到1995年4月30日，由政府资助建设的 NSFNET 正式停止运行，也标志着互联网彻底实现了商业化。

通过互联网形成的历史可以得出这样的结论：

其一，计算机联网是信息技术内部逻辑使然，信息交流交互的本质决定了计算机之间只有架起网络才能使信息资源利用最大化，计算机网络的出现与其说是计算机科学家和网络工程师们天才的发明，不如说是这些天才掌握信息技术发展规律的顺势而为。互联网是各种计算机网络连接在一起的最终产物，它是由众多局域网组成，局域网一旦由接口连接到了互联网上，也就变成了互联网的有机组成部分。但是互联网并没有囊括所有的计算机网络，在互联网之外就存在着众多的局域网，这些网络通常连接着重大基础设施或者重要信息资源等，它们因专业化的职能与互联网信息资源共享平台相区别。

其二，从技术创建层面而言，互联网的基因就是开放共享，没有中心，没有边界，这种状况势必会给网络安全管理造成巨大的难题，互联网萌芽期的用户主要是大学和科研机构工作人员，他们鲜有在网络上从事恶意性行为，但是当互联网面向社会大众开放时，尤其是当网络资源变得日益丰富可以从中谋取利益时，恶意性行为甚至是破坏性行为就会成为突出的网络安全问题。随着互联网在社会各个领域逐步渗入，连接入网成为了最为基本的信息交互和资源共享的方式，即便是刻意规避联网的重要的局域网在互联社会背景下也通常难以"独善其身"，因为人的工作或生活已经成为了一种网络化存在，网络互联已经变成一种潜意识甚至是"无意识"行为。

其三，网络空间政治化日渐突出。从设计者初衷来看，计算机网络纯粹是一种信息交互共享的工具，与其他技术发明并无不同，但是技术发明者只能决定技术的性能指标却无法决定技术的社会应用，也无法预判技术应用所带来的社会影响。互联网作为一项人类历史上最伟大发明之一，所带来的社会影响让人始料未及。简单而言，它改变了人们的生活和工作方式，人们生活工作相关活动都开始在网络上进行，网络平台开始承载社会经济生活中的重要内容，当它开始关涉到国计民生时，它也就具有了重大的政治内涵。网络空间开始成为世界各国重点争夺和保护的对象，保护本国网络安全开始成为国防的重要内涵，由此也开始形成网络空间的攻防对抗，网络空间行动自然就被提上日程。

2. 映射现实世界的虚拟空间

美国国防部将网络空间看作是继陆、海、空、天之后的第五空间。有学者认为"第五空间"的概念并不成立，"实际上，人类社会只有两个空间，一个是物理空间，一个是网络空间，陆、海、空、天四个空间都包含在物理空间中，而且这四个空间都会映射到网络空间"。[①] 技术的进步不断拓展人类的活动空间，当舰船发明后人们就能够在海洋上自由活动，同样飞机和航天器的发明则将人类活动范围拓展到了空中和太空，但这种拓展只是提升人们的运动能力，并没有改变客观存在的自然空间，人们依靠新发明的技术手段拓展了自己的活动范围。而网络则与之前的技术发明有所区别，因为它本身构成了一种原本就不存在的新的"空间"，当然这个"空间"是借喻自然空间的表述，其中存在的并不是物体而是信息，因为信息并没有体积和质量，所以这种空间被称之为虚拟空间。

网络空间行动就发生于网络空间之中，基于人造空间的网络空间行动从本质上而言是一种技术性战争，这一点是与传统战争有着本质区别的。因为传统战争都是人与人之间的战争，作战活动都是围绕主体即人而展开的，武器技术服务以及作用的对象都是人，而网络空间行动则直接将作战重心转移到了网络空间，在这一空间中围绕信息展开攻防对抗，所以战争模式出现了重大变化。

网络空间是现实世界的映射。网络空间存在于计算机和网线之中，但网络空间本身是无法感知的，这一点与数据信息的不可感知是一致的。信息本身与物质和能量相区别，它是客观世界的虚拟表现形式，是以0和1的形式对各种事物进行虚拟表述，然后以数据的形式进行存储和传

[①] 周宏仁：《网络空间的崛起与战略稳定》，《国际展望》，2019年第3期。

输,所以网络空间是一种现实世界的虚拟空间,各种现存事物都能够以数据信息的形式在网络中映射存在。网络空间的构成元素不仅是计算机和计算机网络,还必须有数据信息,网络空间是由计算机、网络和数据信息一同构成的虚拟现实空间。

网络空间与现实物理世界具有同构性,它以数据信息的形式记录反映现实物理世界。可以对照意识与物质的关系来理解数据信息与物理世界,正如意识是物质的反映一样,没有物质的客观原型也就没有意识,那么数据信息也必然来源于物理世界,人们编写的代码固然是人的主观创造,但是这种主观创造却都有现实的客观来源。这种映射关系是以信息流的方式体现出来的,自然物理空间存在的物体都以数据的形式出现在网络上,现实社会中的人流、物流、资金流等都转化为数据在网络存储流通,人的很多社会活动都以数据信息的形式在网络上展现。因此,人们不能脱离现实物理世界来认识网络空间,把它看作是一个虚构的事物,它是人们以新的技术手段通过数据信息建构起来的客观世界的模型,它的形成不仅有助于人们深化对客观世界的认识并进一步掌握其运动规律,而且创造出一个新的实践空间。

现实世界体现为物质连续性,这种连续性因物质的广延性而产生空间的隔离,空间隔离又导致出现了时间的差异,因此现实物理世界的事物存在于不同的空间中,彼此之间的联系需要时间。网络空间则是建立于数据信息基础之上,数据失去了事物的物质多样性而具有同质性,这也就意味着网络空间不再具有空间隔离。数据信息在网络空间的运动是绝对自由的,格式的统一消除了运动的障碍,运动的速率以光速计,在全球范围内实时达到。在网络空间中无论是进攻还是防御,所需要的访问都只是网络空间域的一个非常小的"切片"。这个切片并不是地理区域意义上的"局部",可能只是一串互联网协议(IP)地址,但这个地址可能跨越全球,而仅代表数据流带宽的一小部分。许多作战行动从开始到结束可能只有几秒钟。于是自然物理世界的分界线在网络空间不复存在,人们赖以区分彼此的疆界、时区、空间等都消失了,网络空间成为了一个浑然一体的存在,难以区分方向、坐标甚至是真假。总而言之,在网络空间中实施作战需要摒弃传统对空间和时间的认知。①

3. 网络空间与现实世界的紧密联系

网络空间的发展趋势一方面体现为全球化扩张，在全球范围内实现网络的互联互通；另一方面则体现为分子化延伸，人、机甚至是各种实物以嵌入芯片的方式接入互联网，这些"分子"终端就成为了网络向现实世界延伸的触角，使网络空间与现实空间无缝连接。"网络空间绝不能被'降级'理解为在其底部物理层的计算机互联技术，而应当被视为由人类所共同构建的可以通过各种界面和语言实时访问并共享信息的通信基础设施。"② 网络空间由世界上所有计算机网络和其所连接与控制的全部组件构成，而不仅仅是互联网。网络空间包括互联网，但是也包括许多没有连接到互联网的计算机及其构成的网络，比如交互式网络，从事货币流动、股票市场交易和信用卡交易等，再如控制系统，从事控制机器发布指令工作，这些不连接互联网的网络也同样属于网络空间。

也许有人会指出，铁路调配控制系统可以仅仅是一个独立的网络系统，它在自身范围内实现最大化的互联互通，但是与外界断裂隔绝。这种观点从理论上成立，但在实践中却无法实现，彻底与外界隔绝的网络空间是不存在的，即便是为确保绝对安全的各种"内网"与外界的隔离也是相对的，姑且不论各种网络接口之间会存在难免的"缝隙"甚至是漏洞，各种网络的最终节点必然与人相衔接，或者说人最终要接触进入网络的，而人是不可能与外界完全隔离的。

网络空间流动的是数据信息，各种信息流所控制的是现实世界的物质运动。如果网络空间及其中的数据信息受到破坏，就会直接影响现实世界的物质运动。比如火车运行需要有调配控制系统，调配控制系统就是局域网络空间，其中的信息控制着火车运行时间、速度、停靠站次等，如果调配控制系统受到破坏就会直接导致大量火车运行的失控。相似的还有电力系统、公路信号灯、银行金融系统、人力资源管理系统等等。

---

① 蔡军、王宇、于小红、朱诗兵编著：《美国网络空间作战能力建设研究》，北京：国防工业出版社，2018年版，第18页。

② [美] 亚历山大·科特、克利夫·王、罗伯特·F. 厄巴彻编著：《网络空间安全防御与态势感知》，黄晟等译，北京：机械工业出版社，2018年版，第80页。

从本质上看，网络空间就是通过对事物的信息化抽取，进一步提高人们的实时控制能力和合理化管理能力。① 实际上，各种信息系统不仅具有管理控制功能，还具有了信息存储功能，已有事物的客观信息和现实世界物质运动轨迹都能记录于网络空间。

人类活动的加入丰富了网络空间的内涵，使网络空间中由单纯的数据和信息的交换上升到内容和知识的交互，此外，网络与各种物理设备的融合也进一步拓展了网络空间的内涵，诸如物联网、工业控制、无线通信、人工智能等将单纯的计算机网络转变为物物相联、人机互连、现实与虚拟高度融合的泛空间网络，网络不再与其他空间分离，而是完全融入其中，网络空间中的威胁延伸到了现实空间中。

网络空间行动本质上是一种控制力的争夺战。随着技术的进步，人们对物质世界的认知愈益深入，信息系统的建立从某种意义上而言就是对物质世界运动规律的模拟，并实现通过信息系统控制物质世界的目的。这种状况出现在军事领域，就体现为传统火力中信息元素的嵌入，即通过信息引导控制能量的释放，实现精确打击定点杀伤的作战效果。实际上，在社会现实中利用信息精确控制社会运行已经成为信息时代的基本运行模式，破坏敌方社会信息网络的控制能力，就能产生重大的社会后果，于是网络空间行动逐渐脱离传统战争领域而成为一种独立的战争模式。破坏敌对国家的网络设施，就可以破坏其社会运行秩序，甚至对物理设施造成严重的破坏后果，所有这一切都是在网络空间悄无声息中进行的。

（二）网络武器是执行特定功能的数据代码

网络空间行动发生于虚拟空间，是不见硝烟的数据战争。回顾人类战争史，就是一部不断提升武器破坏能级的发展史，从最初的体能到机械能，从火药的化学能到原子内的核能，各种武器所能造成的破坏与日俱增。时至今日，武器能级几乎已经达到饱和状态，破坏能力达到了无

---

① 敖志刚编著：《网络空间作战：机理与筹划》，北京：电子工业出版社，2018年版，第12页。

以复加的地步。但是，传统武器却无法用于网络空间，网络武器是一种不同于传统武器作用机理的新型武器，它是以信息和信息系统为攻击对象的信息武器，它是执行特定功能的数据代码。"网络武器被视为一般武器的子集，即用于或旨在用于威胁或对结构、系统或生物造成物理、功能或精神伤害的计算机代码。"[1] 网络武器是针对计算机系统的漏洞而开发出来的具有破坏性的程序代码，其功能的发挥建立于计算机系统功能缺陷基础之上，实际上，由于人的创造力和独创性是有限的，凡是由人设计出来的各种计算机系统和网络基础设施都存在薄弱环节和漏洞，这就为网络攻击提供了"方便之门"。

1. 网络武器的专用性

计算机网络系统的正常运行需要硬件和软件的密切配合，软件系统对硬件进行有序调度和管理，进而实现正常的信息传输和处理功能。如果软件系统出现故障不仅会导致硬件无法正常运行，还会造成一定程度的破坏，就会影响信息的传输处理，就会使计算机系统出现失能状况。网络武器是针对软件系统而开发出来的具有破坏性的程序，它的基本功能就是破坏敌方软件系统，使其计算机系统失能。这里所用的"失能"一词，是从广义上而言的，它包括多种非正常状态，比如彻底崩溃而无法工作，运行故障导致部分功能丧失，数据泄露或损毁等，各种不同的网络武器将会产生不同的失能效果。具体而言，网络武器的作用主要体现在三个方面：对目标网络的破坏、获取情报和控制。[2]

参照传统武器构造组成，网络武器同样包括实施破坏的战斗部，携带战斗部的辅助部等，辅助部的功能是为了更好地达成作战目的。比如武器载荷，就负责运送战斗部，将恶意代码传送并安装到目标计算机上，另外还有信息回传装置，负责收集相关目标的信息并回传到攻击控制端。2012 年 8 月沙特的阿美石油公司受到网络攻击，实施攻击的网络武器大约 900kB，包括有三个功能组件，病毒释放器、擦除器和报告器，其中

---

[1] [英] 托马斯·里德著：《网络战争：不会发生》，徐龙第译，北京：人民出版社，2017 年版，第 46 页。

[2] 温百华著：《网络空间战略问题研究》，北京：时事出版社，2019 年版，第 302 页。

病毒释放器负责安装附加模块,擦除器执行删除文件功能,报告器则负责把运行情况传送回远程控制器,这里的擦除器就是战斗部,它的功能执行需要另外两部分的有力支撑。

最为理想的网络武器是能够严格按照使用者的意图达成作战功能,但在具体实施过程中人们通常难以对其精确控制。一般而言,网络武器具有通用性和专用性,是这两种性质的有机统一。所谓通用性是指对适用于普通计算机系统,而专用性是指具有针对某一类甚至是某一台计算机系统的攻击能力。显然,网络武器专用性越强就越能达成作战目的,如果通用性太强就难以控制,释放到网络空间会对民用设施或者是无关的目标造成不必要的附带损伤,进而言之,如果攻击方都无法有效控制,那么这种工具就难以达成特定的作战目的,它也就不能算作是武器。"工具性是指塑造对手或受害者的行为,但如果攻击者已失去对敌手行为的变化做出反应的能力,即通过调整工具的使用——如增加疼痛的程度或停止攻击——而做出反应,那么对手试图改变行为也就不合情理。因此,有必要区分暴力性网络攻击和网络武器——作为网络攻击,一次事故未必一定是有意的和工具性的。"①"我爱你"病毒对美国中央情报局产生了破坏性影响,"SQL Slammer"病毒感染了戴维斯-贝斯核电站的控制系统,虽然这些病毒造成了一定程度的破坏,但是它们的专用性特征并不明显,并不能算是高效的具有代表性的网络武器。

2007年4月和2008年8月,爱沙尼亚和格鲁吉亚的网络分别受到了"分布式拒绝服务"(DDoS)的网络攻击。分布式拒绝服务攻击是指成千上万台计算机向互联网中被锁定的少数目标计算机发动协议申请,目标计算机因不堪申请重负而瘫痪。发动攻击的计算机被称为"僵尸",由于感染病毒而被远程服务器控制,组成"僵尸网络",当接到攻击命令时就会由潜伏状态转化为激活状态,同时对目标发起攻击。爱沙尼亚受到攻击的不仅有公共网页,还包括电话交换控制网络、信用卡确认系统、互联网目录系统等服务器网址,整个社会运行受到严重影响。格鲁

---

① [英]托马斯·里德著:《网络战争:不会发生》,徐龙第译,北京:人民出版社,2017年版,第65页。

吉亚受到了同样的网络攻击。分布式拒绝服务攻击技术含量较低，是通用性较强的网络武器，它的攻击对象几乎涵盖了某国的整个网络系统。"这种类型的网络攻击有一个独特之处就是它不需要对系统进行非授权访问，或者篡改数据，或者进行任何用户鉴权，只需要对目标系统发送足够多的请求，进而导致系统瘫痪。这种以技术手段间接表达政见分歧的方式也附带对言论自由造成了很大损害。网络攻击占用了带宽，消耗了系统处理资源，阻断了很多人访问与攻击目标相关的网站。"[①]

"震网"病毒是专用性网络武器的典型代表，它的攻击目标明确指向伊朗的铀浓缩离心机，专门针对离心机上安装的西门子公司的工业控制系统实施攻击。只有软硬件匹配一致，"震网"病毒才会被激活，然后自行解包，释放载荷代码的密匙。密匙释放出来后，就会解密病毒主体——一个超大的.DLL文件和其他组件，并将它们提取出来，对目标计算机实施攻击。"震网"病毒接触计算机后，第一件事就是判断该机型是32位还是64位，它只攻击32位的电脑。然后检查计算机是否曾被"震网"病毒感染过，它会对已感染旧版本病毒进行更新替换，对尚未感染的"裸机"实施感染。每当"震网"病毒感染一台计算机，它都会与域名为mypremierfutbol.com和/或todaysfutbol.com的地址联系，当然域名是用假名和假信用卡注册的，服务器地址位于丹麦或马来西亚。向服务器回传的信息内容包括计算机名、所属域名、内网IP、Windows版本号和是否安装了西门子公司的软件等。这些信息显然有助于攻击者掌握病毒寻找目标的程度及其传播轨迹。

离心机安装的西门子公司软件成为了最明显的标识，"震网"病毒通过其来判断是否释放载荷并发动攻击，最大化地将目标从网络系统中区别开来，以减少不必要的附带损伤，也尽可能地隐藏了自己的"行踪"。专用性网络武器是针对特定目标开发出来的，使用时能够针对特定目标实施精确攻击，对网络空间中的无关目标"秋毫无犯"。显然，这样的网络武器更为专业，其设计和使用难度更大，无论是在开发阶段

[①] [美]劳拉·德拉迪斯著：《互联网治理全球博弈》，覃庆玲等译，北京：中国人民大学出版社，2017年版，第112页。

还是使用阶段，都需要大量的情报信息和军事资源作为支撑，而且一旦使用或者被暴露出来就失去了使用价值，因为围绕特定目标更容易采取防护措施。开发网络武器之前需要针对攻击目标进行详细的情报工作，通过各种方式掌握目标特征，在实验室中模拟生成生存环境相似的模拟目标，通过实战性训练对模拟目标进行攻击并不断改进完善网络武器。虽然网络武器依赖于复杂的计算机软硬件技术，但是它更依赖于军事系统以及社会资源的支撑。网络战并不是一种孤立的战争行动，它仍然需要与其他各种军事行动紧密结合在一起。

这里需要指出的是，即便是专用性极强的网络武器也会产生额外的破坏，"震网"病毒在网络空间中不断复制传播时就不可避免地造成了"附带毁伤"，正是被当成一种具有破坏性的病毒而被公之于众。一方面，需要突出专用性方向不断改进网络武器，在深度定向攻击能力上不断提升，这既是网络武器技术发展的趋势，也是网络作战行动的本质要求；另一方面，需要从战争伦理上进行规范，网络战必须摒弃泛滥性破坏的模式，在减少附带毁伤方面进行严格规定。

2. 网络武器的机密性

网络武器作为一种新型武器少有亮相于世人的机会，实际上，这不仅是因为网络武器尚未得到世人的认可，人们对网络空间军事化持谨慎而敏感的态度，而是因为任何新型武器都具有敏感性，这种敏感性来自于新型武器性能的保密性，没有哪个国家愿意将自己的新型武器及其应用方式告白天下，包括网络武器在内的历史上的任何新型武器都是如此。

网络武器通常没有自然物理规律可以遵循，每一个新恶意软件都可以按照非常不同的方式进行设计，它所遵循的是敌方目标的特性，并围绕其特性寻找攻击缺口。另外，网络武器的研发不需要大规模的工厂设施，属于小规模个性化的生产方式，因此也难以监督检测。比如，一方可以监视敌方的坦克、飞机或导弹工厂，对其生产规模和能力进行评估，对武器数量进行监测，但是对于恶意软件而言，则几乎没有任何东西可供评估。

网络武器本质上是数据代码，即便是花费大量时间和资金研发出来的复杂武器，也能够在短时间内以复制的方式大范围内扩散，因此需要极度保密而不能流失，否则就会被他人窃取。实际上，专业的网络武器通常会出现变异，也就是在原有网络武器基础上修改形成新的武器，而修改形成新式武器要比另起炉灶独立研发容易得多。总之，一种网络武器一旦被世人发现就会被破解，研制方法也就广为人知。

正是因为网络武器能够被破解和复制，不像传统武器的模仿生产需要尖端的制造工艺、大量的物质资源，所以网络空间强弱对比可能会在网络空间中出现反转，极有可能出现弱者反而比强者更有优势的状况。计算机黑客仅凭简单的计算机设备就能够突破防护严密的军事网络系统，就可能对一些重大设施的控制系统产生危害，这充分体现了网络对抗的实力不相称性。2009年，美军士兵在捕获伊方一个叛军首领时，在他的笔记本上竟然发现：他一直看着美军监视他。在伊拉克战场上，美军依靠无人驾驶系统收集反叛力量的情报，跟踪他们的行动，相关信息都被及时传送回控制中心，但是这些信息都在被美军缴获的笔记本中发现。显然，反对派分子已经掌握了如何破解无人机系统的方法，这个方法其实非常简单，是从网络上购买的商用软件，售价仅为25.95美元，最初是由大学生设计用于非法下载电影的。美国无人机系统成本约4500万美元，太空卫星成本约为数十亿美元，但是造价如此昂贵的系统也会存在漏洞并有可能被敌方掌握，就会出现严重的后果。

相比于常规军事力量网络优势力量的绝对性明显弱化，物质性力量的弱小难以在短时间内发生改变，而且难以对强大力量形成挑战，但是网络空间强弱转化的概率大幅度提升，弱小一方也可以占据优势甚至是取得可观战果。有学者以此提出网络技术发达的国家越有可能会被反转，因为越是网络设施建设全面的国家越有可能存在众多的薄弱环节，而先进的技术可能会被对手复制。这种非对称制胜的思想具有一定的片面性，网络空间中弱者并非就比强者更强，弱者只是能够造成更多的威胁，但是强者却有更多的选择，能够利用网络空间以外的众多优势，这一点是弱者所不具有的。只有开发出强大的网络武器，才能达成精确的作战目标，才能造成持久而深远的影响。在开发网络武器方面，技术强国具有明显的优势。

随着网络空间军事安全重要性不断提升，在世界各国国防预算普遍下降的背景下，网络安全领域的经费却不断增长。维护网络安全成为了各个国家军事战略的重要内容。实际上，网络武器的兴起代表了军工资本由传统武器向网络武器的转移，在和平发展背景下战争已经难以大行其道，传统武器研发生产盈利空间有限，而网络空间作为安全新领域势必成为武器交易的重点区域。"与之前战争的不同之处是，网络战没有终点，原因是互联网和工业的持续全球化对中产阶级的形成起到核心作用，中产阶级将创造需要保护的新战场。对需要保护的美国公司，美国政府的投资将出现指数增长，国有和私人合伙企业也将越来越活跃，越来越多的现有国防公司将聚焦核心业务，收购和并购及其投资机会将增多。若你想投资网络武器装备竞赛，这就是属于你的平台。"[①] 从另一个角度而言，国际社会之间的较量与冲突的重心开始向网络空间转移，争夺网络空间利益、谋求网络力量优势都对网络武器提出了现实需求。

正是如此，一些老牌军工企业开始大力拓展网络武器领域的业务，比如美国洛克希德·马丁公司和波音公司等不仅生产战斗机，还承担了美国防部和其他政府机构网络安全中心的运营。这些财力雄厚的老牌公司通过收购新兴的小网络公司来提升自己的研发能力。英国航空航天系统公司因制造台风战斗机和"伊丽莎白女王"号航母而名满天下，在2011年它就以3亿美元的价格收购了一家专业从事反网络欺诈和反洗钱的Norkom公司。波音公司通过收购系列小型网络安全公司形成了一系列企业联盟，并把网络安全业务扩展到了日本，与双日株式会社签订协议帮助其保护日本政府、民用和商用的关键IT基础设施。正如一份报告所指出的那样，如今网络安全公司的财务价值增长率与20世纪90年代互联网公司爆发式增长时期持平，这就从另外的角度反映出网络安全尤其是相关设备研发制造的重要性。

（三）网络战士执行智能化暴力

既然网络空间行动发生在虚拟空间，网络武器是数据代码，网络战

[①] [美] P. W. 辛格、艾伦·弗里德曼著：《网络安全：输不起的互联网战争》，中国信息通信研究院译，北京：电子工业出版社，2015年版，第152—153页。

士就肯定是与传统士兵不一样的新型战士。传统士兵的素质要求是体能加技能，通常要具有较好的身体素质，最好是身高体壮具有较强的搏击能力，此外还需要掌握一定的武器操作技能，在冷兵器时代能够娴熟使用各种兵器或者弓箭，在火器时代则要具备射击技能，进入机械化时代要能够驾驶飞机、坦克、舰艇等，能够操控各种机械化武器装备。

体能加技能的素质构成对于网络战士而言不再适用，网络战士的首要素质是智能，他要精通计算机网络系统构成而且擅于软件编程，能够开发出具有特殊功能的软件程序。至于体能如何、是否掌握枪械使用技巧等都不是评判网络战士的技能战术指标，他们的武器是联网的计算机，是键盘和鼠标。

在网络战中专业技术人才的重要性要相较于其他领域更为突出，网络空间行动中个人作用再次被强调出来。发现"震网"病毒的网络安全专家拉尔夫·朗格内尔（Ralph Langner）曾说，现在的网络军备竞赛实际上是人才的竞赛，他宁愿拥有 10 名专家，而不是美国网络司令部的所有资源。

网络部队将会是一个特殊的军种，因为陆、海、空、天等各军兵种都有自己的作战平台，驰骋在开阔的自然战场空间之中，而网络战士独居于某一偏僻角落，在悄无声息中攻击远在千里之外的敌方计算机网络系统，其所从事之战事及战绩"不见天日"。然而，实际情况是网络部队已经成为了现代军事力量的有机组成部分，虽然世界各国对此都讳莫如深。

网络战士所从事的工作与计算机黑客相似，但是二者却有着本质的不同，计算机黑客是网络空间中的个体英雄，他们所从事的是一种技术冒险行为，而网络战士是军事力量，是政府组织维护网络空间安全的保障力量。所以网络战士的首要身份是"战士"，他们所要具备的军政素质与其他军兵种并无不同，听从上级指挥、严格执行作战命令、遵守作战纪律等只会因网络空间虚拟性和作战行动保密性而更为严格。

网络战士所从事的是计算机网络技术工作，从本质上而言属于工程技术人员，但是他们却要转变为军人，肩负着执行特定作战任务的使命，这个转变过程是现代军事教育训练要着重解决的问题。"必须构建体系化的网络作战装备系统平台，在这个平台的支撑下，将'人'与体系化的装备结合起来，实现网络作战一体化、智能化、光速化。只有这样，才能将网络作战装备由执行网络空间干扰、网络空间破坏等类型的任务，提升到网络空间控制这一更高的阶段。"[1] 传统军事教育训练是在训练场上锻造铁血军人，而网络战士则是在课堂和实验室中铸就而成，他们的政治素质如何培养，相应的作战对抗技能如何掌握等都是新技术条件下要着重解决的问题。

表4-1 传统战争和网络空间行动领域特征比较[2]

	传统军事行动	网络空间行动
领域	在很大程度上保持不变的物理世界	可被高度塑造且易于进行欺骗的虚拟世界
军事理论	防御者具有优势	攻击者具有优势
数学定义	由兰彻斯特方程所定义的实兵对抗交战	网空交战的规模可能是无标度的
所需资源	资源密集型，组织需要具有整合能力（即后勤保障）	非资源密集型，要求可能降低到几乎没有能力先决条件的个人
威胁特点	可物理观察	隐藏在网络中，可以采用多种形态
军队集结	与空间和时间相关，存在提前预警的可能性	不受约束，几乎无法提前预警
检测	分布式的监测可能"命中"在从传感器 ISR（情报、监视与侦察）资产到巡逻队等多个点上	依赖于自动化机制和基于规则的入侵检测系统（IDS）；分析师梳理大量日志文件并创建新的攻击检测特征
大数据挑战	对数据收集的管理；情报分析	检测发现（攻击的相互关联）与取证分析
分析挑战	在平民中寻找叛乱分子的网络	寻找新的威胁/开发检测特征
攻击特点	在空间和时间维度内展开	瞬时发生且大量并发

---

[1] 温百华著：《网络空间战略问题研究》，北京：时事出版社，2019年版，第136页。
[2] [美] 亚历山大·科特、克利夫·王、罗伯特·F.厄巴彻编著：《网络空间安全防御与态势感知》，黄晟等译，北京：机械工业出版社，2018年版，第23页。

续表

	传统军事行动	网络空间行动
效应	已知的即时线性效应，可归因至对手	非线性（可能是级联的）效应，其影响可能是隐藏的、未知的而且长时间难以被发现的，无法归因至对手
战斗损伤评估	可观测、可量化	一些可能具有许多高级复杂效应的可观察对象；需要花费数月进行取证
可视化	通用作战态势图；反叛乱行动需要网络分析和依赖图	攻击图、依赖图和空间地形
欺骗	主要体现在战略层面，需要大量计划，并且是资源密集型的	主要体现在战术层面，需要很少的计划且是非资源密集型

二、寻找漏洞的突然袭击

克劳塞维茨认为，进攻是比防御更为强大的作战方式。进攻较为主动，能够选择有利于己方的时间和地点发动攻击，而防御相对较为被动，却能够利用有利条件以逸待劳。进攻与防御两种作战形式并不存在绝对的优劣，因具体情况而定，通常而言，当己方力量较为强大时就采取进攻，反之则采取防御。在网络空间行动中进攻的主动性进一步增强，真正实施有效的防御则相当困难，这是因为由人工创建的网络系统总是存在各种各样的漏洞，使得防御方处于"防不胜防"的境地。在"广阔"的网络空间中建立完善的防御系统将会是一项庞大的工程，如今安全软件的代码数已经超过了 1000 万行，而处于进攻方的恶意软件较为简单，即便是复杂的武器系统也不过是上千行代码，实施破坏要远比安全防卫简单得多。

（一）网络空间行动具有攻强守弱的典型特征

网络空间行动的攻防对象是信息，进攻方希望通过攻击破坏信息的可用性、保密性和完整性，防御方则正好相反。

可用性攻击主要通过超量访问、拒绝服务或干脆关闭其依赖的物理或虚拟进程，以阻止对网络的访问。衡量的标准通常是规模和影响，如果针对国家基础设施造成长时间的阻塞瘫痪就构成了战略性攻击。

保密性攻击主要是为了侵入计算机网络以达到监视和提取系统和用户信息的目的。其衡量标准主要是对计算机的入侵程度以及提取的信息量。

完整性攻击是指进入系统并对其中的信息进行修改甚至是破坏。这种攻击或者改变用户的态势感知，或破坏信息系统的物理设备和进程，通过控制网络空间中的数据来影响真实世界中依赖这些数据的人和计算机系统。

可用性攻击是一种外部攻击，通过不间断、大量的外部访问造成对方网络阻塞甚至瘫痪，保密性攻击和完整性攻击属于内部攻击，需要进入敌方系统内部，它们在具体行动目标上存在差异，但是可以采用完全相同的渗透路径和攻击方法，都必须利用对方的系统漏洞。未来网络战的发展应该沿用内部攻击的方式，因为这种作战方式较为隐蔽而且作战目标明确，能够最大化地发挥网络武器的技术优势，外部攻击好似"大水漫灌"，容易产生一系列的负面后果。

无论是内部攻击还是外部攻击都存在攻强守弱的状况，因为进攻方在隐蔽空间中的主动性更为突出，而网络的开放性使得防御面无限拓展，几乎达到了无线可防的境地。正因为如此，约翰·阿奎那认为信息时代进攻处于主导地位。[①] 2011 年美国国防部发布的一份报告也强调了进攻的重要性，认为在目前的网络空间行动中进攻仍然享有优势。[②] 进攻者能够在全球范围内进行探测并触及网空防御的薄弱环节，还可以选择发起攻击的时间、地点和工具。[③] "进攻主导有时也是其他领域的特性，但是它对于赛博空间具有特殊的含义。网络和系统技术基础存在的脆弱性，

[①] John Arquilla and David Ronfeldt, *The Advent of Netwar*, Santa Monica: RAND, 1996, p. 94.

[②] Department of Defense, *Cyberspace Policy Report*, November 2011, p. 2.

[③] [美] 亚历山大·科特、克利夫·王、罗伯特·F. 厄巴彻编著：《网络空间安全防御与态势感知》，黄晟等译，北京：机械工业出版社，2018 年版，第 23—24 页。

以及经济利益导致的开放性，使得许多关键网络易于遭受利用、控制和破坏等数字层面的攻击。非国家行为体可以利用赛博空间聚焦特定目标、利用匿名访问、迅速集结专家、提高决策速度，通过这些能力获得优势。因此，赛博空间易守难攻。"①

在网络空间中实施被动防御困难较大，因为网络空间本身是一个开放的共享空间，攻击者可以以访客的身份在网络空间中自由活动，他们可以自由轻松地对目标实施攻击，通过单一的攻击动作成功地控制一个目标系统，或者通过一系列攻击动作渗透一个网络。"网空防御的日常实践也表明，要保护每一个 IT 组件，通常在技术上是难以实现，而且在经济上也无法承受，尤其是在面对大型 IT 基础设施时，或者在 IT 资产被用于动态且不可预测运行环境的情况下。"② 一系列攻击动作，通常被称为多步骤攻击行动或链式攻击利用，这种攻击行动利用多个漏洞之间的相互依赖关系，通常能够有效破解安全防卫措施。在网络空间中不存在机动运输成本，即是说全球各地的计算机网络系统都能够实时抵达。当防御方发现受到攻击时，攻击方早已完成了攻击行动甚至是达到了预期目的。

网络空间行动不利于防御的另一个原因是归因困难，也就是难以确定到底是谁发动了攻击，当无法确定攻击者时也就无法进行反制。网络攻击通常具有匿名性，攻击者能够躲藏在跨越国家主权和司法管辖边界的全球网络中，使攻击归因变得更加复杂；在确定攻击者身份时存在取证困难，证据的易变性和瞬时性特点使对攻击者的分析变得复杂化，甚至可能变得相当棘手。③ 迄今为止，所有那些没有国家公开承认的网络攻击，国际社会中都无法最终确定到底是谁发动了攻击。网络空间行动是"键盘"对"键盘"的较量，虚拟空间的不可见性增加了归因的难

---

① ［美］弗兰金·D. 克拉默等著：《赛博力量与国家安全》，赵刚等译，北京：国防工业出版社，2017 年版，第 255 页。
② ［美］亚历山大·科特、克利夫·王、罗伯特·F. 厄巴彻编著：《网络空间安全防御与态势感知》，黄晟等译，北京：机械工业出版社，2018 年版，第 270 页。
③ ［美］亚历山大·科特、克利夫·王、罗伯特·F. 厄巴彻编著：《网络空间安全防御与态势感知》，黄晟等译，北京：机械工业出版社，2018 年版，第 23—24 页。

度，人们只能通过攻击计算机的 IP 地址寻找攻击源，但是某国境内的计算机可能被境外者非法操控，也可能是被非政府组织的计算机黑客操作使用，所以即便是确定了攻击计算机，也无法与发动攻击的国家画上等号。实际上，发动网络攻击的一方通常会利用网络空间的不可见性故意隐匿自己的行踪，这使得追寻攻击者更加困难。

网络攻击可以分为小规模攻击和大规模攻击两类，[①] 小规模攻击会对相对少量的用户造成有限的损害，因为其攻击方式通常是单独感染，间谍软件即使感染数量超过了 1 亿台也仍然属于小规模攻击。除了间谍软件以外，还有僵尸软件和 Rootkits，垃圾邮件和网络钓鱼，信用卡欺诈和身份盗窃，企业信息盗窃和拒绝服务敲诈等。大规模攻击是指能够对数百万用户造成潜在影响的威胁活动，这种攻击直接以某一地区或某种计算机网络为目标，通常会造成严重的危害。例如拒绝服务攻击、利用基础设施组件漏洞、利用僵尸网络大规模破坏客户端系统等。正如一位美国军官所讲的那样，"如果你正忙于网电空间防御，那你的反应就太过迟钝了；如果你不能控制网电空间，那就不能控制别的作战领域；如果你是一个发达国家，一旦遭受网电空间攻击，生活将陷入困境"。[②]

对待攻击这种作战样式要持辩证的观点，在强调其主动性的同时，也要明确网络空间中攻击行动的不足之处。

其一，作战效果具有局限性。在常规战争中进攻的主要目的是削弱甚至瘫痪敌方的攻击能力，通过消灭有生力量迫使敌方屈服，但是单纯依靠网络攻击难以达到这个目标。常规战争中的网络攻击可以在短时间内解除敌方的防御能力，干扰其指挥控制系统，为己方的物理打击创造宝贵时机，在网络攻击之后的物理毁伤能够有效消灭敌方有生力量。比如，在 2007 年 6 月以色列首先通过网络攻击瘫痪叙利亚的防空指挥控制系统，然后出动战机一举摧毁了叙方的核反应堆，不仅圆满达成作战目的而且保证了战机平安返航。

[①] ［美］弗兰金·D. 克拉默等著：《赛博力量与国家安全》，赵刚等译，北京：国防工业出版社，2017 年版，第 162 页。

[②] ［美］理查德·A. 克拉克、罗伯特·K. 科奈克著：《网电空间战——美国总统安全顾问：战争就在你身边》，刘晓雪等译，北京：国防工业出版社，2012 年版，第 38 页。

有学者认为可以用战略性与战役性来区别，用计算机网络攻击支持物理空间中真实军事行动的属于战役性的，网络空间行动只是整个战争行动中的某一领域的战争行动，并不是达成战争目的的独立手段。[①] 战役性行动可以分为阻断式攻击和锈蚀性攻击。"阻断式攻击让军事目标或多或少地暂时失去自控能力，从而给漏洞利用提供了大量机会之窗。"[②] 这种攻击达成的作战效果具体体现为压制通信，使指挥控制系统失效，甚至使武器失能。与阻断式攻击相比，锈蚀性攻击达成的作战效果相对"绵软"，但优点是不易觉察。其作战效果体现为干扰导弹定向，使传感器对特定信号失效，后勤系统无法及时更新等。由于锈蚀性攻击所造成的后果不够强烈，被攻击方往往难以分辨到底是自身系统出现了故障还是受到了锈蚀性攻击。战役性网络空间行动体现了网络攻击的局限性和辅助性，其攻击的数据和信息系统具有可复制性和可恢复性特征，而且当对方发现被攻击后，通过简单的措施就能够有效化解，攻击行动也就无法继续实施。

从实际操作层面来看，网络攻击属于"偷袭"行为，只能在敌方毫不知情的状况下发挥作用。一旦敌方知道了自己遭受到网络攻击，攻击将就无法再产生效果，因为他们会采取各种手段加以应对，甚至采取物理断网的方式彻底隔离受到攻击的对象。而且网络攻击一旦被发现，就难以再用同样的手段实施第二次攻击。因此，网络攻击要能够先发制人、争取主动，如果不能快速采取行动，很可能就会陷入被动，敌方易受攻击的目标被保护起来，而己方设置的后门、安置的逻辑炸弹就会被移除，甚至是敌方已经断开了物理连接，使你根本无法进入对方的网络空间。当然，从相反的角度而言，在网络空间中要树立网络安全意识，对于网络攻击问题需要"风声鹤唳""草木皆兵"，当系统运行缓慢或者故障频发时就要考虑是否受到了网络攻击。

其二，进攻方通常需要更多的成本和资源。也许人们通常会认为一

[①] ［美］马丁·C. 利比奇著：《网际威慑与网际战》，夏晓峰等译，北京：科学出版社，2016 年版，第 67 页。
[②] ［美］马丁·C. 利比奇著：《网际威慑与网际战》，夏晓峰等译，北京：科学出版社，2016 年版，第 85 页。

台联网的计算机和一名黑客就可以发动网络攻击，似乎网络空间更适合弱者，其实这种认识存在一定的误解，发动网络攻击同样需要强大的有组织性的军事力量。若要利用漏洞就需要首先掌握漏洞，如要对工业系统发动攻击就需要知道其复杂构成，如果针对特定目标发动攻击更是需要研制出专用的网络武器。所有这些都需要庞大的研发装备和资产。实际上，随着网络系统的建设和发展，在网络空间发现时机并采取有效行动的难度越来越大。当实施实时性攻击时，需要通过口令破解、网络窃听来获得目标系统的账号或口令，以获得进入目标系统的访问权限，或者通过电子欺骗、漏洞入侵等途径进入到对方系统。

实际上，网络攻击是一个系统工程，需要长时间谋划，分步骤有针对性地实施，例如通过软硬件技术在敌方系统中安置长期"潜伏"的间谍程序，或者在敌方软硬件系统中留下暗门，只有这样才能从目标系统中获取有价值的情报，或者根据需要对目标系统实施破坏，而无论是间谍程序还是后门计划都是技术输出方针对输入方实施的行动，都需要建立于技术优势基础之上。"真正危险的网络攻击，需要大量的专业知识，长时间的计划，以及情报搜集作为基础。对于进攻的另一个挑战是，网络攻击的结果可能是高度不确定的。你可以进入一个系统内部，甚至将其关闭，但这是进攻的一部分。实际效果很难预测，以及造成的损害可能很难估计。攻击者可以选择自己进攻的时间和地点，但他们必须通过多个步骤才能实现自己的目标。"① 实际上，攻击者虽然可以选择攻击的时间和地点，看似具有行动的自由，但是他们需要进行详细的筹划和准备，而对于防御方而言任何步骤都可以终止敌方的攻击。

《定向网络攻击：由漏洞利用与恶意软件驱动的多阶段攻击》一书在详细分析定向攻击本质特征的基础上指出，网络攻击行动不是随机的、散漫的，而应该是有计划、非随机的，定向攻击就是网络空间行动未来的发展方向。"定向网络攻击是针对特定用户、公司或组织，以隐蔽方

---

① [美] P. W. 辛格、艾伦·弗里德曼著：《网络安全：输不起的互联网战争》，中国信息通信研究院译，北京：电子工业出版社，2015年版，第145页。

式获取关键数据的一种攻击行为。定向攻击不应与本质上随机的泛攻击相混淆，泛攻击主要感染并影响较大的用户群。定向攻击的鉴别关键是本质上不随机。这意味着定向攻击的攻击者能够区分目标（系统/用户/机构），并伺机执行攻击计划。"[①] 其非随机性就充分体现在明确的五个执行阶段上，情报搜集、目标感染、系统漏洞攻击、数据泄露和保持控制，每个阶段执行特定的作战任务，并与其他阶段相互联系、彼此影响。例如，系统漏洞攻击的前提是感染目标，当用户打开恶意电子邮件或者访问互联网上受感染的网站时，实际上也就开启了网络攻击行动，恶意代码就会利用用户计算机系统中的漏洞，在其系统中安装恶意程序，进而控制操作系统的各种功能，在此基础上才能实施下一步行动，即从用户计算机中窃取数据。"极光行动"就属于定向攻击，不仅利用了零日漏洞，而且建立了完善的指挥与控制体系结构，攻击目标直指谷歌、Adobe 系统公司和瞻博网络公司等高科技公司。

其三，进攻性武器的半衰期更短，更容易失效。很多进攻性武器主要体现为使对方系统无法正常工作，或者使其软件或数据遭到破坏，诸如蠕虫、病毒、拒绝服务、瘫痪服务器和逻辑炸弹等攻击手段，通常不能损毁敌方硬件设施，只能造成短时间的麻烦，在一段时间之后就可以恢复到正常运行状态。

另外，就是进攻性武器一旦昭示于众就会被采取反制措施，就会失去进攻能力。如果进攻性武器被发现，被攻击方就会有针对性地进行防御，甚至采取物理隔离的途径加以应对。如果被第三方反病毒商业公司发现，它们会将恶意代码公布于众，研制出相应的查杀软件，为存在的漏洞打上补丁。由于网络攻击都是在隐蔽中进行的，攻击者隐匿自己的同时也将攻击行为"阴影"化了，某国的网络空间行动可能会受到网络商业公司的"围剿"。

"震网"病毒从被发现到被反制都是商业公司所为。白俄罗斯一家小型反病毒公司 VirusBlockAda 的舍基·乌尔森（Sergey Ulasen）最先发

---

① ［美］苏德、尹鲍德著：《定向网络攻击——由漏洞利用与恶意软件驱动的多阶段攻击》，孙宇军等译，北京：国防工业出版社，2016 年版，第 2 页。

现了"震网"病毒,并将其公之于众,进而引起了网络安全界的广泛关注,众多安全公司纷纷将其特征纳入反病毒引擎。稍后,一名来自德国的研究者弗兰克·博尔德温(Frank Boldewin)发现"震网"病毒的攻击目标是西门子公司的可编程逻辑控制器(PLC),以工业控制系统为目标的恶意软件极为罕见,因为黑客从中难以获得直接的经济利益,所以他把这个病毒看作是"间谍软件",认为攻击者的目的是盗取工业设计思路或产品模板。

实际上,作为一款庞大复杂的网络武器,"震网"病毒远非个别网络工程师或者小公司所能解析清楚的,若要弄清楚其复杂的构成及工作原理,需要大量的人力和物力资源。真正揭开"震网"病毒神秘面纱的是美国赛门铁克公司(Symantec),该公司以团队作战模式对"震网"病毒进行了围追堵截,最初由十多名研究员对它的代码进行了初步分析,然后又由埃里克·钱(Eric Chien)牵头的三人小组负责跟进研究。2010 年 8 月 17 日,赛门铁克公司研究人员公开宣布,"震网"病毒并不是间谍工具,而是攻击 PLC 的网络武器。这一消息发布 5 天后,伊朗方面切断了国内感染病毒的计算机与指挥控制服务器之间的连接。

民间商业力量对"震网"病毒的围剿并未就此结束,更多的公司和技术人员投入到了对"震网"病毒的分析之中。德国的拉夫尔·兰纳(Ralph Langner)是一位工业控制系统安全专家,所开设的公司只从事工业控制系统安全领域的业务,当他从赛门铁克公司获知"震网"病毒针对 PLC 时,便组织人员对其进行深入研究。他们发现病毒并非针对所有型号的 PLC,而是其中特定的两款型号产品,进而发现其目标也不在 PLC 本身,而是受 PLC 控制的特定设备,通过 PLC 技术配置的详细清单确定攻击对象。这意味着"震网"不会感染任何与预设有差别的系统,即便是感染了也只会将其作为传播的载体和攻击的跳板。2010 年 9 月 13 日,兰纳在博客上发布称,"震网"病毒攻击对象是使用特定工业控制系统的设施,并在后续声明中明确指出,攻击目标就是伊朗布什尔核电站。至此,"震网"病毒彻底曝光并被破解。

（二）网络空间行动的关键在于漏洞利用

网际攻击之所以可行的根本原因在于系统存在缺陷。"这些缺陷的产生来自于理论和实践之间的差距。理论上讲，一个系统只应该做设计者和操作者希望它做的事情。但实际上，系统只听从代码（设置）的指示。正是系统本身的复杂性导致了这种差别的存在，并且系统的复杂性必将越来越高。"[1] 代码是由计算机编程员一行行编写出来的，每多一行代码，软件中出现缺陷的概率就增大一些，当代码达到数百万行甚至上千万行时，错误就在所难免，明显的错误因影响程序运行自然会被检查出来并被更正，但是不明显的错误就保留在了程序之中，成为软件的漏洞，如果是程序员故意在编写过程中留下缺陷，就相当于为软件开了一道后门，可以在未获得授权的情况下进入用户的软件。除了留下可供进入的通道之外，程序员还可能植入"逻辑炸弹"，定时定点地对目标计算机及数据资源进行破坏。

网络空间行动的发生源于一方发动了网络攻击。而攻击方之所以能够实施攻击是因为在计算机网络系统中存在漏洞，"对于信息系统来说，外来威胁和攻击无处不在，但只有信息系统自身存在安全脆弱性，外来攻击才能够真正变成安全威胁并演变成安全事件"[2]。所有的攻击都是针对某一漏洞的攻击，没有漏洞也就无法实施攻击，网络漏洞就像是一种网络黑洞，人们通常难以发现它，即便在其被利用后也是因为网络攻击事件的曝光才会被人们熟知。

从技术本体角度而言，计算机网络系统漏洞是不可避免的设计缺陷。漏洞是计算机信息系统在需求、设计、实现、配置、运行等过程中，有意或无意产生的缺陷。这些缺陷隐蔽存在于计算机信息系统的各个层次和环节之中，一旦被恶意主体所利用，就会对计算机信息系统的安全造

---

[1] ［美］马丁·C. 利比奇著：《网际威慑与网际战》，夏晓峰等译，北京：科学出版社，2016年版，p. III。

[2] 魏亮、魏薇等编著：《网络空间安全》，北京：电子工业出版社，2016年版，第244页。

成损害。任何技术应用于社会总是存在风险，这种风险即为本体性风险。一项技术产品总是要经过反复摸索、试验、修改和完善，但即便如此也总是有设计上的不足而存在风险。美国学者查尔斯·佩罗（Charles Perrow）提出了"正常事故"（normal accidents）的概念，即每个技术环节上存在的合理偏差，累加起来就有可能形成技术风险。[1] 比如汽车、飞机、轮船等技术品都存在失灵的风险，这些风险与操作者没有关系，是技术自身的缺陷所致。"风险不是外在于技术的社会特征，而是技术的内在属性之一。"[2] 计算机漏洞就是一种本体性风险，因为漏洞是计算机系统无法避免的缺陷，从另外的角度而言，任何计算机系统都存在漏洞，只是有的没有被发现而已。这里需要强调的是，漏洞本身没有危害，但是它的存在为病毒和恶意代码的攻击提供了可能，漏洞的恶意利用会对计算机信息系统的安全造成损害，干扰系统的正常运行，甚至达到非法控制的目的。事实上，漏洞通常会被恶意利用，将风险性转化为现实危害，网络空间行动的实施就在于漏洞利用。

网络上存在漏洞就为黑客攻击提供了机会，这本质上是控制权的缺失，也就是说黑客取得了非法授权，从而能够对他人计算机及其资源进行窃取甚至是破坏。非法访问所造成的后果不同，按照严重程度可以区分为窃取数据，通常称之为"计算机网络利用"（CNE）；锈蚀性攻击，表现为数据受到篡改，功能受到危害；毁伤性攻击，致使对方系统崩溃，出现重大故障。[3] 无论是何种攻击，首先都要进入系统之中，当人们想方设法通过漏洞进入系统后，就可以采取具有一系列破坏性的行动，所以是否发生网络攻击，以及攻击所产生后果的严重程度都取决于系统本身的完整性。"确实，没有脆弱性就不会发生系统利用；而没有系统利

---

[1] Charles Perrow, "A Personal Note on 'Normal Accidents'," *Organization & Environment*, Vol. 17, No. 1, March 2004, pp. 9–14.
[2] 赵万里著：《科学的社会建构——科学知识社会学的理论与实践》，天津：天津人民出版社，2002年版，第26页。
[3] ［美］马丁·C. 利比奇著：《网际威慑与网际战》，夏晓峰等译，北京：科学出版社，2016年版，第7—8页。

用则不会有网际攻击。"①

既然漏洞的存在可能会导致危害发生，甚至会成为敌方实施攻击的暗门，那么能不能从技术层面彻底加以杜绝，答案是否定的。从哲学层面而言，风险性是技术与生俱来的产物，"每项新技术的发明都意味着一个可能的未知空间的展开，而人类的有限理性却在预示我们可能正将面临未知风险，或我们正将未知因素带入系统"②。计算机系统构建出了新的信息空间，其漏洞代表了人类对这一新领域理性认知的局限。漏洞产生的具体原因有程序设计错误、代码书写不规范等，问题的根源在于软件程序或开发语言本身，正是软件设计的复杂性和测试的不可穷举性决定了无法杜绝漏洞。计算机漏洞都是设计者无法预知的，是在具体应用过程中被逐步发现的，当软硬件之间出现不兼容时更容易产生漏洞。正如"墨菲定律"所言，凡事可能出岔子，就一定会出岔子。③ 计算机系统的漏洞具有不可避免性，也可以说任何软件都存在漏洞，这体现了人类认识能力在复杂性技术面前的局限性。"从理论上讲，所有的计算机伤害都应归罪于系统所有者本身的错误，如果不是由于滥用、错误配置，那么就是由于系统首先存在安全缺陷。实际上，所有计算机系统都容易发生错误。设计目标与代码实际实现之间的差异是由软件系统本身的复杂性和人类本身的错误带来的。系统越复杂（事实上确实如此），隐藏的错误就会越多。任何一个信息系统都有缺陷，只不过有些较多，有些较少罢了。"④

漏洞原本是计算机软件系统的缺陷，它的存在意味着软件商品存在短板和不足，作为开发商应该及时提供修补漏洞的服务，但是漏洞的存在并非是一目了然，开发商和软件所有者通常只知道存在漏洞，因为漏洞是不可避免的，但是他们并不知道漏洞具体是什么、存在何处。于是

---

① ［美］马丁·C. 利比奇著：《网际威慑与网际战》，夏晓峰等译，北京：科学出版社，2016年版，第8页。
② 王金柱、田振：《风险技术初探》，《自然辩证法研究》，2016年第11期。
③ ［美］爱德华·特纳著：《技术的报复——墨菲法则和事与愿违》，徐俊培等译，上海：上海科技教育出版社，2000年版，第21页。
④ ［美］马丁·C. 利比奇著：《网际威慑与网际战》，夏晓峰等译，北京：科学出版社，2016年版，第8—9页。

开发商通常会出资悬赏寻找漏洞，然后及时进行修复完善。一些计算机从业者包括黑客帮助软件公司寻找漏洞，然后领取奖金。这种奖励性行为逐步异化为了商业性行为，即发现漏洞后不是第一时间向开发商报告并领取奖金，而是将其作为一种商品出售给报价较高的一方。零日漏洞商品化倾向最早出现在 2005 年 12 月，当时一个名叫 Fear well 的卖家把一个零日漏洞挂到了易贝网（eBay）上叫卖。事实上，在漏洞交易市场上，软件公司的标价通常处于低位，而将漏洞用于其他目的者通常会出高价进行购买。

计算机漏洞势必会转化为少数人牟利的工具，有的会恶意发掘、囤积售卖漏洞，有的则利用漏洞非法窃取信息，有的甚至通过漏洞实施网络攻击。在利益驱动下有人专门探索寻找计算机漏洞，然后将其拿到黑市进行交易。"在任何事件中，无论是黑市还是灰市都会牵涉相同的动机：将信息出售给最高报价者，这与全球政治偏见和个人计划相一致，而不去考虑是否出售给工业经纪人（灰色组成部分），或者政府组织者、网络雇佣兵或犯罪组织（黑色组成部分）。"[1] 漏洞的发现有利于对软件系统的修补升级，以避免有人利用漏洞实施攻击破坏活动，但发掘者不是将漏洞公布于众或者通报给开发商，而是出售给了出价最高者，至于购买者准备利用漏洞干什么则根本不予过问。漏洞及漏洞利用程序市场已经发展出多个层次：从软件供应商和网站所有者为漏洞发现提供奖励的公开市场项目，到网络犯罪分子进行私下交易的黑市，还有为满足全世界执法部门和情报机构无穷需求的灰色秘密市场。系统漏洞被当成了牟利工具，系统缺陷的负面后果被进一步放大，使得众多计算机系统暴露于网络攻击之下。

一些人或组织的囤积、倒卖行为大大提升了漏洞的风险性。有的计算机黑客或者技术组织热衷于发现、囤积漏洞尤其是零日漏洞，通过市场交易直接获取利益，或者利用漏洞窥探信息。例如，Zerodium 公司曾出百万美元的高价收购高风险的零日漏洞，而具体用途却秘而不宣。[2]

---

[1] Alex Hoffman, "Moral Hazards in Cyber Vulnerability Markets," *Computer*, December 2019, pp. 83 - 88.

[2] Alex Hoffman, "Moral Hazards in Cyber Vulnerability Markets," *Computer*, December 2019, pp. 83 - 88.

事实上，在世界范围内已经形成了漏洞交易黑市，一些黑客、组织甚至政府机构从事相关的交易活动。当漏洞落入不法分子手中或者被用于不正当行动时，风险性被进一步放大，极有可能形成重大的网络安全事件。2017年5月，一种利用Windows操作系统编号为MS17-010漏洞的"勒索"病毒开始在互联网上广泛传播，在世界范围内众多使用Windows操作系统的用户感染病毒，而不得不向勒索者即病毒制造者支付赎金才能恢复数据。在此之前微软公司已经发布了漏洞补丁和安全预警，但是很多用户要么并不知晓，要么疏忽了，而受到病毒攻击。

实际上，在漏洞利用过程中政府扮演了重要的角色，他们通常是漏洞市场上的大客户，不惜重金购买之前从未被发现过的漏洞即零日漏洞，当然这么做的目的并不是为了修补完善系统，而是为了囤积利用漏洞，是为实施网络空间行动做准备。计算机漏洞虽然具有风险，但它是实施网络攻击的便利途径，因此成为网络军事力量建设的首要选择。美国国家安全局是软件漏洞黑市的最大买家;[1] 在《瓦森纳协定》（2015年）中，美国政府将零日漏洞视为潜在的武器进行限制和监管，另外还专门颁布了《漏洞公平裁决政策和程序》（2017年），明确提出要通过相关委员会研究决定将部分漏洞加以保留而不是公之于众，以便用于维护国家安全或采取军事行动。有的军队和政府情报部门为了准备或实施网络攻击，往往将零日漏洞储备起来，而不希望看到这些漏洞被打上补丁。为了榨取零日漏洞的价值而孕育更大的风险，把更多的零日漏洞应用于政府的网络攻击作战上，而不是将其通告给开发者和供应商，这样势必将基础设施的业主和计算机用户置于更大的风险之中。显而易见，网络罪犯、间谍组织和外国情报部门也会发现并利用同样的漏洞，甚至会发起对一国政府的攻击。

漏洞利用犹如一把双刃剑，在保留攻击敌人途径的同时，己方和无辜者也都被置于了危险之中，即是说敌方也可能会利用漏洞。在网络空间中无论是敌方、己方还是第三方系统漏洞都是客观存在的，网络攻击

---

[1] Alex Hoffman, "Moral Hazards in Cyber Vulnerability Markets," *Computer*, December 2019, pp. 83-88.

不仅会破坏敌方计算机,也会伤及"无辜"。其实,网络武器与常规武器相比,其安全性问题更为突出,常规武器尤其是大规模杀伤性武器已经形成了严密的防护设施和规则,都能够处于严格管理控制之下,而网络武器相对难以管理,容易出现流失、被盗以及被私自滥用等情况。当网络武器被不法分子窃取后,就会产生更为严重的社会后果。不法分子之所以能够开发出"勒索"病毒并造成如此大规模的破坏,与其使用了政府机构开发的"永恒之蓝"漏洞利用武器不无关系。

在虚拟网络空间中,攻击活动处于主动地位,攻击者可以随时发动攻击而且事后难觅踪迹,防御方则处于被动挨打的地位。漏洞利用更加强化了这种趋势,将防御方的薄弱环节暴露于众。这势必会产生诱发网络战争的风险,因为掌握漏洞的"技术优势"会让指挥官产生盲目乐观情绪,甚至是贸然发动网络攻击。

(三) 网络空间行动的前提是网络态势感知

1. 网络战场的态势感知

《孙子兵法》中明确指出:"知己知彼,百战不殆。"这里的"知己知彼"实际上指的就是对战场态势能够明确掌握,掌握战场上敌对双方的力量对比和态势状况。掌握战场态势是任何时代的战争都必不可少的前提条件,因为只有如此才能够采取正确的作战行动,达到预期的作战效果。美国空军首席科学家米卡·安德斯雷在1985年给出了态势感知的定义,态势感知是在特定的时间和空间下,对环境中各元素或对象的觉察、理解以及对未来状态的预测。在实施网络战过程中,了解网络空间中的战场环境必不可少,其实漏洞利用就是在全面感知战场环境后寻找薄弱环节的一种体现。

虽然都被称之为态势感知,但是网络空间态势感知与实体态势感知有着本质的区别,后者依赖于硬件传感器和信号处理技术,而网络空间态势感知则是依赖于相关软件系统对网络信息进行检测与反馈,比如入侵检测系统、日志文件传感器、反病毒系统、恶意软件检测程序以及防火墙等。这些软件系统所获得的相关信息仅仅是原始层面的,如果要获得高层次的态势感知知识，仍然离不开人工分析。"对态势的理解包括人们组合、解读、存储和保留信息的过程。因此，理解过程不仅包括认识或注意到信息，还包括对众多信息的整合，以及决定这些信息与单个主要对象的相关度，并根据这些信息推断或推导出与对象相关的一系列结论。"[1] 简而言之，在"感知"大量信息基础上需要对其进行"理解"，这个过程包括有辨识已知模式、生成和推敲假设、进行"故事构造"等具体环节，然后在充分理解的基础上，通过仿真、期望等方法掌握现实并预测未来。

无论是进攻方还是防御方都需要感知网络空间态势，即是说作战双方都需要了解网络空间这个战场。网络安全扫描器是一种网络态势感知工具，它的工作原理是根据已知漏洞存在原因设置必要的检测条件，然后对被测试系统进行"浅层次"的攻击测试，在测试过程中收集相关信息进行漏洞检测，并最终发现新的漏洞。显然网络安全扫描器是一种漏洞发现工具，但是找到漏洞后既可以立即打补丁实现防御目的，也可以作为后门用于攻击。实际上，若要发动网络攻击就必须首先寻找敌方漏洞，有学者将其称之为刺探，其实刺探就是通常所说的战场态势感知。实施攻击前需要锁定目标并掌握相关信息，如目标系统的 IP 地址、域名或者目标用户的电子邮箱等。实际上，对目标系统的掌握需要是全方位的，因为任何信息都可能会有助于网络攻击，比如操作系统类型和版本、应用系统类型、系统开放的端口和提供的服务等，这不仅有助于发现系统的漏洞，而且对这些信息的综合掌握能够形成对目标的整体判断，有助于网络攻击的实施。

2. 防御性网络态势感知

人们通常将网络态势感知与网络防御联系在一起，通过掌握网络空间态势的变化，分析是否出现网络攻击现象。防御性网络空间感知主要是入侵检测，采取数据包分析等方法寻找非法入侵者或者潜在的安全事件。这实际上是一件较为困难的工作。"与军事环境中的'动力'态势

---

[1] ［美］贾约迪亚等著：《网络空间态势感知问题与研究》，余健等译，北京：国防工业出版社，2014年版，第14页。

感知所不同的是，攻击者和防御者之间的边界从未被明确地定义过。"
"计算机系统用户经常会因为缺乏经验或错误地使用计算机系统，产生大量看似可以的行为，然而在物理域中几乎没有相似的情况。换句话说，与一位无辜购物者有机会表现得像危险恐怖分子的情况相比，一位不知情的计算机网络用户更有机会产生恶意的行为。"① 在虚拟的网络空间中，人的因素更为复杂多变，甚至于连对手和普通用户都难以区分，要在众多的普通用户各种复杂行为方式中区分出网络攻击绝非一件易事，事实上，攻击者往往会采取更为隐蔽的方式实施行动，或者将自己隐藏在普通用户之中。

在网络空间中对网络攻击的感知通常用置信度、纯度、费效比和及时性等标准度量。② 置信度用于衡量系统检测出真正攻击轨迹的效果，通常包括四个尺度，即查全率、查准率、碎片率和错误关联率。查全率是正确检测到的攻击行动数量与已知攻击行动数量的比值，而查准率是正确检测到的攻击行动数量与检测到攻击行动数值的比值。从形式上来看，查全率与查准率之间存在一定的矛盾，当查全率高时就难以确认其中的有效攻击，而若要保持较高的查准率就势必会漏掉一些攻击。查全率与查准率之间的差异揭示出网络攻击的复杂性，并不是所有的网络攻击都能被探测到，在探测到的攻击行动中有的并不是敌方攻击行动，而可能是第三方甚至是己方的错误操作，也可能是感染了病毒。这里要引入"片段"的概念来介绍碎片率，所谓"片段"是指本应包括在另一个攻击中的某个攻击轨迹，即是说攻击行为经过中间环节，利用目标计算机重新发起对其他计算机的攻击，这个攻击者所有的证据应该包括在从初始攻击者到中间跳板再到后续目标的轨迹中，但是感知系统却难以将后续证据与原始攻击联系起来，从而将它们报告成为两个甚至是更多的攻击行动，而其中只有一个会被计算成为正确检测到的行动。碎片率就是这种未能融合进统一行动中而被检测出来的多余的攻击行为，即碎片

---

① [美] 亚历山大·科特、克利夫·王、罗伯特·F. 厄巴彻编著：《网络空间安全防御与态势感知》，黄晟等译，北京：机械工业出版社，2018年版，第294页。
② [美] 贾约迪亚等著：《网络空间态势感知问题与研究》，余健等译，北京：国防工业出版社，2014年版，第24页。

数量与检测到的攻击行动的比值。而错误关联率则是所有其他的检测到的攻击，既非正确的也不是碎片化的攻击行动，与总值的比值。显然，查准率、碎片率和错误关联率的数值总计应该为1，应该能够涵盖网络态势感知系统产生的所有攻击行动。另外，纯度这一概念表明检测到的攻击的质量，即是否存在虚警，以及其所占的比例。敌对双方的充满能动性的对抗进一步增加了感知网络攻击的难度，因为作战双方都会采用各种技战术活动隐藏己方的真实意图和行动踪迹，采用伪装、烟幕等手法迷惑对手。

3. 网络态势感知的技术工具

网络空间是一个复杂的构成，不仅具有复杂和多变的系统拓扑结构，而且规模越来越大，所包含的节点和分支都在不断生长，网络结构本身就对态势感知提出了较高的要求。

网络战场环境具有不同的层次，既有宏观的战场环境也包括具体的战场情景，相应地就形成了可以呈现不同粒度图景的宏观态势感知和微观态势感知。宏观态势感知是网络的整体视图，它涵盖了整体网络，可以展示网络攻击、网络元素以及可选的防御措施；微观态势感知则聚焦于事件或主机层面，是组成宏观视图的基础构件。有效网络空间态势感知应具备向微观层面进行钻取的能力，并提供对具体事件或主机的深入洞察。这样，分析师才能查看网络中所包含的各种具体元素的状态。"在非对抗环境中，团队成员对信息的要求的重叠部分，是共享态势感知的关键元素，但是在网空战争环境中能够成功使防御者和攻击者受到欺骗的信息差异、信息矛盾和信息分歧，则是作战人员最重要的武器之一。因此，需要形成对抗性态势感知的概念，以增强网空环境中的心智理论和心智理论的模型。"① 要在态势感知中形成非对称性优势，能够发现敌方无法发现的信息，有效网络空间态势感知也应具备以"鸟瞰"视角查看网络的能力，从而支持以汇总的方式查看网络上的主机、网络元素和事件。只有将宏观感知与微观感知结合起来，才能全面深入掌握战

---

① ［美］亚历山大·科特、克利夫·王、罗伯特·F. 厄巴彻编著：《网络空间安全防御与态势感知》，黄晟等译，北京：机械工业出版社，2018年版，第83页。

场态势,然后以感知获得的各种信息促成更好的决策。态势感知的目的并不是简单地对网络进行可视化,而是为进攻者提出更好的进攻计划和建议,向防御者提供能够改善网络防御能力的工具。

另外,诸如系统软件故障、维护更新甚至是被遗忘的口令等形成了嘈杂的背景,以及各种网络活动所造成的噪音等都会影响到对网络态势的感知。"网络复杂性和多变性相结合形成的效果,结合上快速变化的复杂攻击向量、在毫秒级发生的事件、高信噪比,以及恶意代码导入与攻击事件显现之间缓慢的关联,都使网空行动的实时态势感知变得难以实现。"① 一方面,要看到网络空间态势感知是一项复杂的技战术活动,离不开主体的科学设计和积极作为;另一方面,也要看到这是一项技术性工作,作战主体必须依赖先进的工具手段方能完成任务。"网络安全态势感知是由观察、理解、预测三个层级组成的,支撑网空防御决策和行动的复杂行为活动。这种活动不可能通过单纯人力工作来实现,也不可能不依赖人的交互参与,完全依靠自动化手段来实现;亦不可能借助一个单体系统或工具来完成。"② 无论是对抗性活动造成的"战争迷雾",还是网络环境本身所产生的"技术噪声",都对网络感知设备提出了较高的要求,需要人们研发出系统完善的网络探测感知设备,如可以用来发现和分析网络系统中可能存在的各种安全隐患网络扫描器,监视网络的状态、数据流动情况以及网络上传输的信息的网络监听器,从敌对网络所截获的密文中推断出原来的明文的软件或工具的网络密码破译器等。

网络飞行器最初由美国空军研究实验室人员提出,犹如自然战场空间中的预警飞机,它能够在网络空间自由飞翔,通过搭载有效载荷执行信息收集、识别、发送与警示等任务,是一种网络空间感知预警类网络武器。网络飞行器的发明具有重要意义,它"提供了一种在网络空间内主动防御的作战思想,并且可以保证指挥员对大到整个网络空间、小至

---

① [美] 亚历山大·科特、克利夫·王、罗伯特·F. 厄巴彻编著:《网络空间安全防御与态势感知》,黄晟等译,北京:机械工业出版社,2018年版,第14页。
② [美] 亚历山大·科特、克利夫·王、罗伯特·F. 厄巴彻编著:《网络空间安全防御与态势感知》,黄晟等译,北京:机械工业出版社,2018年版,第30页。

任意一台计算机的作战域，都可以进行瞬间感知与控制"。① 这种网络武器的出现开始改变被动的网络防御思想，通过积极捕捉发现入侵者来实施防御，通过积极的态势感知确立主动的优势。实际上，全面掌握国家网络空间态势是一项庞大的系统工程，美国国土安全部实施了旨在全面感知网络空间态势的爱因斯坦计划，这一系统最初承担的职能为监测、监听和信息采集。到了第二个阶段，增加了检测恶意攻击警报功能，能够被动地响应外界攻击。到了第三阶段时，该系统功能进一步丰富，它能够对网络恶意数据流进行检测辨别，并采取措施进行积极防御以抵御网络攻击。

案例：网络态势感知在网络空间行动中的重要作用

"月光迷宫"事件就充分揭示了掌握网络态势的重要意义。1998年，美国官方发现包括国防部、航天局、能源部和其他重要研究机构在内的计算机系统遭受到了连续不断的网络侦察，而且这种状况前后持续了近两年时间。一些敏感机密的文件信息被浏览或者窃取，但是美方却始终无法锁定攻击来源。"'月光迷宫'事件表明，在发动、支持或承受复杂而长期的网络间谍攻击行动方面，国家力量的作用越来越重要。"② "月光迷宫"事件被认为是首次由资金充足、组织完善的国家间谍组织发起的大规模网络攻击。之所以得出这个结论，是因为该袭击经过了精心策划，在攻击时专门留下了后门，使黑客能够在不同时段侵入系统，而且几乎不留下任何痕迹。攻击者之所以能够自如地攻击美方重要机构的计算机系统，是因为他们已经掌握了这些机构的计算机网络构成，对相关物理构成、逻辑结构和防御设置相当熟悉，所以才能够进退自如。

十年后即2008年发生的"震网"攻击事件再次证明了对网络态势感知的重要性。对敌方信息的掌握不能是大概的，而应该详细具体，攻击中容易出错的地方很多，但要达成攻击目的就不能出现丝毫差错，而且一旦启动攻击就难以再做调整，也难以准确评估其深刻影响，因此在攻击之前必须做好充分而周密的准备。"震网"事件中的攻击方显然是做

---

① 敖志刚编著：《网络空间作战：机理与筹划》，北京：电子工业出版社，2018年版，第149页。

② 夏聘：《美国网络战的历史及其对现代网络作战组织和决策的影响》，《中国信息安全》，2017年第4期。

足了准备工作。这既是研发武器、制订作战计划的需要，也是说服决策者采取网络空间行动的有力证据。

在实施攻击前就已经详细掌握了敌方的状况，攻击者不仅知道攻击对象纳坦兹设备的具体型号，还确切掌握了变频器的运行频率和关键设备配置参数，甚至是掌握了 Step7 系统的运行机制、纳坦兹内部计算机网络拓扑结构等大量信息。通过在西门子平台上进行测试，确保病毒不会对 Step7 系统或 PLC 产生干扰，而且要测试与 Windows 各个版本的兼容状况，确保病毒能够绕开操作系统的探测与防御机制，实现顺利的传播与运转。

另外，攻击者精细掌握病毒软件对离心机的控制影响，因为微小的差错都可能导致离心机损毁过快或者一次损毁数量过多，过早地暴露作战行动，影响最终计划的完成。除了计算机专业团队人员，显然需要材料专家进行专业的分析。美国田纳西州的能源部橡树岭国家实验室就有一大批 P-1 型离心机，这种机器就是纳坦兹安装的 IR-1 型离心机的原型。正是凭借战前详细具体的筹划准备，才确保了"震网"病毒按照计划精准击中目标，达到了既定作战目的。

三、立足建设的整体防御

技术的每次进步都会带来进攻能力的大幅度提升，第一次世界大战时铁路和电报等新技术的应用为大规模、大范围调动战略力量提供了有力支撑，而速射大炮、机枪、步枪等武器也显著增强了军队的进攻能力。但是这些技术的广泛使用实际上并没有形成进攻优势，在第一次世界大战中，火炮、步枪和机枪等武器的使用并没有实现快速制胜，反而加速了死亡，机枪加铁丝网这一极具杀伤力的武器成为防守盾牌。进攻与防御向来是辩证统一的，进攻可以转化为防御，而正确的防御亦可有效杀伤敌人，并不存在单纯的进攻或防御行动。虽然进攻更为主动从而占据优势，但是防御在双方对抗中同样发挥着重要作用，它作为一种重要的行动方式对战争胜负走向具有重要的影响。

《网络战》一书中列举了三位一体防御战略,三个重点防御领域包括网络基干、电力网和国防部网络。网络基干是发动网络攻击的必经之路,通过加强监测就能及早发现甚至组织攻击者;没有电力计算机与网络就无法运行,关闭了电网也就意味关闭了大多数设施;国防部网络是网络空间行动和传统战争的指挥中心,这一网络的破坏意味着战争能力的丧失,对于不同的网络需要采用不同的防御策略。

(一)网络防御的基本类型

从根本属性上而言,在网络空间行动中进攻具有优势地位,而防御则处于不利地位,因为网络空间是开放式互联,在开放性的网络空间中防御方几乎是处于无据可守的局面。当然,网络空间行动的对象包括互联网,同时还有其他类型的网络,不同网络的防御方式有所差异。美军确立的网络空间三条战线的概念,对于理解网络防御具有借鉴意义。对于军用网络要实施全面防御,确保敌方根本无法渗透进入,实现己方网络系统以及相关的武器系统的绝对安全。国家关键基础设施网络具有重大的战略意义,也容易成为敌方攻击对象,但是由于规模、开放度等原因难以实现全面防御,可以采取有效的动态防御。至于在整个开放的网络空间之中,难以实施有效的被动防御,进攻就成为了最好的"防御",通过进攻消解敌人的战斗力,对敌人形成战略威慑以达到防御的目的。

表4-2 美军网络空间三条战线概念[①]

战线类型	我方系统	网络目标	作战路径	性质	执行分队
网络运维	美军军用网络(GIG)	军网的边界与内部的恶意软件	军网(GIG)网络内部	静态防御	网络防护部队

[①] 温百华著:《网络空间战略问题研究》,北京:时事出版社,2019年版,第132页。

续表

战线类型	我方系统	网络目标	作战路径	性质	执行分队
防御性网络作战	国家关键基础设施	已经渗透进的恶意软件	国家关键基础设施、私营企业运营商、盟国网络	动态猎杀	国家任务部队
进攻性网络作战	—	敌军用网络的指挥行动	公开互联网、盟国网络	动态进攻	战斗任务部队

从执行功能的角度可以划分出主动防御和被动防御。被动防御包括使用路由器过滤、防火墙等被动防护技术，还包括攻击预警、入侵检测、网络攻击诱骗和反向攻击等内容。防火墙是网络防御最简单的方式，从名称上看就好比是汽车或建筑物中用于防止火灾蔓延的装备，它其实是一种过滤装置，按照设定好的规则对通过的信息流进行过滤，在检查数据包的过程中阻止非法侵入者。最专业的防火墙能够对数据内容进行审查，可以对包内数据进行分析，以确定数据包是否包含特定的应用数据、关键字、攻击模式或短语等应该被禁止的内容。防火墙一方面阻止外部计算机连接到本地计算机，另一方面则是阻止本地计算机上的某些应用程序打开网络连接与外部进行通信。防火墙具有一定的防护功能，但是它并不能杜绝所有的网络攻击，很多数据采用超文本传输协议（HTTP）或安全超文本传输协议（HTTPS）是可以通过防火墙的，而且攻击方会通过各种方式绕过防火墙。

主动防御则体现了防御中的积极性、主动性，通过积极获取态势信息、采取主动行为执行防御功能。美国国土安全部所属的爱因斯坦系统工程执行的就是主动防御功能，它属于美国网络边界计划的重要组成部分，为用户提供边界流量过滤、攻击防御、信息分类等服务，它能够进行预警和情报分析，进而检测出危险信息并判断攻击行为属性，相较于简单地将陌生信息拒之门外，该系统的防御功能更加完善。蜜罐技术也是一种具有代表性的主动防御技术，所谓"蜜罐"是指连接在互联网上供敌方入侵的虚假目标，通过这一技术就可以掌握敌方的攻击情况。

从防御对象的角度进行划分，防御可以分为基于网络和基于主机两种方法。① 基于网络防御是指通过在网络互连节点上部署防御系统，保护特定网络上的计算机，这种防御方法的特点在于其可扩展性更强，甚至可以扩展到全国范围，适用于政府和大型企业，属于表面防御。相关的防御技术有防火墙、入侵检测系统、入侵防御系统、网络加密等。基于主机的防御则是为每台联网的计算机都安装防御软件，这种方法适用于终端用户或软件生产商，它需要为数以百万计甚至更多的计算机安装软件。如个人防火墙、基于主机的入侵防御系统、反恶意软件工具等。

这里需要强调的是网络安全天然具有高度的关联性，一台主机的安全同时取决于其他联网主机的安全度，因为攻击者会寻找各种漏洞加以利用，以增量形式渗入网络，侵害关键系统。网络防护需要关注每一台联网计算机，不仅需要了解单个系统的漏洞，而且要深入解析漏洞之间的关联性。

也有学者从行动过程对防御进行划分，具体包括阻止系统的初始"沦陷"，即被攻击者入侵，也包括发现已被入侵者控制的计算机并有效处理解救这类计算机，还包括阻断和预防攻击者的后续行动等。有学者进行了更为全面的描述，"通过对设备的配置进行加固以减少初始攻击面；通过识别被入侵受控的计算机以处置潜伏在组织机构内部的长期威胁（例如，高级可持续威胁）；阻断攻击者对所植入恶意代码的指挥控制过程；并建立一种可保持且可改进的自适应持续防御与响应能力"。② 全过程防御体现了防御在网络行动过程中无处不在的思想，这是一种更为积极的防御思想，始终将网络安全置于首位。为确保网络空间安全，就应该树立这种广义的积极防御的观念。

积极防御的思想还体现了功能实现与安全指数之间的动态平衡。任何安全都是相对的，都具有被敌方攻破的风险，但不能因此而追求绝对的安全，所谓绝对安全在现实中难以实现而且为此要付出相当多的资源。

---

① ［美］弗兰金·D. 克拉墨等著：《赛博力量与国家安全》，赵刚等译，北京：国防工业出版社，2017年版，第178页。

② ［美］亚历山大·科特、克利夫·王、罗伯特·F. 厄巴彻编著：《网络空间安全防御与态势感知》，黄晟等译，北京：机械工业出版社，2018年版，第39页。

首先，不能"因噎废食"，网络建设过程中肯定会出现各种各样的漏洞风险，但是这种漏洞风险是建设过程中的风险，不能因为奉行消极防御的思想而阻碍其发展。

其次，安全技术性能的实现不能损害到网络运行，"如果一种安全技术以很高的精度分析所有网络流量，希望从中查找出攻击迹象，但是这种分析过程却减慢了网络的转发处理速度，那么这将是不可接受的。同样的，如果由于安全技术的引入使得网络变得很复杂，以至于不能高效的管理，或者削弱了网络的扩展能力使其不能很好地支持所有的用户群，那么这也是不可接受的"。[①] 在安全与性能之间存在着平衡，如果因为安全而影响到了性能，那么这种安全通常难以被接受。

最后，积极防御所体现的是防御无所不在的思想，不仅体现在网络空间之中，而且体现于网络空间之外，不仅体现于技术实体和操作方法领域，而且体现于社会人员之上。无论是防火墙还是网络飞行器等技术手段，防御的对象都是网络外部入侵者，然而，很多时候网络是从内部被攻破的，内部人员的不当行为或者叛变使敌方的攻击行为得以成功。网络攻击很大程度是利用人、针对人的攻击，鱼叉式网络钓鱼攻击中的恶意附件、恶意链接都是利用用户的麻痹大意而感染目标，目标用户若访问了受恶意代码感染的网站后就会陷入"水坑"攻击的陷阱；与互联网相隔离的系统受攻击，大多是因为人的不当操作引起的，由于安全意识薄弱 U 盘等存储介质成为病毒传播的最佳通道。另外，用户对安全问题的漠视致使漏洞补丁疏于安装，使计算机长期暴露于威胁之下。

2008 年某国情报机构对美军实施了"糖果投放"战术，将 USB 闪存装置丢在了美军基地外的停车场，一名士兵看见了就把它捡了回来，然后将其插在了连接美军中央司令部网络的计算机上。在该装置内，存储有名为"agent.btz"的蠕虫病毒，这种病毒感染计算机后就会扫描该计算机并获取其数据，然后将其传输到远程控制服务器上。彻底消除这一病毒足足花费了 14 个月。显然，对军人尤其是网络战士应该进行网络

[①] [美]弗兰金·D.克拉墨等著：《赛博力量与国家安全》，赵刚等译，北京：国防工业出版社，2017 年版，第 178—179 页。

安全及网络战观念的培塑，使其时刻保持网络攻击警惕，以积极防御的思想确保网络安全。同时，更为重要的是树立意识形态风险观念，警惕网络传输信息的沾染与颠覆，自身立场的坚定是终极底线。

（二）军用网络的全面防御

军用网络是维系传统作战力量运行的信息通道，是确保作战行动正常运转的神经网络，如果军用网络因受到攻击而产生功能障碍以至于瘫痪，那么传统作战力量也就会失去作战能力，进而带来严重的后果。

军用网络是提供信息分享的平台。卡斯特在其名著《网络社会的崛起》中指出，信息技术革命的特征并不是以知识与信息为核心，而是如何将这些知识与信息应用在知识生产与信息处理及沟通上，从而构成创新与创新运用之间的一种积累性反馈回路。[1] 信息网络技术的发展方向是水平延伸，注重横向联系，这与官僚组织体制的纵向延伸相反。网络技术采用的分布式结构设计在本质上就与科层制中央控制思想相异。分布式的交互通信网络具有无数个节点，这些无数个节点可以进行平等交互通信，这意味着任何人在任何时间、任何地点都可以通过网络发布或者接受信息。

军用网络为联合作战提供了必要的信息支持。联合作战的关键在于信息互联互通，因此，联合作战对于信息和信息技术提出了更高的要求，尤其是对于战场整体实时信息的依赖性较大。联合作战以网络为中心，利用信息技术收集更为详细的情报，进而设计更为精确的作战行动，而且精确信息将会引导各类武器对特定目标实施攻击。[2] 联合作战所要求的信息详尽而庞大，相关内容从战略层面深入到战术层面，具体来源包括天基、陆基、海基、空基等各种传感器，需要建立完善的军用网络作为支撑。

---

[1] ［美］曼纽尔·卡斯特著：《网络社会的崛起》，夏铸九等译，北京：社会科学文献出版社，2006年版，第36页。

[2] James C. Mulvenon, *Chinese Responses to U. S. Military Transformation and Implications for the Department of Defense*, Santa Monica：RAND Corporation, 2006, p. 40.

军用网络构成指挥控制武器系统的数据链路。军用网络实现了从传感器到发射器的有效连接，战场传感器获得的信息通过网络传输给指挥控制中心，甚至直接传导到武器系统，经过分析处理之后就会转化为指挥控制命令，对武器系统进行指挥控制操纵。现代战场的发展方向就是完全数字化，即实现战场指挥自动化系统与各种武器系统的紧密结合，通过网络连接在武器平台和指挥自动化系统之间实现数据、语音、图像等实时共享，进而实现对武器系统的实时控制以达到对作战目标的实时打击。

军用网络的重要性毋庸置疑，它势必会成为敌方攻击的重点对象，可以说军用网络是网络空间行动的核心领域，围绕这一领域而展开的网络攻防至关重要。由于围绕军用网络展开的攻防对抗通常与传统战争紧密相关，这种网络空间行动属于传统战争的有机组成部分，但是将网络空间行动划归于传统战争并不准确，实际上网络空间行动是与传统战争方式相平行的新型作战方式，作战双方的对抗势必会从军用网络延伸拓展到整个网络空间。但是就整个网络空间而言，军用网络是网络空间行动实施过程中的防御中心，在整个网络空间无险可守的情况下，必须围绕军用网络建立坚固的防御"堡垒"。美国国防高级研究计划局信息创新办公室专门实施了"网络防御"（网络基因）项目，该项目主要研发用于保护国防部信息、信息基础设施及执行任务所需的关键信息系统，包括新型的网络取证技术、网络流量监控基础和网络安全与抗毁伤技术等。

军用网络最简单的防御方式是物理隔离。具体的方法有，将军用网络建设成为与互联网相隔离的独立的网络，对一些重要的服务器、转换器等设施实行电子屏蔽，在计算机终端安装需要授权方能进入的防卫系统等。但是，即便如此也无法确保隔离了的军用网络不被敌方攻破，无法确保处于绝对安全的状态。"震网"攻击事件就充分证明，当国家实施有针对性的网络空间行动时，"物理隔离的信息系统若不注重安全，也存在被攻击的隐患"。[①] 若要实施网络空间行动，攻击方总会想方设法

[①] 仇新梁、董守吉：《"震网"病毒攻击事件跟踪分析和思考》，《保密科学技术》，2011年第5期。

建立起与目标之间的网络连接，为作战行动搭建攻击链路。

与大多数病毒利用电子邮件或恶意网站实现对成千上万台计算机快速传播不同，"震网"从不利用互联网进行传播，而是凭借某个用户用U盘从一台计算机传播到另一台计算机，或者通过局域网进行传播。这种传播机制当然与其攻击目标紧密相关，因为目标根本不在互联网之上，而是处于物理隔离、严密防范之下。"震网"病毒的特点有，病毒攻击具有很强的目的性和指向性，攻击目标直指工业控制系统进而对机器运转进行控制并造成破坏；漏洞利用技术多样而且攻击构思复杂，"震网"病毒从感染、传播，到实现对物理控制系统的攻击，综合利用了多个层次的漏洞利用攻击技术，涉及 Windows 等通用系统和工业控制系统等专用系统的开发利用技术。① "震网"病毒的传播机会就来自于工作人员利用U盘实施的摆渡。程序员通常使用连接互联网的工作站为 PLC 编写代码，这些工作站与工业控制系统或 PLC 之间是彼此隔离的。若要将编写好的程序加装到 PLC 之上，就需要使用U盘等移动存储设施进行"摆渡"，在这个过程中实现对工业控制系统计算机的感染，显然，PLC 工程技术人员变成了武器运送者。这个摆渡过程是工作人员有意为之，还是无意识被动实施已经无从考证，但是它却揭示出，对于防御甚为严密的军用网络最为薄弱的环节恰恰在于人。"最便于损坏机器的人就是制造或维护机器的工程师、设计和运营生产流程的管理者，或者是修改或安装软件解决方案的信息技术管理员。"② 间谍人员的破坏，无论是敌方人员的潜入还是拉拢俘获的叛变人员都可能通过人为措施进入军用网络，在网络中安装木马、散播病毒甚至是直接进行软硬件的破坏活动。

（三）关键基础设施（CI）的动态防御

所谓关键基础设施是指能够为国土防御、经济安全以及国民健康、

---

① Symantec. W32. Stuxnet dossier version 1.3.2010.
② ［英］托马斯·里德著：《网络战争：不会发生》，徐龙第译，北京：人民出版社，2017年版，第89页。

福利事业持续提供产品或服务的行业、公共机构和传播媒介，它主要包括公共事业、电信设施、能源、金融、物流五个重要部门。① 在网络体系中，一些局域网连接控制了这些关乎国计民生的各种关键基础设施，它们自身也就成为关乎国家安全的重点防御对象，比如工业控制系统、运输交通系统、金融系统等。

工业控制系统综合运用计算机技术、通信技术和其他科学技术，通过对生产过程中各种信息进行采集、处理和传输实现优化控制和合理调度、管理，以达到提高生产率的目的。工业控制系统广泛应用于电力、水利、交通运输、钢铁化工、市政等基础行业，是国家关键基础设施的重要组成部分，它包括数据采集与监视控制系统（SCADA）、分布式控制系统（DCS）、可编程逻辑控制器（PLC）等。

早期的工业控制系统通常采用专用性控制技术，有独立的网络和控制系统，好像是一个个独立分散的信息孤岛。随着信息技术的发展进步，各种网络技术包括 TCP/IP 等软硬件逐渐应用在工业控制系统中，企业各层系统之间相互连接，企业的决策、管理、监视和控制等逐步实现了网络化、一体化。这些系统通常与互联网之间存在接口，即便是不能直接连接也可以通过间接的方式实现互联。另外，现代工业控制系统逐步使用通用的标准协议、通用的操作系统及硬件设备等，系统可能存在的漏洞不再是秘密事件，这自然就增加了遭受攻击的风险。同时，工业控制系统与业务系统等其他信息系统的连接越来越多，也增加了网络安全的脆弱性与安全事件发生的可能性。

关于基础设施遭受网络攻击的报道最早出现在 2000 年，事发于澳大利亚昆士兰州的马卢奇郡，一名叫维泰克·博登的水利工程师因为被公司解聘而心生怨恨，利用装有公司软件的笔记本电脑和使用特定非公开频段的无线电对水泵站发送命令，致使未经处理的脏水从无数井口中溢出，造成当地环境严重污染。在 1999 年马卢奇河的水净化厂刚刚安装了一个新的数字化管理系统，目的是为了更好地管理和控制水泵的运转，但是这也为非授权人员非法控制水泵提供了可乘之机。当然，实施破坏

---

① 刘晓、张隆飙：《关键基础设施及其安全管理》，《管理科学学报》，2009 年第 6 期。

的博登原是公司内部的老人，对相关设施和系统极为熟悉，但是这并不意味着外部人员就无法进行同样的破坏性攻击。只是当时人们仅仅将这个事件看做是员工恶意报复公司的反面典型而已。

随着计算机网络技术的发展，一方面是各种关键基础设施信息化程度不断提升，几乎所有关键基础设施都安装有计算机系统，而且该系统总是通过各种方式与外界相连；另一方面是网络攻击技术不断提升，人们开始研发能够实施破坏的数据代码。

2007年3月，在位于美国爱达荷州的能源部爱达荷国家实验室，就上演"极光发电机实验"，通过向目标注入21行的恶意代码，仅仅需要3分钟就使一台5000马力、27吨重的柴油发电机彻底报废，展示了通过网络攻击破坏物理设施的可行性。这次实验源自于能源部的"国家SCADA测试平台"项目，项目的主旨在于与控制系统生产商一起评估其产品的安全漏洞。几乎同时，美国国土安全部也推出了一个"场站评估"项目，对关键基础设施的安全配置和设备内网进行评估，发现了诸如直连互联网、软件补丁过期、防火墙缺失等众多问题。

就当时而言这个实验是超前的，因为现实中没有发生过类似的攻击事件，政府获得的实验结果固然具有震撼性和说服力，所发现的漏洞也是客观存在的，但是众多私人公司的经理们并不打算花费巨额经费为未曾发生过的事件提前买单。关键基础设施的计算机系统即工业控制系统，遵循的建设逻辑是实用而不是安全，尤其是在早期的建设过程中，人们几乎都不考虑外部非法侵入的问题。另外，控制系统通常会使用数年甚至更长时间，但是又不像通用计算机那样具有定期打补丁的安全机制。即便是有补丁可用，但是对于控制系统而言，也难以达到预期效果，一方面操作人员担心补丁软件会对系统稳定性产生影响，另一方面打补丁或进行软件升级需要花上数小时，而控制系统及其所控制的设施通常无法暂停这么长时间。这就使得社会上的工业控制系统的安全问题变得日益突出。

关键基础设施的网络防御是一个动态演变的复杂过程，它是在攻击行动中不断改进提高中实现的。任何计算机系统刚刚建成时都会存在一些低级别的漏洞，攻击者的攻击将会使漏洞呈现出来，迫使人们做出响应为计算机系统打补丁。然后，攻击者再寻找其他漏洞和攻击路径，然后防御者再次将漏洞堵上。每一轮攻击都比上一轮更复杂,防御策略的难度也随之水涨船高。"当市场正常运转的时候,它对网络安全来说是一种强大的力量。从经济的角度来看,如果防御的价格高于受到攻击的直接和间接损失,那么这些攻击是不值得防御的。"[1] 实际上,防御行动本身是一个应对和选择的过程,受众多外界因素的影响和制约,在没有受到攻击时人们所考虑的是尽量压缩安全投入,因为这种投入是一种纯粹消耗性的,即便是没有也不可能不出现问题。而当出现安全问题时,又因为准备不足而仓皇应对,实际上并不能达到理想的效果。例如,麦肯锡咨询公司在对一家参与网络攻防演习的公司进行研究时,发现该公司整个安全团队完全依赖于电子邮件和即时消息,根本没有在遭受全面攻击时备用通信计划来协作防御。在另外一场演习中,发现另一家公司一般会选择断开网络来避免对其客户造成伤害,但这比选择在线解决问题的方式带来的损失更大。

(四)互联网空间的进攻性防御

有学者认为,所谓防御型技术的研发道德上是正当的,但是攻击型技术的研发则是道德上的不当行为。[2] 这种简单地从用途上进行划分的方法并不恰当,只是静态地谈论"防御"和"攻击"的概念并不能准确表达复杂的内涵,因为攻击技术也可用于防御,同样防御技术也可用于攻击。前者主要体现在防御者使用攻击型武器摧毁入侵者,或者防御者使用自己的攻击型武器阻止或减少敌方攻击可能造成的伤亡或破坏。但是,网络空间行动中敌方是否发动攻击以及什么时候发动攻击并没有明确的标志,为了避免自己受到攻击就有可能实施先发制人的攻击,由于攻击者拥有的防御系统使其在攻击目标时不用担心被反击,从而更容易

---

[1] [美]P. W. 辛格、艾伦·弗里德曼著:《网络安全:输不起的互联网战争》,中国信息通信研究院译,北京:电子工业出版社,2015年版,第215页。

[2] [美]简·卢钱缪、威廉·F. 包豪斯、赫伯特·S. 林等著:《新兴技术与国家安全——相关伦理、法律与社会问题的解决之道》,陈肖旭等译,北京:国防工业出版社,2019年版,第199页。

诱发其率先实施攻击。在这种情况下，网络防御技术实际上被用于了攻击，所以防御与攻击通常是紧密结合在一起，难以区分的。

1. 要用积极进攻的思想实施防御

既然网络空间中进攻与防御紧密结合在一起甚至是难以区分的，就应该通过进攻的途径达成防御的目的，而不能采用被动方式进行防御，因为互联网是无限互联的开放性网络，以被动修筑防线的方式根本不具有可行性，也无法达成防御的效果。

就互联网自身而言存在不可克服的缺陷。克拉克认为，"互联网的设计、软硬件中的漏洞，以及关键机器设备能被网络空间所控制，这三大问题使网络战成为可能"。① 无论是网络的体系结构，还是网络的硬件和软件，都存在不足和缺陷，这些就是网络攻击的可乘之机。具体而言，网络自身设计存在的缺陷包括：一是寻址系统，即寻找出在互联网中经何通路访问特定的网址；二是互联网服务商彼此之间的联通路径，即边界网关协议（BGP）；三是互联网运行是公开未加密的；四是无法分辨从而顺利传播蓄意攻击计算机的恶意数据流；五是它是一个分散化设计的巨大网络系统。实际上，在互联网诞生发展之初，即其体系架构形成过程中，安全问题并非技术专家们重点考虑的问题，"互联网原本的用途是进行研究、交流思想，而不是用于涉及金钱交易的商业活动或是控制关键系统。它可以是网络之网络，而不仅是各个独立的政府网络、金融活动网络等等。当时的互联网是为区区数千名研究人员而不是数十亿互不认识、互不信任的人而建的"。②

注重自由、共享的价值理念注定了互联网的防御将会是一个棘手难题，即便后来人们认识到了安全问题的严重性，并切实从技术和制度等各个层面着重加强建设，也难以从根本上解决问题。"互联网与生俱来的开放性质造成其易攻难守的特质，巨量编程中不可避免的错误为出于各种原因从事黑客行动的人提供了无数机会，而网络战争与传统战争相

---

① ［美］理查德·A. 克拉克、罗伯特·K. 科奈克著：《网电空间战——美国总统安全顾问：战争就在你身边》，刘晓雪等译，北京：国防工业出版社，2012年版，第80页。
② ［美］理查德·A. 克拉克、罗伯特·K. 科奈克著：《网电空间战——美国总统安全顾问：战争就在你身边》，刘晓雪等译，北京：国防工业出版社，2012年版，第65—66页。

比显而易见的非致命性又大大降低了网络战的门槛。"① 加之,"在不同程度的攻防曲线所刻画的当今的网际空间中,攻击可能更受人追捧。也就是说,每花 1 美元在攻击上,都必须花好几倍的钱在防御上才能达到相应的安全水平"②。显然,网络空间行动的基本特征是易攻难守,若要达到较好的防御效果就需要充分发挥攻击的优长。

2. 整体防御基础上的积极防御

一直以来人们所关注的网络安全事件主要是黑客攻击,不可否认黑客攻击可能造成较大的损失,甚至是损失丝毫不亚于一场战争,但是黑客攻击与网络空间行动有着本质区别。随着网络技术的发展,二者的区别会变得愈加明显。从互联网发展过程而言,主导其发展的技术逻辑是共享与开放,主要用于科学研究和学术交流的技术发明似乎不用考虑安全问题,但是随着网络用户群体的扩大丰富,一些恶作剧者、破坏者甚至是犯罪分子也开始使用网络,并且开始了不当甚至是不法行为。在原本没有安全措施的领域实施破坏行为,自然能够轻松得逞甚至达到惊人的后果。随着网络建设发展,安全将成为一项重要的现实问题和技术指标,从制度机制到技术标准,从硬件到软件,从人员的观念到具体行为,都开始重视安全问题。当网络安全建设水平提高以后,网络黑客的攻击能力势必会大打折扣,正如在现实社会中安保措施不健全的情况下,恐怖袭击容易得逞,而在治理严密的社会里就难以实现。专业的网络安全力量能够化解大量的网络攻击,在政府组织的网络防御力量面前,黑客攻击就会变得异常困难。

黑客攻击不会消失,个人在网络空间的攻击行为会始终存在,但是其安全影响地位将会被网络空间行动所代替,后者的实施主体是国家,代表着更高水平的网络防御能力,更激烈的攻防对抗,黑客行为与之相比相形见绌。无论黑客个人能力如何突出,在国家整体防御力量面前终究是渺小的,从另外的角度而言,网络空间行动是以国家整体网络实力

---

① [美] 理查德·A. 克拉克、罗伯特·K. 科奈克著:《网电空间战——美国总统安全顾问:战争就在你身边》,刘晓雪等译,北京:国防工业出版社,2012 年版,第 2 页。

② [美] 马丁·C. 利比奇著:《网际威慑与网际战》,夏晓峰等译,北京:科学出版社,2016 年版,第 16 页。

为基础的，网络军事力量深植于社会网络实力之上。有学者曾提出网络越发达的国家对网络的依赖性越强，而过度的依赖导致网络战整体实力下降。① 对网络依赖度越高就会越脆弱并不成立，只能说网络越发达的社会越容易暴露出更多的安全问题，也就越容易推动解决网络安全问题。网络发达国家具有更强的战争动员能力，在遭受重大的破坏性攻击之后能够尽快恢复。

实际上，随着科技的进步，未来的发展趋势是几乎没有哪个国家或组织不依赖于网络，即使有的国家或组织对互联网依赖程度较低，但是其对计算机及其网络的依赖却无法消除。因为工业化发展前景必然是信息化和智能化，这个趋势是一个客观规律，没有哪个国家或组织能置身事外，信息化和智能化必然会产生网络依赖。网络空间行动是一种相比于传统作战方式更为高级的作战方式，不能因为其对技术的依赖性而得出错误的判断。正如人们不能拿持火器的士兵与冷兵器时代的士兵比体能一样，前者是一种更高级的作战力量。

---

① [美]理查德·A. 克拉克、罗伯特·K. 科奈克著：《网电空间战——美国总统安全顾问：战争就在你身边》，刘晓雪等译，北京：国防工业出版社，2012年版，第133页。

第五章　网络空间行动的战略定位

当网络空间行动初具形态时，人们就开始描绘并预测这种战争方式的各种特点，并将其与核战争、情报战、意识形态战等其他战争方式相比较，这些战争方式与网络空间行动，或者有相似之处，或者有交叉重叠之处。通过对比它们之间的异同能够更好地认识网络空间行动，从而为制定实施网络空间行动的伦理规约提供借鉴。

一、网络空间行动与核威慑

威慑概念古已有之，古罗马人就提出过"备战求和"的原则，中国谚语也讲"能战方能止战"，其中所表达的就是一种威慑思想，通过明确告诉对方会出现的巨大风险和一无所获的前景，从而阻止对方越过行动界线。随着科学技术的进步，网络已经成为社会经济建设发展必不可少的基础设施，通过网络空间行动可能会造成某个国家不可承受的重大损失，于是网络空间行动被人们当成了一种有效的威慑手段。在军事技术发展的历史上，核武器因其巨大破坏力而成为一种战略武器，相应形成了核威慑战略。网络空间行动能否成为有效的威慑手段，如果能够成为威慑手段，那么具体原则是什么，对比核威慑进行研究能够更好地认识网络威慑。

（一）从核威慑到网络威慑

1. 核威慑理论发生机理

威慑理论作为一种系统的战略理论和主导性军事政策是在冷战期间形成和发展起来的。在对破坏力无限追求的情况下诞生了原子弹。"原子弹当初仅仅作为一种'超级炸弹'而被发明和制造。"时任美国总统杜鲁门回忆说，当他首次得知一枚原子弹可以毁灭一座城市时，他头脑中首先联想到的是第一次世界大战中德国重型炮"大伯莎"向巴黎市内发射的那种炮弹。[①] 人们最初认为，原子弹的发明为战略轰炸提供了上佳手段，因为它所具有的超强破坏力能够带来巨大的惊慌和恐怖，并从根本上摧毁敌人的心理防线。这种观点在二战期间乃至后来很长的一段时间里非常流行，很多人认为核武器的诞生是科学技术革命的成果，在军事领域它只是一种更具杀伤力的武器而已，可以名正言顺地使用。但是凭借超强的破坏力，核武器给军事领域甚至是整个人类社会带来了强烈冲击。"原子弹所带来的重大变化不在于它将使战争更加狂暴——用TNT和燃烧弹能同样有效地摧毁一座城市——而在于它把这种狂暴性浓缩在一定的时间内。"[②] 与之前诸如火器、自动化兵器通过战场应用进而导致变革不同，核武器的出现和存在本身就在军事领域引发了革命性变化。

1945年在核武器诞生之初，美国由众多科学家组成的"社会及政治影响委员会"就起草了《弗兰克报告》，明确指出使用原子弹的战争会给人类社会带来一系列的灾难。核武器的产生原本是为了对付法西斯德国，爱因斯坦后来曾论及此事："鉴于希特勒可能首先拥有原子弹，我签署了一封由西拉德起草给总统的信。要是我知道这种担忧是没有根据

[①] ［英］劳伦斯·弗里德曼著：《核战略的演变》，黄钟青译，北京：中国社会科学出版社，1990年版，第27页。

[②] ［美］伯纳德·布罗迪著：《绝对武器》，于永安等译，北京：解放军出版社，2005年版，第48页。

的，当初我同西拉德一样，就不会插手去打开这只潘多拉盒子。"① 1955年以罗素、爱因斯坦为代表的科学家联名发表了《罗素—爱因斯坦宣言》，呼吁各国政府进行核裁军避免核战争。

这一宣言的发表促成了帕格沃什运动的开展，即号召科学家要承担相应的社会责任，尤其是要避免核战争与和平利用原子能。科学家们非常清楚核武器的性能和破坏力，出于对人类社会的终极关怀，他们呼吁各国政府放弃核武器并和平利用核技术，正是因为科学家们积极的社会运动，使广大民众充分认识到了核武器可能带来毁灭性后果，在国际社会上形成了反核武器的共识，给有关国家的核决策造成了沉重的压力。在科学家与和平爱好者的推动下，在国际社会形成了"核武器禁忌"的伦理规范，人们对核武器的普遍憎恶是该规范的核心，从而在原则上把核武器视为非法的战争工具，在暴力冲突中不使用它们。②

如果仔细分析就能够发现，破坏从来不是战争的目的，而只是一种达到目的的手段，使用先进的武器不是为了杀死对方，而是迫使对方屈服。如果对手在压力下屈服了，也就达到了目的，如果使用核武器造成巨大破坏可能会适得其反。在朝鲜战争的 3 年时间里，美国决策者曾多次考虑使用原子弹，甚至采取了有限的部署行动，但是利用核讹诈达到政治目的的企图始终没有成功。时任美国国务卿的艾奇逊总结道："原子弹只是一种'政治责任'，它的威慑作用只能'把我们的盟友吓得半死'，对苏联却不起作用。"③ 原子弹并不是没有作用，它的作用在于威慑对手，尤其是威慑没有对等反击措施的对手，实际上可以对没有核武器的国家进行核讹诈。拥有核武器的国家相对无核国家，具有绝对实力优势，动辄就以使用核武器相要挟而达成自己的目的，在核武器面前常规实力几乎变得无足轻重。核武器彻底改变了已有的作战理念，以多胜

---

① [美]爱因斯坦著：《爱因斯坦文集（第三卷）》，许良英译，北京：商务印书馆，1979年版，第 335 页。

② 郑安光：《简论全球治理的伦理建构——以核武器禁忌为例》，载熊文驰、马骏主编《全球治理中的伦理》，上海：上海人民出版社，2011 年版，第 35 页。

③ Roger Dingman, "Atomic Diplomacy During the Korean War," *International Security*, Winter, 1988 - 1989, p. 68.

少、以优胜劣的原则被颠覆了，拥有核武器这一基本起点成为双方基本平衡点，如果没有核武器那么就处于了绝对的劣势之中。

第二次世界大战结束后，美苏两国在共同的敌人被战胜后，基于结构性矛盾和围绕战后世界秩序安排等问题的矛盾日益突出，这对昔日盟友分道扬镳，以冷战对抗的形式走上争霸之路，核武器自然成为了遏制对方的终极手段。核武器及其巨大摧毁性所带来的威慑力，使美苏双方两大阵营都不敢轻易发动核战争。核武器军事革命将世界上的主要国家带进了核武器的军备竞赛之中，它成为了笼罩在人类头顶上的战争乌云。

核武器彻底打破了进攻与防御的平衡，任何国家爆发核战争都会造成无法承受的损失。核武器反而成为军人的梦魇，正如美国前国防部长麦克纳马拉所说的那样："任何问心无愧的军事将领……都会承认自己在军事力量的运用上犯过错误。由于错误或判断失误——他徒然杀死平民，杀死自己的部队或其他部队，可能有一百人、几千人或好几万人，甚至十万人。但却没有摧毁国家……但对核武器来说，没有时间让你学习上一次的错误。犯一次错误就足以毁灭所有国家。"核武器这件利器无法成为战场上能用之物，作为理性的政治家和军人非常清楚战争的目的和价值，决不会盲目而毫不顾忌后果地发动战争，因为那样的战争不仅无益于政治，反而会毁掉一切。

自从核武器诞生后，人们始终反思核武器究竟起到了什么作用。有的人认为它确实遏制了超级大国之间的对抗，它仿佛是镇静剂，使得超级大国胸有成竹却又不敢轻举妄动。"从战后几十年的历史来看，核威慑战略实现了防止全球战争的初衷，它的运用不仅缓解了核大国之间的剑拔弩张，也在某种程度上阻止了核大国对核小国、核强国对核弱国的战争。核威慑理论在核竞争、核对抗的世界核战略格局中，无论是用于核讹诈、核威胁，或者是用于反核讹诈或反核威胁，都可使对方产生核恐惧，达到相互核遏制的效果，从而推动自拿破仑时代开始的无限化总体战争进入了一个新的有限战争时代。"[①]

[①] 军事科学院世界军事研究部编著：《世界军事革命史（下卷）》，北京：军事科学出版社，2012年版，第1287页。

核武器威慑战略的形成对于二战后世界政治局势的稳定起到了至关重要的作用，它使得两个超级大国都能够保持充分的冷静和克制，谁也不敢轻易发动战争，使得国际社会在核威慑背景下再也没有发生世界性大战。"在冷战时期威慑是危险的举措，但是发挥了作用：与苏联的大规模战争没有爆发，西方安全得到了保障。其生效的原因可供赛博威慑参考。首先，源于威慑的可信性以及美国花费了大量精力维持、发展和调整威慑。其次，核战争没有与其他重大事务割裂开，而是与双方的政治外交动机一起考虑。最后，美国的威慑战略慑止苏联发动任何入侵的企图，同时使其相信与西方保持和平要优于发动战争。随着威慑理论的成熟，它有效平衡了警告对手和降低核战争无故升级的风险。该战略强调灵活性和可选性，使得能够应付各种类型的情况。威慑战略的成果还源于美国和北约盟国注重满足军事需求，这种精心设计的需求既用于保护美国，也保护脆弱的盟国。"① 但是，核武器的出现并没有杜绝战争，各种局部战争反而在世界各地频频爆发，其中美国在越南、苏联在阿富汗还进行了长期战争，核威慑的效果仅仅体现于两个超级大国之间的相互威慑与克制。除此以外，核威慑实际上孕育着巨大的风险，无论是美苏之间在古巴导弹危机中的尖锐对抗，还是核武器核燃料的丢失泄露都可能产生毁灭性后果，核威慑实际上犹如一把双刃剑，对世界和平利弊参半。

　　自从冷战结束后，威慑战略继续发挥着作用，但是它的局限性也逐渐显现出来，在局部战争中未能显现出应有的效果。比如美国核战略对伊拉克、阿富汗这些国家并未展示出任何效果，在后续的反恐战争中更是毫无用处。实际上，传统威慑战略在面对非对称对手时就难免具有"杀鸡用牛刀"的尴尬。

　　从美苏核均衡的角度而言，传统核威慑对象较为单一，都是针对与己方实力相当或者拥有核武器的国家，美国对弱小国家无需也无法实施核威慑。核威慑以核实力为基础，自身拥有超强的核实力并且向对方展

---

① ［美］弗兰金·D. 克拉墨等著：《赛博力量与国家安全》，赵刚等译，北京：国防工业出版社，2017 年版，第 299 页。

示这种实力,以表达使用的决心。

2. 网络威慑是否可行

网络威慑理论的基础是假设敌手是理性的,然后通过对理性心理建模探索网络空间博弈条件下双方的行为模式。网络威慑以强大的进攻实力为基础,谋求在对抗环境下单方面的安全。"美国不可能有足够实力构建技术防护墙,阻止敌对国家发起的每一次网络攻击,最好的赌注是威慑。"[①] 2010年,时任美国国防部副部长威廉·林恩认为,网络威胁在很多方面与核威胁极为相似,网络攻击为潜在对手提供了新的途径,从而能够抵消美国在传统军事力量上的优势。[②] 持这种观点的绝非林恩一人,还有曾在克林顿政府时期任国防部长助理的弗兰克·克莱默认为,现在的网络空间与1946年核武器产生之初的情况具有相似性。"网络空间威慑的含义与过去的核威慑大体相类似,即通过各种手段,阻止敌人对美国发动大规模网络空间攻击,在不实际交战的情况下迫使敌人接受符合美国利益的行为准则。"[③] 因为网络空间对于国家安全具有重要意义,倘若敌人发动网络攻击极有可能产生灾难性后果,需要提前进行预防,通过威慑制止敌方企图。

围绕网络威慑的具体化、实用化,一些学者和组织进行了深入研究,其中美国作为网络较为发达的国家对网络威慑也格外重视。有研究提出,组成网络威慑的三大支柱包括:一是美国将对网络攻击做出反应;二是美国拥有主动战略确保其他国家不可能借助网络空间攻击美国关键基础设施而获取好处;三是即使网络攻击成功,美国有能力迅速恢复网络设施正常化工作。[④] 一些学者研究后认为,一个成功的威慑态势有四个先决条件:第一,美国必须能够对网络攻击进行归因,以惩罚确定的攻击

[①] [美]埃里克·罗森巴赫:《美国国防部网络空间战略愈趋透明》,载温百华著《网络空间战略问题研究》,北京:时事出版社,2019年版,第74页。

[②] William J. Lynn Ⅲ, "Defending a New Domain," *Foreign Affairs*, Vol. 89, No. 5, (September/October), 2010.

[③] 吕晶华著:《美国网络空间战思想研究》,北京:军事科学出版社,2014年版,第134页。

[④] [美]埃里克·罗森巴赫:《美国国防部网络空间战略愈趋透明》,载温百华著《网络空间战略问题研究》,北京:时事出版社,2019年版,第75页。

者,并说服别人惩罚是合理的。第二,美国需要掌握和传达其底限,即确定哪些行为将导致报复。第三,美国承诺的报复需要信誉,使攻击者相信实际的惩罚将会遵循这样的底限。第四,美国需要有能力进行报复。

综合而言,网络威慑的基础和前提是实战能力,能够对率先发动攻击的敌人予以有效反击,而己方要具有深厚、稳固的网络基础,即便是遭受攻击也能够迅速恢复,不仅使敌方不能达成作战目的反而付出惨重代价,从而使攻击者放弃一劳永逸达成攻击效果的念想。网络威慑本质上仍然是"以战止战"思想的体现,成功威慑源自于网络实力。网络威慑与网络作战密切联系、相辅相成,强大的网络作战能力可以促进网络威慑的效果,而有效的网络威慑可以阻止敌方的网络攻击行动,达到"不战而屈人之兵"的效果,网络威慑能力本身也是网络实力的象征。

有学者或者军事专家呼吁应该重视网络空间行动,声称如果网络受到攻击可能会产生当年珍珠港遭袭击一样的后果,这种论调是基于网络在现实中的重要性而言的,也是出于"矫枉过正"地引起人们重视的目的。但事实上,从已有的战争实例来看,网络空间行动是一种弱暴力的形式,它是介于心理战和动能打击之间的暴力形式,是通过破坏信息达成作战目的的作战方式。因此,在具体行动中网络威慑是否能够顺利实施却有待商榷。2009年兰德公司发布了一篇研究报告《网络威慑与网络战》,在研究核威慑的基础上尝试分析网络威慑,认为网络威慑的模糊性同核威慑的明确性比较起来完全不同,因此网络威慑不如核威慑有效。核打击的对手是明确的,被威慑方也很清楚核打击的效果,但是对于网络空间行动而言,敌人根本不知道攻击来自何方,也不容易看到攻击造成的直接后果。正因为如此,该报告对网络威慑持一种否定的态度,认为应该谨慎使用网络威慑,要尽量选用其他诸如经济、外交等手段达成战略目的,即便是使用网络威慑也应该充分分析敌人的属性、可预测的反映、持续攻击的能力等众多因素。

实际上,网络威慑的实施因为网络虚拟性特征而困难重重,与网络空间行动存在伦理困境一样,网络威慑同样因为网络行动的不确定性而存在难题,其中最为关键性的问题是,"我们知道是谁干的吗?""我们能让攻击者的资产也处于风险之中吗？""我们能故伎重演吗？"①

首先的问题就是确定威慑对象并进行有效威慑。实施威慑前要对敌方和己方进行全面的战略评估，尤其是掌握能力和脆弱性方面的全面认知。对于现实及潜在的威胁有清晰的判断，在网络空间中建立安全响应的阈值设定及动态调整机制，从而为实施威慑或者发动攻击明确清晰的标准。网络威慑的覆盖延伸，如何将威慑效果惠及盟国及友好国家，最为重要的是归因溯源问题。在核时代速度是关键，确保反制的炸弹第一时间落到敌方头上就能形成威慑，但是在网络空间行动中攻击几乎是实时发生的，根本没有时间进行反应。在漫长的归因过程中，早就失去了最佳的威慑时机，甚至是连采取反制措施都太迟了。

其次是如何正确表达己方的威慑意图。在核领域，以博弈论指导美国在冷战中保存"生存"反击力量，但是网络战中什么是生存反击力量呢？更为关键的是网络空间行动中缺乏明确的交互信号，通过恶意软件进行还击效果并不明显，实际上有效的武器通常是隐身的。"由于武器的威力、武器使用者所需的技能以及武器可以跨越的距离都在增长，所以对象征主义的需要也增加了：在许多情况下，展示武器系统并威胁使用它们，变得比使用它们更合算。在政治和道义上，对武器的象征性使用也更加可取，核武器就是这种趋势的最极端表现。但是，网络资产不一样。展示网络武器的威力要比展示常规武器的威力困难得多，特别是如果旨在进行武力威胁，而非实际使用武力的话。"② 无论何种威慑都必须让对方知道你具有网络空间行动的实力，但是网络空间行动却需要在秘密状态下进行，这个问题是限制网络威慑的最大障碍。

再次是网络威慑的效能问题。网络空间行动并非像核武器那样能够产生明显的破坏后果，很多是刺探、骚扰最多为针对特定目标的攻击，网络威慑要面对的是多个对手和多样化的攻击行为甚至是挑衅行为，到底应该使用先发制人还是有限报复，抑或是大规模报复都难以确定。

---

① ［美］马丁·C.利比奇著：《网际威慑与网际战》，夏晓峰等译，北京：科学出版社，2016年版，第19页。
② ［英］托马斯·里德著：《网络战争：不会发生》，徐龙第译，北京：人民出版社，2017年版，第23—24页。

"首先，无法摧毁网际攻击能力意味着先发制人毫无必要；其次，攻击者更能清晰地察觉到报复的后果，而不是对手挫其锋芒的能力；最后，也是最重要的，如果无法解除网际攻击者的武装，那么也就没有必要急于报复。比起急于报复而言，更重要的是让攻击者信服没有必要再次进攻。"① 相比于报复，在受到攻击时及时将损失降低到最低反而是更为有效的选择。

网络空间威慑像其他形式的威慑一样包含有心理认知成分，它需要影响对手的动机、代价——利益计算以及潜在风险分析，向对手传达确切信息使其明白发动攻击不可能达到期望的收益和目的，而且将会面临遭受重大损失的代价和风险。有学者认为网络威慑应该与其他威慑手段结合在一起，而不能单独实施。"任何针对赛博攻击的威慑方法均需要考虑威慑的整体概念，而不是孤立在赛博领域进行分析。可以从可能的报复、防御和告诫三个方面综合考虑。威慑应该基于国家力量的所有要素，例如，报复并不仅限于采用赛博手段，可根据实际状况采用外交、经济、物理打击手段，当然也包括赛博手段进行报复。"② 网络威慑应该纳入到国家整体力量体系运用之中，以最为有效的方式达成战略目的。

(二) 网络威慑的形成与发展

在网络空间行动短暂的历史形成过程中，美国始终处于领先地位，无论是网络军事力量建设还是网络空间行动的具体实施，以及网络威慑探索运用都相对成熟，具有借鉴意义。

1. 美国网络威慑战略的发展历程

美国是世界上互联网最为发达的国家之一，对互联网的应用和依赖程度也相对较高，因而网络及其信息安全成为了美国政府重点关注的问题。美国先后以战略、计划、行政令和总统令等形式颁布数十份与网络

---

① [美] 马丁·C. 利比奇著：《网际威慑与网际战》，夏晓峰等译，北京：科学出版社，2016年版，第32页。
② [美] 弗兰金·D. 克拉墨等著：《赛博力量与国家安全》，赵刚等译，北京：国防工业出版社，2017年版，第21—22页。

安全有关的文件，明确自身网络安全的政策与意图，并推动网络安全建设不断发展。网络威慑战略是美国重要的网络安全政策之一，其目的在于通过宣示自身网络实力，遏制对手对己方实施网络攻击，在网络空间达到"不战而屈人之兵"的目的。

在2008年以前，美国网络威慑战略思想处于孕育时期。这一战略思想主要来自于两个领域的孕育：一是网络空间安全战略的制定和完善；二是威慑战略思想在新的历史条件下的研究发展。随着网络基础设施在国家经济社会发展中作用不断提升，美国政府制定相关政策法规，比如1998年克林顿政府发布第63号总统令，2001年10月白宫发布第13231号行政令《信息时代的关键基础设施保护》等，但是这些政令的目的在于明确对关键基础设施保护的政策，根本目的在于保护自身网络空间的安全而不是为了威慑对手。在2003年发布的《确保网络空间安全的国家战略》中，明确通过国家网络空间安全响应系统、安全威胁和脆弱性削减项目、安全意识和培训项目等，以保护网络系统免受攻击。虽然早在1994年美国的詹姆斯·德里安首次提出"网络威慑"的概念，但是美国官方注重的是常规以及核威慑思想在新时代的具体运用，尚未涉及网络空间。如2006年的《威慑行动联合作战概念》是对威慑战略思想的一般探讨，旨在将冷战时期威慑战略思想移植到新的国际环境中；《威慑行动联合作战概念》是美国政府吸取冷战时期经验教训，对威慑战略加以发展，为威慑问题确立了总体理论框架，虽然文件没有专门论述网络空间威慑问题，但是引发各界研究威慑的热潮，间接推动了网络威慑理论的发展。《四年防务评估报告》（2006年）中提出威慑应该从"以一应万"式向可裁剪能力（量身定制能力）方向转变，从而能够应对流氓国家、恐怖主义势力和实力相当的对手。明确威慑需要注重灵活性，根据不同对手和不同环境采取不同方式实施威慑，最大化地影响他们的物理能力和心理动机。在21世纪初美国官方未发布具体的网络威慑文件，但是这一时期的学术界和兴趣爱好者对网络威慑思想进行了探索性研究。

2008年1月，美国白宫发布了第54号国家安全总统令《国家网络安全综合计划》，明确提出了网络威慑，通过完善预警能力、发挥私营部门和国际合作者的角色，对来自国家和非国家的行动者进行正确应对，威慑对网络空间的干涉和攻击。在 2009 年 1 月五角大楼实施的演习中暴露的问题显示，当关键基础设施受到攻击时美国竟然无法采取有效手段报复或威慑攻击者。同年 3 月，美国战略与国际问题研究中心向白宫提交的《确保新总统任内网络空间安全》报告中，第一条就是美国要不惜动用一切国家力量手段确保网络空间安全。2011 年 5 月和 7 月先后发布了《网络空间国际战略：构建一个繁荣安全和开放的网络化世界》《网络空间行动战略》，明确提出通过采用包括外交、军事和经济在内的一切手段应对针对美国的网络行动，报复型网络威慑战略初见端倪。2013 年，首次公布的美军联合出版物 JP3-12 号《网络空间作战》明确了作战形式包括防御性作战和进攻性作战，注重进攻的报复型威慑也逐步形成。2013 年美国国防部《弹性军事系统和高级网络威胁》宣称，"为了应对高级别的网络威胁，美国网络力量、有防护的常规力量以及核力量需要发展在任何条件下都能够实施作战行动的能力"。[1]

2015 年 2 月，美国政府发布《网络威慑政策》报告，明确提出美国网络威慑政策的组成要素、支持网络威慑的活动等，标志着美国网络威慑战略的正式形成。2015 年 4 月，美国国防部发布《网络空间战略》，明确提出网络威慑的具体举措，包括宣示政策、实质性迹象发现和预警能力、防御态势、有效的响应程序以及美国网络和系统的整体可恢复性等。这一时期的战略在实战化方面有两个突破：一是将威慑对象拓展到低强度安全威胁；二是明确可根据实际需要主动发起网络攻击。此后，网络威慑战略思想不断向可操作性和实战化方向发展。2017 年 2 月 23 日，美国国防部科学委员会发布《关于网络威慑的工作组报告》，重点阐述网络威慑战略的重要性与紧迫性，同时也认为网络威慑应该纳入整体国家安全政策之中，配合政治、经济、外交甚至是传统军事力量进行实施。2020 年 3 月 11 日，美国网络空间日光浴委员会（CSC）发布《网络空间未来警示报告》，提出了分层网络威慑，并具体细化到 6 项政策支柱和 75 条政策建议。

---

[1] Defenses Science Board, *Resilient Military Systems and the Advanced Cyber Threat*, January 2013, pp. 7-8, pp. 85-86.

2. 网络威慑战略的基本类型

2011年乔治·马歇尔研究所发布了《回归基础：21世纪的威慑与美国国家安全》论文汇编，其中一篇文章《网络威慑：究竟是否可行?》深入研究了网络威慑问题。文中分析了两种网络威慑方式，即报复性威慑（retaliatory deterrence）和拒止性威慑（denial deterrence）。报复性威慑并不具有较强的可信度，因为网络基础设施大多掌握在各种公司手中，世界各国的网络都是一体化构成，报复性攻击可能会产生无法控制的附带伤害。如果一国的网络基础设施遭到严重破坏，就可能导致相关联的其他基础设施也遭受重大损失，这势必引发受害国作出强硬的反击，明确表达对攻击者进行强力报复的威慑即为报复性威慑。但是报复性威慑在具体施行过程中却容易产生问题，比如因受到严重攻击而丧失了反击能力，因牵涉众多社会问题而难以下定决心，或者在复杂的网络攻击中难以准确归因等等。正是因为报复性威慑存在诸多实施难题，人们提出了拒止性威慑，即是说通过展示抵制攻击的能力使攻击者放弃攻击，与报复性威慑依靠给攻击者造成损失的报复手段不同，这种威慑是建立在使攻击者一无所获的基础之上的。发动网络攻击是需要成本的，不仅需要必备的各种现实资源，还需要付出机会成本，网络武器会在攻击过程中暴露出来，防御者能够很快找到使其失效的方法，昂贵的网络武器可能会变得一文不值，却又没有达到作战效果。

威慑的基本原理是以"劝说"的方式使对方服从己方意志，"劝说"的方式可能是和平沟通也可能是武力胁迫，可能是利益诱使也可能是损失规劝，虽然方式有程度上的差别，但都是为了以"和平"方式达成"战争"目的。按照由弱到强、逐层递进关系，可以将美国网络威慑战略区分为诱使型、拒止型和成本加强型。也有学者将其概括为拒止型、成本加强型、支撑型三种方式。所谓支撑威慑行动是指通过实施国家整体战略，加强对新型网络防御手段的研究与开发以保持在技术上的优势。[①]

[①] 蔡军、王宇、于小红、朱诗兵编著：《美国网络空间作战能力建设研究》，北京：国防工业出版社，2018年版，第39页。

（1）诱使型。这种威慑战略主要针对盟友、合作伙伴、第三方等非敌对国家，利用规则和利益牵连等途径使其按照己方意愿行事。美国在网络领域具有明显的技术优势和实力优势，它通过许诺或让渡利益的方式与其他国家结成网络联盟，并在联盟中建立起己方价值观主导的网络行为规则，通过一系列奖惩措施确保参与者按照规则行事。成为盟友的国家或组织自然不会构成安全威胁，而且会成为谋求利益的助手，更重要的是网络联盟有助于构建网络空间国际秩序，是主导全球网络空间的基础和平台，对于网络攻击归因溯源、网络空间国际追责等具有重要意义，从而能够有效威慑敌对国家。由于诱使型威慑主要针对的是盟友和合作伙伴，它的具体措施主要依赖于谈判、经济交往和技术合作等，属于非强制性的威慑。

（2）拒止型。拒止型威慑是立足于防御能力的威慑战略，关键在于具有强大的阻止网络攻击能力从而使敌对方无法达成预期效果而放弃行动。强大的网络防护能力体现在两个方面：一是在敌对方发动攻击时就能够有效防御，使其攻击行动中途挫败；二是具有强大的抗攻击性，在遭受攻击后能够快速恢复重建，将攻击造成的损失降低为最小甚至是微乎其微。实际上，当敌对方采取试探性攻击无法达到预期目的后就会放弃进一步的攻击行动，这时也就达到了拒止威慑的效果。美国始终认为强大的网络来自于政府与私营企业的通力合作，其历届政府都与网络企业公司建立了稳固合作关系，制定实施有效的安全措施，提升国家在增强网络韧性方面的公信力和执行力，比如明确关键基础设施名单，建立威胁信息分享机制，抵御内部威胁等。

（3）成本加强型。成本加强型威慑又被称为报复性威慑，它是通过使敌人在实施网络攻击前因考虑到其可能付出的高昂代价而放弃网络攻击，实施威慑的关键在于能够使发动攻击者付出高昂的代价和成本，因发动攻击得不偿失而放弃行动。在增加敌方攻击成本的途径方面，美国始终强调保留使用所有必要的手段，其中包括外交、经济、法律和军事等众多途径，具体采用哪种途径需要根据具体敌人、攻击方式和归因确定性等进行合理组合裁剪。成本加强型威慑存在使冲突对抗加剧的风险，甚至会导致冲突从网络空间扩展到自然空间中来，因此，为了使报复行为更为可信也更具操作性,美国在威慑政策中逐渐明确了相关反制措施,例如提高恶意网络行为者经济成本的措施;在对攻击者进行调查取证寻求合适的法律制裁途径;直接阻止敌人接触用以实施恶意网络活动的基础设施;采取必要的军事行动保护网络免受攻击等。

3. 网络威慑战略的配合行动

美国网络威慑战略是确保网络安全的重要途径之一,它的实施需要纳入到国家网络安全战略之中,与其他网络安全措施相互配合,才能达到较为理想的效果。采取一系列的网络威慑战略配合行动即是从整体上谋划网络安全防卫,与前文所讲到的支撑型威慑战略相一致。

(1) 建立国家层面的响应机制。对美国而言网络威慑属于整体威慑,不是政府或某一部门的事,也不单是一种军事行动,而是依赖于所有的国家权力机关,需要政府机构和私营部门通力合作。美国网络威慑采取的是"整个政府层面"和"整个国家层面"的政策,政府各个部门都按照职责分工参与到维护网络安全行动之中,体现了从整个政府层面和整个国家层面识别、防御和打击网络攻击活动的意志。例如从 2014 年开始,美国政府就仿照反恐安全组成立了网络响应组,负责协调维护网络安全的各种任务。再如美国政府加强与私营企业的合作,将这些企业的技术力量和网络资源纳入到国家网络安全战略之中,增强了政府对网络态势的感知和掌控能力等。

(2) 不断提升反击网络进攻的能力。拥有进攻性报复能力是实施网络威慑的核心,美国不断探索提升在网络空间、外交、经济甚至是常规军事力量等多领域实施针对网络攻击的反击能力,尤其是不断探索封装组合多种途径打击对手的反击能力。一方面,美国将其在经济、科技,尤其是常规军事力量的优势转换嫁接到网络领域,以传统优势力量应对网络安全威胁;另一方面,美军还着重发展了网络战力量,2010 年 10 月美国国防部建立网络司令部,并组建了具有全方位网络作战能力的网络任务部队,2017 年又将网络司令部从归属战略司令部的二级司令部升格为一级司令部,美军网络部队实战能力不断增强的同时,显著提升了以军事作战能力为基础的威慑力。

(3) 加强网络安全性和防御建设。建立防御系统是抵御攻击方使其难以达成预期目的的最为可靠的途径，尤其是需要加强对重点目标的防御。美国重点加强对军事网络和政府网络的防御，因为这些设施是指挥控制尤其是组织反击的核心，是确保威慑反击战略可信的前提。另外重点防护国家关键基础设施网络，比如电网、光缆等，这些设施一旦被破坏就会产生级联效应，在军事、经济等领域造成重大损失。美国还通过技术研发增强对未来威胁的抵抗力，开发必要的工具、技术和人力资源，既提升了关键基础设施的抗打击能力，还为威慑恶意网络行为提供了新的技术选择。

（4）强力的网络威慑政策宣传。无论何种威慑方法，首要的是要向敌人发出清晰的威慑信号，使其知晓不当的网络行为将会带来严重的后果，政策宣传需要坚定而理性，在清晰表达威慑意图的同时不应该产生具有挑衅性的负面后果。美国通过发布一系列文件清晰展示网络威慑政策，使潜在对手确信任何针对美国的网络行动都达不到预期目标，反而会遭受无法承受的代价和损失。针对响应门槛难以确定、网络威慑后果模糊等实际问题，美国的政策宣传体现出了现实化、可操作性倾向，在最新推出的"分层网络威慑"战略中，充分体现了可裁剪、个性化、决定性和按比例响应等原则。除了公开宣布的政策，美国还利用战略通报、外交照会等方式传达己方的决心意图。

网络威慑战略的目的在于处理多种威胁和不同的态势，因此不能主要依赖任何单一的手段。"美国需要能够灵活地进行响应，需要具有适应能力的多种不同选择的组合，需要能够利用多种手段，任意组合，以最合理的方式有效应对任何情况。"① 必须多种手段并用，具备多种选项，为实现特定目的而对这些手段进行整合，从而使威慑方能够自如应对不断发展变化的复杂情况。与核威慑作为一种硬实力威慑不同，网络威慑体现的是"可裁剪威慑"的概念，即采用充分考虑特定对手的偏好与行为特征，采用灵活的手段实施威慑。可裁剪网络威慑理论认为，当威慑的目标和对象发生变化时，就需要采用不同类型的响应。潜在对手

---

① ［美］弗兰金·D.克拉墨等著：《赛博力量与国家安全》，北京：国防工业出版社，2017年版，第302页。

不会只是一种战略考量的单一行为体，而其决策过程是众多行为体共同协商的结果，多种机制可以通过不同方式不同程度地影响多个行为，增加威慑的可行性和实效性，从而避免发动实际的网络攻击。对手具有复杂性，美国需要面对三类对手，实力近乎对等的竞争者，中小型的敌对国家和恐怖组织甚至是流氓性黑客。显然，不同对手具有不同的作战目的和心理动机，对待目标、利益、行为以及认知美国意志和决心的态度不相同，对待不确定性和实施冒险的方式也不相同。由于每一个网络态势几乎都是唯一的，在网络域中应用"可裁剪威慑"必定十分复杂而且充满挑战。即便是在网络威慑失效的情况下，也并不能放弃威慑的实施，而应该在政治、经济和外交等多领域展示强大力量，甚至是实施军事打击予以报复。

（三）威慑战略背景下的军备控制

有效的网络战威慑理论所需要的要素有哪些？简而言之，"能够挫败赛博攻击的强有力的防御，能够造成巨大报复性损害的有效的赛博攻击"。[①] 这种基于能力的方法未免太过于简单化、理想化，仅满足于自己的逻辑和需求而与外围环境和事件相割裂。实际上，大多数大规模的网络攻击只是众多实现政治和战略目标的手段之一，而其自身所造成的损失并不是主要目的。网络攻击被当成了一种胁迫和谈判的手段，是威慑对手停止采取某种手段，或者是胁迫对手遵从己方的政治意志的举措，因此网络攻击并不是简单机械地利用攻击和防御能力实施威慑，而是通过网络行动影响对手的心理和动机。实际上，即便是谋求网络威慑也必须建立于现实实力基础之上，也势必会导致对网络武器和网络力量的不断追求，敌对国家之间极易形成相互竞争的网络军备现象。

所谓军备竞赛是指敌对双方竭尽所能地在军事技术上超越对手的一种现象，或者互相赶超谋求掌握最先进的军事技术，或者互为矛盾，寻

[①] ［美］弗兰金·D.克拉墨等著：《赛博力量与国家安全》，北京：国防工业出版社，2017 年版，第 296 页。

求对抗敌人的制胜之道。"说穿了，试图超越毗邻，试图获取对方最前沿的技术创新，就是某种形式的军备竞赛。而军备竞赛还有另一种形式，即双方互相抵消：你开发进攻性武器，我构筑防御系统。这就好比一枚硬币有两面：既对立，又共存。"①

军备竞赛将使竞赛双方陷入囚徒困境。一个国家希望通过增加军费和装备提高针对潜在敌对国家的安全系数，但是如果对手也增加军费和装备作为回应，那么安全收益就会在这种竞争中抵消掉，如此往复，双方就陷入了囚徒困境的泥潭。1960年理查德森提出机械性行动——反应模式的军备竞赛数学模型，即根据对手的情况而不断增加投入提升军事力量，最终双方都会因此而筋疲力尽，放慢军备采购的速度。既然军备竞赛要消耗大量的资源，而且实际上双方都没有获得相应的收益，那么人们就试图建立有效的控制竞赛措施，以实现压缩军备竞赛成本，降低战争概率的目的。采取这样措施的关键在于双方的相互信任，但实际情况却难以实现，敌对双方实际上陷入了囚徒困境，明明知道相互合作是共赢的选择，但由于缺乏信任，为了不落入最差的境地，而不得不选择相互对抗。

军备竞赛将消耗大量资源，增大战争威胁概率，甚至可能诱发战争。加拿大的迈克尔·华莱士曾研究了1816—1965年发生的99件国际争端，有军备竞赛在先的28次争端中，其中23次升级为战争，而另外没有军备竞赛的71次争端中，仅有3次导致了战争。② 显然，快速增长的军事力量是导致战争的重要因素。"从拿破仑战争以来的100多年里，90%的大国战争都是经历了明显的扩军以后开始的。"③ 也可以说，几乎所有的现代战争都以反复无常的军备竞赛为先导。

为了避免战争，也为了不在无谓的争斗上消耗大量资源，人们设想

---

① ［美］迈克尔·怀特著：《战争的果实——军事冲突如何加速科技创新》，卢欣渝译，北京：生活·读书·新知三联书店，2009年版，第57页。
② Cai Houqing, Li Zhicheng, "Assessment of Management Stuff via Grey Clustering," *The Journal of Grey System*, 2002, No. 1, pp. 197–200.
③ 章前明编著：《竞赛与裁军：二十世纪的国际军事与战争》，北京：中国审计出版社，1999年版，第256页。

建立一些机制措施限制无限的军备竞赛，也就是进行军备控制。有人认为，军备控制徒有华丽的外表，并无实际的意义，因为当双方相互信任时，军备控制也就失去了意义，但如果双方缺乏信任，军备控制就难以收到效果。这种观点并不全面，虽然在敌对双方之间建立完全的信任较难，但是彼此之间的公开透明却有助于军备控制的达成。在通常情况下，提高双方的透明度和可预见性，能够减少误会和摩擦进而减少不必要的军备竞赛。军备控制的实施通常要以双方充分发展形成对等威慑为基础，如果一方实力明显占优，那么就很难达成军控协议。

美俄之间的核军控就充分说明了这一点。根据2013年10月，美国国务院公布的美俄半年交换数据，美俄现部署的战略核弹头分别为1688枚和1400枚，部署的战略运载工具分别为809件和473件。[①] 有趣的是，2013年6月，奥巴马曾提议在美俄之间进一步削减战略核武器，使削减总量达到各自核武库的1/3，尤其要削减部署于欧洲的核武器。姑且不论奥巴马到底是出于真诚目的构建无核世界，还是在试探俄罗斯关于核裁军的态度，这种提法遭到了俄方的明确拒绝，理由很简单，美方已经处于核武器建设的优势地位，无论是战略防御系统，还是全球快速打击能力都远远优于俄方，俄方所能仰仗的无非是核武库的数量，本来就实力不足的俄罗斯核力量，势必将进一步受到严重削弱，乃至无法对美方产生足够的核威慑。

另外，对于过时的技术或者远远难以实现的技术容易达成军控协议，对于新生的能够带来巨大战略利益的技术则会毫无顾忌地大力发展。军备竞赛的目的是为了获得更大利益，如果发展军备无法获得利益甚至只有负面收益时，国家作为理性主体自然愿意进行军备控制，反之，则难以达成军备控制。在军事技术变革中，新技术的出现不断拓展人类的利益边疆，人们所关注的不是彼此的力量平衡，而是争先恐后的利益拓展。美国作为超级大国一直引领着军事技术发展潮流，世界各国不得不跟随发展，两强竞争的对称性竞赛被一超引领、诸强跟随的非对称性竞赛所

[①] United States Lagging on New START Implementation, http://armscontrolnow.org/.../united-states-lagging-on-new-start-implementation.

取代。

当人类社会还处于民族主权国家时代时，每个国家都是独立的利益主体，其处理问题的立足点和出发点只能是本国的利益，而不可能像科学家那样超越国界落实到整个人类的福祉。网络空间行动并不取决于以德性为基础的善恶动机，而取决于行动所导致的实际利益效果。安全专家米科·哈普宁认为，"我们即将进入这样一个时代：国与国之间的军备竞赛将不仅限于储备飞机或核弹，网络武器也将成为各国争相开发的对战武器"。① 在网络空间利益不断拓展情况下，试图阻止国际社会发展网络武器、建设网络力量的目的几乎难以实现，因为支配人们行为的并不是价值理性而是工具理性，人们所坚持的是功利主义原则。

美国战略家亨利·基辛格说："技术发展是变幻莫测的。尽管进行突然袭击可以得到极大的便宜，实有的现役部队也几乎肯定具有决定性意义——至少在全面战争中是这样；然而技术的发展变化太快才是局势不稳定的主要原因。即使一个国家尽了最大的努力，但是它的生存仍然可能因为敌方取得技术上的突破而受到威胁。这种梦魇折磨着每一个国家。"② 美国在1982年提出了"高边疆战略"，1983年里根政府制定了"星球大战计划"，这就是美国随着科技发展而维护拓展边疆利益的具体举措。正如时任美国空军参谋长迈克尔·瑞安所言："从历史上说，商业发展到哪里，我们的国家利益伸展到哪里，军队就应该跟到哪里，不管是在陆地、海洋还是在空中。"③ 美国军事力量的存在和拓展带动了人类在太空领域的军备竞赛。

与传统军事力量和核力量相比较，网络军备具有明显不同的特征。兰德公司专家利比奇认为，人们几乎不能限制或禁止网络武器，首先，由于网络武器具有可以瞬间复制的特性，所以传统军备限制措施对于限制网络战武器毫无作用。其次，禁止某些攻击方法从操作上讲类似于禁

---

① ［美］P. W. 辛格、艾伦·弗里德曼著：《网络安全：输不起的互联网战争》，中国信息通信研究院译，北京：电子工业出版社，2015年版，第114页。
② ［英］劳伦斯·弗里德曼著：《核战略的演变》，黄钟青译，北京：中国社会科学出版社，1990年版，第191页。
③ 周平：《中国应该有自己的利益边疆》，《探索与争鸣》，2014年第5期。

止使用某种手段收集信息，就网络的特性而言，这种禁止行不通。最后，禁止攻击代码也不现实，因为这些代码可用作合法用途。① 其实这些特征可以证明网络军控难以实施，但是也从另外的角度证明了网络军备的独特性。

其一，网络军备更注重质量而不是数量。网络武器是一种数据代码，具有可复制性，难点在于研发而不在于生产，研发成功就意味顺利装备。其二，网络军备不需要消耗大量的资源进行生产。这一点与核军备形成了鲜明的对比，因为核威慑需要保持庞大的核武库，根据专家们计算，冷战期间苏美只要拥有 400 枚 100 万吨级的核弹头，就足以把对方摧毁。② 然而在军备竞赛的强力推动下，苏联制造的各类核弹头总数曾高达 30700 枚，其中战略核弹头 10000 枚；美国拥有 32000 枚，其中战略核弹头为 14800 枚。③ 实际上，这些战略武器的后期销毁处理同样是一个棘手难题。而网络武器根本不存在这样的问题。其三，网络军备与网络安全建设互为一体。网络武器的研发需要基于计算机系统漏洞，因此发展网络武器首先在于探寻掌握漏洞，当把这些漏洞信息用于和平建设时也就促进了网络安全发展。从另外的角度而言，网络军备中的防御建设本质上就是弥补漏洞从而将网络建设得更安全坚固。

实际上，相较于传统武器装备研发，网络武器的军民一体化程度更高。根据美国一家游说分析公司——国会度量的统计，在 2008—2013 年，就网络安全问题开展游说活动的公司、贸易协会及其他团体的数量增加了近 2 倍，从 108 个上升到 314 个。同时，代表这些行业部门利益从事数据或网络安全游说活动的公司数量也增加了近 2 倍，从 74 个上升到 216 个。④ 军方围绕网络安全投入巨额经费，委托私营公司开展深入研究。在国防部巨额投入的诱惑下，以网络安全为主业的信息技术公司，

---

① 温百华著：《网络空间战略问题研究》，北京：时事出版社，2019 年版，第 211 页。
② [苏] 波格丹诺夫等编著：《美国军事战略》，李静杰等译，北京：解放军出版社，1985 年版，第 147 页。
③ 李静杰：《试析苏联同资本主义世界的对抗》，《俄罗斯中亚东欧研究》，2006 年第 1 期。
④ 刘建伟：《美国网络安全产业复合体——推进网络安全和信息化军民融合深度发展的"他山之石"》，《中国信息安全》，2015 年第 7 期。

如麦咖啡、赛门铁克、博思艾伦承包网络安全项目，传统防务承包商如波音、洛克希德·马丁、雷神等公司也纷纷涉足网络安全领域，逐步形成了以网络安全为核心业务的网络安全产业复合体。当然，其他国家的装备发展制度与美国不同，也并不是都要按照美国的体例建设，但是充分利用商业技术公司力量能够达到事半功倍的效果。网络并不只是国防部门的网络，而是已经渗透到了社会各个层面，那么网络防护就体现为各种社会力量的共同责任，也只有充分利用各种社会力量才能建设完善的网络防御力量。

为了确保自身的利益和安全，各个国家被迫大力发展网络军事力量，这势必会引发网络空间领域的军备竞赛。据统计，2006年有20多个国家拥有网络武器，到2007年增长到了120个国家，2008年又上升至140个国家。[①] 英国在2009年出台了《网络安全战略》，并采取了诸如组建黑客部队等实际措施。俄罗斯也在不遗余力地加强网络空间行动力量建设，其网络作战实力仅次于美国。此外，诸如日本、印度、韩国等国家也纷纷采取措施加强网络力量建设，为未来的网络战争积极做着准备。

二、网络空间行动与情报获取

情报是通过探测、侦察、分析等手段获取的有关敌方的信息与知识。网络作为信息存储、流通的通道，是获取情报的重要途径，但是网络空间行动并不等同于情报战。网络空间行动的目的可能是情报，这时网络空间行动与情报战重合在了一起，但是网络空间行动的目的并不仅限于情报，它以敌方的数据信息甚至是物理设施为目标。无论攻击目标是什么，实施网络空间行动都离不开情报的支持，在这种情况下，情报战就成为了网络空间行动的重要支撑。

---

① Kevin Coleman, *Cyber Warfare Doctrine: Addressing the Most Significant Threat of the 21st Century*, Canonsburg: The Technology Institute, 2008, pp. 20 – 21.

(一) 网络成为获取情报的重要途径

情报是实施作战的必备前提条件，在敌对双方激烈对抗中详细掌握战场情报一方，就能够掌握战争主动权，而另一方就如同失明失聪一般处处被动挨打，从古至今莫不如此。孙子曰："故明君贤将，所以动而胜人，成功出于众者，先知也。先知者，不可取于鬼神，不可象于事，不可验于度，必取于人，知敌之情者也。"二战期间美日之间的太平洋海战就充分说明了这一点。

1941年12月7日，日军袭击珍珠港获得成功，是因为日军事先掌握了关于珍珠港美军的各种情报，根据情报发动军事行动予以美军太平洋舰队重创打击。战前，日本军令部派出200多名间谍前往珍珠港收集情报，其中包括海军情报专家吉川猛夫，他以日本驻檀香山领事馆工作人员身份做伪装，广泛收集美军舰的情报，甚至游至军舰附近打探状况。经过数月的谍报活动，日军悉数掌握美军在珍珠港停泊舰艇数量、类型和具体位置等情报。相反，美军对于日军的行动却"一无所知"，即便是相关信息已经暴露出了日军即将偷袭的"蛛丝马迹"，也未引起应有的重视，这才有了日军偷袭珍珠港成功的案例。

然而，在接下来的中途岛海战中，情况却发生了逆转。这一次事先掌握敌方情报的是美军，而日军方面只是按照自己的计划推动军事行动，妄图仅凭借实力优势歼灭美军太平洋舰队。在双方的对峙中，美军成功破译了日本海军的通信密码，每当日本人利用无线电通信时，通信内容就会被美军截获。之所以能够破译敌方密码，1940年美军就从日本间谍尸体上获得了绝密的密码本，1942年美军在击沉的"伊-124"潜艇中获得过一些密码资料，还通过其他各种途径收集情报，并采用恩尼格玛密码机进行密码破译，这些措施都有助于最终破解日本海军情报。

实际上，在确定日军发动海战地点、时间等信息的过程中，双方不仅进行密码破译技术的较量，也进行心智推理的较量。当美军综合分析得出日本要针对中途岛发动全面攻击时，为进一步进行验证，美军发送"中途岛淡水设备发生故障"的明码电报，这一信息很快就出现在日军的无线电通信信号中，他们用"AF"指称中途岛，这就印证了此前反复出现的"AF"系指中途岛。在战争开始前，日本海军特别陆战队的一名副官用低级密码发送电文：1942年6月5日以后，本部队的邮件请寄到"AF"。这份电报被美军捕获后更是暴露了日军攻击时间这一重大军事机密，即可能在6月4日左右开始攻占中途岛。此外，日军的舰艇数量、兵力数量和火力状况等情报也在通信过程中暴露给美军。如此一来，结局自然是美军以少胜多，重创了日本海军军事力量。美军太平洋舰队司令尼米兹后来写道，"中途岛战役本质上是一次情报侦察的胜利"。[①] 时任美国陆军参谋长乔治·马歇尔说："由于破开了密码电报，我们就能集中有限的力量击退日本海军对中途岛的进犯，否则我们将在远离中途岛3000海里之外坐失该岛。如果没有无线电侦察，势必出现这种情况。"[②]

上面两个战例深刻说明情报对于战争的重要性，掌握了情报就掌握了战争主动权，就能够最大化地调配应用作战力量，甚至达到以少胜多的目的。情报的来源是广泛的，即是说并没有规定必须通过哪种途径获得情报，凡是能够获取情报的方式均可用来获取情报。人力间谍潜入敌方内部就可以利用各种手段获取情报，通过截获敌方的无线电通信经过密码破译也可以获取情报，而且情报的获取是一个动态的过程，在与敌对方较量交互过程中不断确证已有情报并获取新的情报。

随着现代信息技术的发展，网络成为了一种重要的获取情报的方式。代号为"果园行动"空袭行动是一场典型的军事网络空间行动，以色列通过网络攻击抢占了叙利亚防空系统的网络空间，把虚假信息成功导入叙利亚防空系统，当以色列飞机飞抵叙利亚边境时，叙方雷达上所呈现的空白其实是虚假信息，以色列飞机不仅顺利投掷炸弹摧毁目标，而且在完成任务后全身而退。

---

① ［德］于尔根·罗韦尔、埃贝哈德·耶克尔著：《密码与战争——无线电侦察及其在第二次世界大战中的作用》，武利平等译，北京：群众出版社，1984年版，第20页。
② ［德］于尔根·罗韦尔、埃贝哈德·耶克尔著：《密码与战争——无线电侦察及其在第二次世界大战中的作用》，武利平等译，北京：群众出版社，1984年版，第20页。

其实，在这场空袭之前还发生了利用网络攻击获取信息的情报战，正是因为获取了叙利亚将要建设核设施的准确情报，才有了后面的"果园行动"。

2006年一名叙利亚高官在访问伦敦时随意把笔记本电脑留在了宾馆里，以色列情报机构摩萨德的情报人员潜入房间，将特洛伊木马安装在了笔记本电脑上，不仅实时监控了笔记本电脑的运行情况，而且从中盗取了硬盘上的所有信息。硬盘上的一张照片引起了以方情报机构的注意。图中是一名身着运动服的亚洲男士和一名阿拉伯人站在叙利亚中部的沙漠里，这两个人分别是朝鲜核计划负责人金智富和叙利亚原子能委员会主席易卜拉欣·奥斯曼。同时笔记本电脑中的其他资料还包括设施的建筑方案、用于处理核裂变材料的管道照片等。综合这些信息可以判断，叙利亚人正秘密在阿尔奇巴尔工厂建设处理钚元素的设施，而钚元素是建造核武器的关键元素。这个判断拨动了以色列紧绷的核神经，于是才有了"果园行动"。

在计算机诞生以前，政府部门或其他组织会将自己的情报锁在铁皮柜中，铁皮柜外面是大铁门，大铁门外面是高墙大院，大院外面有专门的警卫把守。今天各种各样的信息都会存储在计算机里，即便是这些计算机因为高度机密而与外部隔绝，但它与外界总是存在连接渠道。计算机在为人们的工作提供方便快捷的同时，也使得窃密变得更加容易。正如有人形象描述的那样，"国家并不需要昂贵的地面收发站、卫星、飞机或是船只进行间谍活动。全球情报力量如今只需几台笔记本电脑加一个高速的网络"。

网络监控信息意在搜索元数据，即关于数据的数据，这些数据描述的是通信的本质特征而非内容。例如，电话监控记录只能描述哪个号码在何时给另外一个号码致电，而不记录具体的通话内容。网络的元数据则要复杂得多，也实用得多。元数据囊括了地理位置、时间、邮件地址和其他创建或发送的数据细节。如果将大量元数据汇集起来，通过复杂算法将零散信息联系起来就可以从中获得一些重要的信息，能够追踪到个人的具体活动细节。2007年，几个美国大兵用智能手机拍摄了美军停留在伊拉克基地的新式直升机的照片并传到了网上，他们并没有意识到照片上有地理标记，这些信息足以暴露他们所在的位置。恐怖分子利用这些信息确定了他们的位置，利用迫击炮摧毁了4架直升机。

网络的情报功能降低了情报技术的门槛，一些非正规作战力量尤其是恐怖组织通过网络搜集情报。互联网上丰富的资源以及其突出的开放性特征，为恐怖组织提供了便捷的条件。恐怖分子能够从互联网上获取公共建筑、机场、港口等重要基础设施的相关信息，还能够利用黑客技术，获取大规模杀伤性武器制造技术，比如化学、生物，甚至是核武器的制造和使用方法。"9·11"事件的策划者便是使用互联网作为国际联络和信息收集的工具，吸纳一些海外留学务工人员加入，然后对他们进行了"劫机撞楼培训"。

当然，网络情报功能的发挥仍然依赖于现代信息技术的发展进步，在海量数据中提取有价值的情报需要大数据技术、人工智能技术的支持。比如通过大数据分析技术就能够准确地分析出恐怖分子的行动轨迹。恐怖分子如果要开展活动，势必会进行一系列的准备活动，在通信、财务、交通等方面留下蛛丝马迹，通过对大量数据进行挖掘和分析，就可以发现特定行为模式的人，从而锁定可疑的恐怖分子。这种方法是可信的，专家研究发现，人的行为通常遵循一定惯例，"每个人都是习惯的奴隶，人们行为的可预测度平均为93%，有些生活规律的人甚至可以达到100%，即使是偶然也有其内在的秩序，爆发理论可以进行一定程度的解释，知道过去即可预知未来"。[①] 美国研究人员利用人工智能算法，分析大量"伊斯兰国"活动数据，从中找出了一些极端组织的活动规律，比如在遭到针对他们的大规模空袭时，"伊斯兰国"会大量使用临时爆炸装置。另外，"伊斯兰国"在发起大规模攻击行动前，使用汽车炸弹袭击的次数通常会增加。[②]

另外，计算机网络的出现对传统情报收集系统产生了重大影响，诸如社会调查法、文献计量统计法、数学分析方法等，都因为对网络的采

[①] [美] 艾伯特-拉斯洛·巴拉巴西著：《爆发：大数据时代预见未来的新思维》，马慧译，北京：中国人民大学出版社，2012年版，第218—277页。

[②] 《美研究人员利用"大数据"破解IS袭击策略》，http://news.xinhuanet.com/world/2015/08/08/c_128105362.htm。

用大幅度降低成本而效果大幅度提升。

(二) 网络空间行动的实施需要情报支撑

网络是获取情报的重要手段，而网络空间行动的实施同样离不开情报战的支撑。就前者而言，网络空间行动的技术性特征尤为明显，因为它所体现的是通过网络获取敌方情报的新手段，而后者则代表了网络空间行动的战争本质，它是政治团体利用各种途径掌握敌方态势进而有针对性地采取行动的对抗性活动，行动的前提是通过各种途径掌握敌方情报。

有学者将网络空间行动的情报搜集划分为开源情报、网络情报和人力情报等，[①] 所谓开源情报是指从公开可得的资源中搜集到的情报，来源既包括互联网也包括期刊、广播、电视等；网络情报是开源情报的来源之一，是非常重要的一种；人力情报是指通过人与人的接触进而分析行为而得出的情报，它既可以是与目标面对面接触、交谈获取信息，也可以是通过网络新媒体获取信息，比如关注对方的"朋友圈""微博""推特"等信息平台，通过阅读信息与之互动获取其情报。

从战争本质的角度而言，任何形式的战争都离不开情报的支撑，网络空间行动也不例外，即便是在网络上展开攻击行动，线下的情报信息也必不可少。这一点在"震网"攻击的案例中已经充分说明。

网络空间行动虽然属于高技术战争，但是其情报来源依然离不开人力情报，即人在情报搜集、传递和分析过程中发挥主导作用，当然这里并不是说不用技术手段，而是突出了人的主体性和能动性，人凭借自身出色的情报意识和情报理念，追寻有价值的线索，在获得的数量庞大而杂乱无章的信息中，提取出对战争决策具有重要价值的情报。实际上，网络空间行动仍然是敌对双方人员之间的对抗，只有人才能理解敌方人员的作战思想，才能获得敌方战略意图的情报和作战行为的情报，纯粹

---

① [美] 阿迪蒂亚·苏德、理查德·尹鲍德著：《定向网络攻击——由漏洞利用与恶意软件驱动的多阶段攻击》，孙宇军等译，北京：国防工业出版社，2016 年版，第 12 页。

依靠技术是无法实现的。

孙子早在春秋时代就提出的"五间俱起"的思想对于网络战同样具有借鉴意义。"故用间有五：有因间、有内间、有反间、有死间、有生间。五间俱起，莫知其道，是谓神纪，人君之宝也。"[1] 强调综合使用多种间谍和侦察手段，敌人就难以掌握用间的方法和规律，自然就能够占据情报优势。获取情报不能依靠单一的来源，而应该尽可能地采用多种方法途径，尽最大可能地确保情报完善准确。在"震网"发动攻击之前，有"Duqu""火焰"和"高斯"等病毒长期潜伏，获取相关的情报信息。

互联网上存储有海量信息，但是这些信息或隐蔽、或分散，需要用专门的工具进行分析和挖掘，需要开发专门的搜索引擎和挖掘工具。例如，Shodan 搜索引擎可以探测互联网上公开网络系统的能力，能够探测到数据采集与监视系统、电力和核控制系统、路由器、导航系统等。Maltego 是商业化的开源情报软件，不仅能够提出互联网上公开资源的数据，而且能够执行数据关联和挖掘，导出相互连接的组成关系图。谷歌的黑客攻击数据库可以找到许多漏洞模式，Bing 搜索引擎能够执行脸书的图形搜索查询。

对于网络情报获取工具要给予足够的重视，它与网络武器一样是实施网络空间行动的重要手段，如果不能详细掌握敌方网络状况，就无从实施网络攻击。当然，有的网络武器自身携带情报信息获取装置，但是这并不能动摇网络情报工具的战略地位，需要重点研发能够获取敌方情报信息的工具，从整体上掌握网络空间尤其是敌方网络力量的状况，为网络空间行动提供网络信息情报支撑。

（三）网络情报战

从起源的角度而言，网络空间行动最初的作战目的就是为了获取情

---

[1] ［春秋］孙武著：《孙子兵法大全集》，雅瑟主编，北京：新世界出版社，2011 年版，第 342 页。

报，而事实上，即便是网络空间行动成为独立的战争形态，获取情报也必然是其重要职能，这种作战方式即是网络情报战。"网络情报战是敌对国家，有时是非敌对国家，甚至盟友之间的普遍长期存在的情报对抗行动。网络情报战的手法一般包括通过破译网络口令或密码进入重要军事系统窃取情报，通过设置截取程序截获重要数据，通过预设陷阱程序窃取信息和通过截取泄露信息获取情报等。为达到可持续情报获取目标，非战时非敌对国家间的情报战一般都遵循'匿踪'和目标网络非伤害原则，即使为获取情报需要在目标网络中安插'后门''木马'和实施'漏洞挖掘'，也要确保己方行为不被发现为前提。"[①]

美国刚成立网络司令部时将地址选在国家安全局毗邻之处，网络司令由国家安全局局长兼任，从事网络攻击的人员最初都是情报间谍人员，最初的网络空间行动也都与情报获取、监视侦察等密切相关，这充分彰显了网络司令部的情报机构特征。

2013年6月，美国中央情报局前雇员爱德华·斯诺登将美国国家安全局的"棱镜"等系列秘密项目披露出来，被称为"棱镜门"事件。"棱镜"项目由美国政府与其商业公司合作实施，这一系统正常运作至少需要9家巨型互联网公司，这些网络公司是数据提供者，他们负责将数据提交给美国联邦调查局数据拦截技术单位。实际上，美国历史上存在政府联合商业公司实施监控的传统，从1947—1973年，美国国家安全局与西联汇款、美国电报公司、国际电报公司等企业合作，对所有进出美国的电报进行了实时监听；到20世纪20年代，合作公司拓展到100家提供特殊来源情报。

"棱镜门"事件揭露出美国政府实施配套的秘密监控项目，通过与谷歌、微软、苹果、脸书等九大本土互联网企业合作，形成一套完整覆盖电话网和互联网用户通信情报监控收集系统，监控公众网络通信和数据资料。实际上，"棱镜门"所揭露的只是美国政府实施网络监听的一小部分，它利用网络技术优势进行了全方位的信息监测：

（1）凭借互联网服务和资源优势，在美国本土及合作国家企业的配

---

① 王丹娜：《美伊网络战动因与效果试析》，《网络预警》，2019年第7期。

合下部署全球性的情报收集网络,侦测海底电缆、电话网络、短信记录及内容尤其是互联网数据。

(2)凭借美国在核心设备及基础软件的产业优势,利用预置后门及漏洞窃取情报,通过核心路由器等设备窃取信息。

(3)通过互联网渗透和攻击能力,获取敏感信息并控制关键设备。

(4)通过间谍手段安装侦测监控的后门与设备。

因为人们的工作生活严重依赖网络,网络空间成为了人的第二存在空间,任何网络活动都会遗留下信息,掌握这些信息就可以知晓特定人员的真实信息。

网络间谍是否属于网络攻击?有学者认为二者是有区别的,比如里德就认为网络间谍活动,是通过拦截在计算机之间进行的通信以及入侵别人的计算机网络来潜出数据的秘密情报收集活动,而网络攻击则属于一种秘密的计算机攻击行为,用恶意软件渗入敌手的计算机系统,以造成预期的物理效果或撤销进程的效率。①

如果从直接目的上而言,二者显然是有区别的,一个是获取情报信息,另一个是造成物理或数据破坏,但事实上二者的区别并非特别明显。因为,任何网络攻击的前提条件都需要获取网络战场信息,网络间谍是必不可少的前提环节。所以里德认为"计算机间谍活动完全是非暴力性的,但非常危险"。② 显然,里德一方面认为网络间谍活动非常危险,但是将其与网络攻击截然区别开来,并不认可其作为战争暴力手段的属性。他认为,"如果第五域中的战争——如果必要的话——仅指破坏、窃取或删除存储在计算机网络中的信息,而非首先影响该领域之外的东西,那么恰好是战争的概念将被稀释成一个隐喻,如向肥胖'开战'"。③

围绕网络武器的界定就存在巨大争议。在动能领域,武器就是武器,

---

① [英]托马斯·里德著:《网络战争:不会发生》,徐龙第译,北京:人民出版社,2017年版,第99页。
② [英]托马斯·里德著:《网络战争:不会发生》,徐龙第译,北京:人民出版社,2017年版,第100页。
③ [英]托马斯·里德著:《网络战争:不会发生》,徐龙第译,北京:人民出版社,2017年版,第191页。

明显特征是具有伤害、破坏和杀伤力的装备，与侦察刺探工具截然不同。但是网络空间中的大多数活动却都来自于数据代码，不论要达成何种目标，基本途径就是安装恶意程序、破坏对方数据，在网络空间中到底是刺探对方的情报信息，还是攻击对方的信息系统或者物理装备，是难以区分的。如果在"如何界定网络武器"和"如何区分网络攻击活动和网络间谍活动"问题上缺乏明确标准，必将带来误判甚至导致冲突升级的巨大风险。这些问题难以回答的根本原因是在网络空间中，网络间谍活动和破坏性网络攻击所使用的技术和工具完全一致，遭受攻击方根本无法分辨区别。①

网络间谍活动与其他网络行动尤其是网络攻击难以进行区分，例如二者都需要通过植入恶意软件或成功实施网络钓鱼行动对某个系统进行渗透，渗透所带来的后果可能是系统受损、性能降低或者是数据遭到破坏。通常而言，间谍活动尽量减少行动所带来的负面影响，其主要目的是获取信息，但是对于被侵入方而言却难以确认到底是间谍行为还是攻击行为，这就会导致出现误解而引发冲突。

网络间谍通常是双向的，也存在一种针对敌方间谍的间谍行为，比如通过制造"蜜罐"对敌方实施反间谍活动。所谓"蜜罐"是指看似具有价值的数据信息，但是实际上只是一种诱饵，通过它可以监控其他国家在"蜜罐"内实施的网络行动，从而掌握其网络间谍的行为模式，甚至可以从中获取其网络能力的宝贵信息。"蜜罐"功能也可以更进一步，其中存取的"秘密"文件具有间谍功能，一旦被窃取就能够反向作用于窃取者，从而获得行动者的相关信息，甚至是监控所捕获目标的相关活动，并及时发回报告。当然，"蜜罐"中也可能存有"炸弹"，通常称其为"武器化蜜罐"，作为诱饵的文件一旦被窃取，将会对窃取国的系统产生重大破坏或损害。

2010 年，"基地"组织在阿拉伯半岛发行名为《激励》的英文在线

---

① Gary D. Brown and Andrew O. Metcalf, "Easier Said Than Done: Legal Reviews of Cyber Weapons," *Journal of National Security Law and Policy*, *Georgetown Law*, February 12, 2014, http://jnslp.com/wp-content/uploads/2014/02/Easier-Said-than-Done.pdf.

杂志意在招募新成员，宣扬恐怖主义活动技巧。该杂志刚发行时多次被英国情报部门篡改，其中将恐怖分子指导伊斯兰读者如何进行恐怖活动的内容换成了如何用纸杯做蛋糕；有时杂志刊登的文章被冠以"反恐"标题；甚至还有一次，在线自制炸弹教程被篡改，袭击者倘若按照教程做炸弹将会把自己炸飞。[①]

这里需要指出的是，当网络空间行动起源于网络情报战时，其很多作战原则来源于谍报工作，但是窃取情报与实施攻击所达成的目标有所差异，所遵从的原则也必然不同。受情报工作的影响，在网络空间行动领域几乎没有任何明确的原则性的东西，一些从事机密工作任务的人员也注意到了这个问题。曾在美国中央情报局和美国国家安全局两个部门担任过局长的迈克尔·海登将军认为，"情报界是美国网络力量的根基，但说实话，我们并不太习惯于在机密的环境中做事。所以，我很担心当我们处理任何与网络空间有关的问题时，都会受到这种（机密）文化潜移默化的影响"。[②]

实际上，国际社会中人们关于网络空间行动的认知仍然深受情报工作的影响。比如，《塔林手册》认为和平时期的网络间谍不受国际法约束，利用网络能力监视、监控、采集或窃取通过电子传输或存储的通信、数据或其他信息等行为在国际法允许的范畴之内。认为网络间谍并不意味负面后果，它的存在会减少常规间谍活动，而且它从远程通过技术手段实施更为经济安全。"网络空间三层中的每一层均便于网络间谍行为的实施。例如在物理层，为便于窃听，可在硬件制造过程中将允许远程访问的代码嵌入其中，也可改变通信电缆上传输数据的流向，使之经过特定国家。逻辑层的漏洞可被恶意软件用于监控通信。此外，在社会层，可利用诸如'网络钓鱼''鱼叉式网络钓鱼'以及'捕鲸钓鱼'等社交工程技术获取访问凭证，以便表面上看似已获授权访问具有情报价值的

[①] ［美］P. W. 辛格、艾伦·弗里德曼著：《网络安全：输不起的互联网战争》，中国信息通信研究院译，北京：电子工业出版社，2015年版，第101页。

[②] Chris Carroll, "Cone of Silence Surrounds U. S. Cyberwarfare," *Stars and Stripes*, October 18, 2011.

信息。"①

当然，从国际法角度而言，并不禁止间谍行为本身，但是诸如维基解密、斯诺登事件爆发后，其披露出来的由国家针对他国或商业团体实施的网络间谍行为震惊世人，并引发了广泛争议，网络技术广泛渗透于人们的社会活动之中，掌握网络技术优势的国家能够通过这种技术优势窥探他人生活工作信息，其窃密程度已远非普通间谍活动所能比拟。普通间谍活动获取的是关于国家和商业方面的信息，而网络间谍则能深入到国家核心安全领域，在刺探信息的同时也能实施破坏甚至造成严重后果。

从更广泛的意义上而言，将网络空间行动与情报战纠缠在一起，未尝不是一种网络技术发达国家谋取现实利益的战略举措。它们可以将情报活动渗入到计算机硬件设施研发之中，在商业公司出售网络硬、软件乃至服务时，就可以将恶意软件安插到目标方的计算机系统之中，不仅能够实时窃取对方的情报信息，而且能够在关键时刻使对方失能。有学者披露，一些国家的情报部门从制造商和零售商那里拦截正在运输途中的硬件，然后植入恶意代码或安装修改过的芯片，之后再将其放回原处，流向市场。这些后门像定时炸弹一样，植入者可以根据自己的需要对它们进行远程控制，使用时开启，不用时潜伏。美国代号为"精灵"的项目就是将数字后门植入到全球范围内数以万计的计算机、路由器和防火墙中，以便能很容易地对其实施计算机网络刺探。

以情报为幌子似乎就可以绕开战争法规的制约，不仅可以在秘密中窃取敌方情报信息，而且随时保有攻击破坏敌人的机会与能力。"从历史经验看，优势地位国家，把其在原有领域已经长期享有的巨大利益固化为不可清算的既定事实，但同时又把新兴领域孤立开来，占领价值高点，谋求建立对其有利的新规则的方法，实际是一种语境陷阱。"② 而美国将情报和网络空间行动问题纠缠复盘，"把相关问题与其传统的情报

---

① [美]迈克尔·施密特总主编：《网络行动国际法塔林手册 2.0 版》，黄志雄等译，北京：社会科学文献出版社，2017 年版，第 194 页。
② 方兴东、崔光耀主编：《网络空间安全蓝皮书（2013—2014）》，北京：电子工业出版社，2015 年版，第 107 页。

优势脱钩，而与国家道义、知识产权等联系在一起，加之以军事硬实力的威慑，形成高点和筹码。这样既可以在网络情报作业和交战原则的谈判中获取更大的主动，又不需要在既有的优势领域（传统的情报和军事能力）做出让步"。①

对于网络情报战不能仅局限于情报获取进行认知，它所能实现的是巨大的物质利益和战略利益，而不仅仅是情报。相比较而言，在情报领域它的影响并非是颠覆性的，实际上，网络间谍并未改变情报活动的格局，它作为一种网络技术手段重要性的情报属性远不及其网络攻击属性。"尽管网络间谍可能是最重要的网络攻击形式，但对情报机构来说，它可能并不代表从根本上改变游戏规则的进展——网络间谍活动是规则改变者，但对最好的间谍机构来说却并非如此。"② 实际上，情报机构获取情报在很大程度上依然依赖人力资源，经验丰富和老练的间谍依然是值得信赖的情报来源。

三、网络空间行动与意识形态斗争

在已有的研究成果中，很多学者将网络空间行动与意识形态战相提并论，至少将意识形态战看作是网络空间行动的有机组成部分，将诸如通过网络传播输入意识形态进行"颜色革命"的案例看作是典型的网络空间行动案例。其实，这种观点值得商榷，网络是信息传输存储的重要平台，通过这种平台及其中的信息能够深刻改变敌方人员的思想观念和价值取向，但网络只是达成这种作战目的的途径，或者说网络空间行动的目的是信息数据层面的攻防，而具体信息内容以及如何有效改变敌方的观点意志，则属于意识形态战的范畴。

---

① 方兴东、崔光耀主编：《网络空间安全蓝皮书（2013—2014）》，北京：电子工业出版社，2015 年版，第 107 页。

② ［英］托马斯·里德著：《网络战争：不会发生》，徐龙第译，北京：人民出版社，2017 年版，第 100 页。

一个国家的主流意识形态，是这个国家核心价值体系的理论表述和思想表现，是文化自信、精神追求和社会理想的体现，是国家和民族的信仰体系。它是系统的、自觉的、直接反映经济形态和政治制度的思想体系。"现代社会中的意识形态分析，必须把大众传播的性质与影响放在核心位置，虽然大众传播不是意识形态运作的唯一场所。"① 网络空间具有天然的意识形态性，它是信息存储流动的场域，而信息又是思想和意识的天然载体，网络空间势必会成为思想碰撞和意识形态斗争的战场。"谁制胜互联网技术，谁就制胜互联网信息流向；谁制胜互联网信息流向，谁就制胜互联网政治意识形态认同。"②

实际上，网络空间的出现带来了意识形态传播规律、机制和方式的巨大变化。网络新媒体作为场域存在，本质上不只是信息的流动，更是共享、协商、妥协、交流、对抗等活动，是观念、意志、情绪等各方的深层次较量，这一"竞争性场域"，甚或"战场"充满着各种权力关系的博弈。③

（一）网络意识形态斗争复杂而普遍

马克思、恩格斯在《德意志意识形态》中对意识形态进行了深入研究，认为意识形态是"赋予自己的思想以普遍性的形式，把它们描绘成唯一合乎理性的、有普遍意义的思想"。④ 在马克思、恩格斯看来，意识形态不是独立存在的社会现象，而是与社会存在尤其是物质生产方式紧密相关，社会物质生产方式决定社会意识形态。"思想、观念、意识的生产最初是直接与人们的物质活动，与人们的物质交往，与现实生活的

---

① ［英］约翰·B. 汤普森著：《意识形态与现代文化》，高铦等译，南京：译林出版社，2005 年版，第 286 页
② 李艳艳著：《美国互联网政治意识形态输出战略与应对》，北京：社会科学文献出版社，2018 年版，第 69—70 页。
③ 蔡文之著：《网络传播革命：权力与规制》，上海：上海人民出版社，2011 年版，第 158 页。
④ 中共中央马克思恩格斯列宁斯大林著作编译局编译：《马克思恩格斯选集（第 1 卷）》，北京：人民出版社，2012 年版，第 180 页。

语言交织在一起的。人们的想象、思维、精神交往在这里还是人们物质行动的直接产物。表现在某一民族的政治、法律、道德、宗教、形而上学等的语言中的精神生产也是这样。人们是自己的观念、思想等等的生产者，但这里所说的人们是现实的、从事活动的人们，他们受自己的生产力和与之相适应的交往的一定发展——直到交往的最遥远的形态——所制约。"①物质决定意识，经济基础决定意识形态是唯物史观的基本观点。这个观点后来又被恩格斯反复重申，恩格斯指出："人们首先必须吃、喝、住、穿，然后才能从事政治、科学、艺术、宗教等等；所以，直接的物质的生活资料的生产，从而一个民族或一个时代的一定的经济发展阶段，便构成基础，人们的国家设施、法的观点、艺术以及宗教观念，就是从这个基础上发展起来的。"②

意识形态，它首先指的是观念、思想体系等范畴。它尤其是指体现经济关系和社会制度并代表统治阶级利益的思想观念体系。

阿尔都塞认为人生来就是意识形态的动物，没有不利用某种意识形态和不在某种意识形态之内的实践，宗教、教育、传播、政治、法律等就属于意识形态国家机器。法兰克福学派提出"媒介即意识形态"的著名论断，认为媒介技术具有社会控制的职能。大众媒介作为信息渠道和娱乐工具的同时，也起着思想价值引导和政治控制功能。正如马尔库塞所说，"实质上不发挥思想引导、政治控制等功能的大众媒介在现代社会是不存在的"。③媒介文化的内在动力和使命是通过形象的语言、事件和宣传诱使人们同意某些政治立场，使社会成员将特定的意识形态看作是"事物的现状"和"自然立场"。④

简单而言，意识形态是指作为反映社会存在的抽象理论观念的集合，

---

① ［德］马克思、恩格斯：《德意志意识形态》，载中共中央马克思恩格斯列宁斯大林著作编译局编译：《马克思恩格斯选集（第1卷）》，北京：人民出版社，1995年版，第72页。
② ［德］恩格斯：《在马克思墓前的讲话》，载中共中央马克思恩格斯列宁斯大林著作编译局编译：《马克思恩格斯选集（第3卷）》，北京：人民出版社，1995年版，第1002页。
③ ［美］马尔库塞著：《单向度的人：发达工业社会意识形态研究》，张峰等译，重庆：重庆出版社，1993年版，第216页。
④ ［美］道格拉斯·凯尔纳著：《媒体文化：介于现代与后现代之间的文化研究、认同性与政治》，丁宁译，北京：商务印书馆，2013年版，第102页。

马克思主义认为意识形态是反映经济基础及阶级关系的意识形式，即派生于在社会存在中具有决定性作用的物质生产关系的意识形式。"统治阶级的思想在每一时代都是占统治地位的思想。这就是说，一个阶级是社会上占统治地位的物质力量，同时也是社会上占统治地位的精神力量。"[1] 资本主义生产关系必然产生出与之相适应的资本主义意识形态，而且后者又会积极服务于前者的运行。资本主义意识形态标榜自由民主，但是资本主义却无法实现真正的自由民主，因为它的意识形态是建立于资本主义私有制基础之上的，私有制这个维护个人利益从而维护少数资本家利益的经济关系直接决定了资本主义意识形态的局限性，决定了资本主义的自由民主的虚假性。"资本主义意识形态表面上的开放性和实质上的限定性和规制性，即它在呈现对日常生活开放、灵活多样地契合人们所谓'现实诉求'的同时，也要在实质上实现它对生活世界的系统支配，对社会大众进行持续规控和具体训导，达到总体性的一体化规束，所以，资本主义意识形态观念系统的开放在根本上是为实现资本主义整合和规制服务的。"[2] 从本质上而言，资本主义意识形态中的自由民主不是真正服务于人的自由发展，而是为私有制服务的，为资产阶级的统治服务的。

在继承马克思、恩格斯意识形态思想基础上，结合社会革命运动的实际，葛兰西对意识形态的理解更为明确和具体，他认为欧洲无产阶级革命之所以无法取得胜利，是因为没有夺取意识形态领导权，"思想领导权在革命阶级获得政权前是革命的先导，是夺取政权的必要前提；而在掌握政权后则是巩固政权的保障，是建立主流意识形态的思想基础"。[3] 葛兰西用"文化霸权"的概念指称统治阶级将有利于规范其统治的价值观和信仰强加于社会各阶层的过程，这一过程的实现依赖于大多数社会成员的资源认同、非暴力缓和意识形态的控制等手段。一个国家

---

[1] 中共中央马克思恩格斯列宁斯大林著作编译局编译：《马克思恩格斯选集（第1卷）》，北京：人民出版社，2012年版，第178页。

[2] 杨乐强：《西方意识形态具象化运演的三重逻辑——基于西方马克思主义总体语境的分析》，《学术界》，2019年第8期。

[3] 侯惠勤：《意识形态话语权初探》，《马克思主义研究》，2014年第12期。

和政权必然有其独特的意识形态,即占据统治地位阶级的价值理念和思想观点,这种意识形态是指导建立国家暴力机关的基本原则,而国家暴力机关又必然全力维护意识形态的合法性和统治地位。改变敌对国家固然可以通过武力途径实现,也可以通过改变其意识形态这种非暴力的方式实现,而后者在和平外衣的掩盖下往往更容易达成政治目的。

自从第二次世界大战以来,世界上就存在着资本主义和社会主义两种不同的意识形态国家,因为二者之间的意识形态矛盾性是不可调和的,于是二者之间展开了或明或暗的意识形态对抗交锋。西方资本主义国家不遗余力地通过各种途径渗透瓦解社会主义国家的意识形态,具体方式有大肆输出价值理念、开展各种文化交流活动,甚至是在和平援助中夹杂着颠覆的阴谋等。可以说,只要社会主义制度存在,资本主义国家就不会停止意识形态攻击。从现实的角度而言,不同国家之间的较量并不仅仅是意识形态之争,其中夹杂充斥着围绕现实利益的较量、文化话语权的争夺。

现代意义上的文化霸权,是指国与国、民族与民族之间的文化价值观的强加行为,具体而言是指西方国家利用其在科技、经济、军事等方面的优势,把其物质生活方式、价值观等作为普世行为准则加以推行,进而确立其在文化上的主导地位,企图以自己的意识形态一统天下。"西方类型的专制的主要差别在于它依靠的不是对生产手段的控制,而是对信息手段的控制,并将其作为神经系统加以利用……由外部迫使群众服从让位于由内心使群众服从,看得见的统治被不知不觉地换成看不见的精神统治,而这种精神统治是无法抵御的。"[1] 西方国家推行文化霸权并不完全依靠网络,但是网络却是其推行霸权的重要渠道,尤其是依赖其在网络方面的技术优势推广其意识形态。

互联网的发展为西方发达国家实施意识形态战提供了便利的条件。首先,西方发达国家在互联网领域处于技术优势地位,尤其是美国是互联网的发源地,其技术优势几乎具有统治性地位。"虽然在物理层面网

---

① [俄]谢·卡拉-穆尔扎著:《论意识操纵(上)》,徐昌翰译,北京:社会科学文献出版社,2004年版,第52页。

络技术支持信息自由流动,但是信息传播的权力是不平等的,处于信息网络技术和文化话语双重强势地位的美国成为意识形态的强力提供者,进而利用信息传播的优势地位吸引他国公民并形成软实力。"[1] 当今国际网络空间秩序处于极不平衡的状态,超过 2/3 的信息流量来自美国,而中国在整个互联网的信息输出流量中占比仅为 0.05%,美国成为名副其实的"网络信息宗主国"。[2] 其次,互联网具有虚拟性、连通性和开放性等特征,传统疆域界线在网络空间不复存在,数据信息全球实时送达,这就为意识形态渗透提供了方便之门。最后,网络空间作为新诞生的活动领域,相关法律条约有待完善,这就为西方国家凭借技术优势实施意识形态攻击提供了方便之门。其实,即便是有相关的法律条约,西方国家也会置若罔闻,因为它们所奉行的是霸权主义,在国际社会中推行的霸权政策自然会被转移到网络空间,通过网络这个媒介和渠道向社会主义国家和其他发展中国家推销自己的意识形态。这实际上就属于发达国家在网络空间中实施的意识形态殖民,西方国家利用发展中国家对网络控制能力差和信息屏蔽能力有限的弱点,乘机将其价值观念、思维方式以及生活方式强制性地通过网络传播到弱势国家。造成意识形态的移位,用西方所谓的民主、自由和人权等观点造成对主权国家自身信仰和理论的冲击,致使价值观与道德标准以及本民族文化身份的改变。

约瑟夫·奈在《权力大未来》一书中明确提出,网络权力是全球权力的新态势,具体包括三个层面的内容:一是诱使目标做最初不会做的事情;二是排除目标的战略阻碍及选择;三是塑造目标的偏好。[3] 网络意识形态战就是通过网络战的途径改变敌对方的观念认知和价值判断,使其按照己方的意图行事,最终要达到的目的就是颠覆其政权统治。

---

[1] 李艳艳著:《美国互联网政治意识形态输出战略与应对》,北京:社会科学文献出版社,2018 年版,第 8 页。

[2] 李艳艳著:《美国互联网政治意识形态输出战略与应对》,北京:社会科学文献出版社,2018 年版,第 63 页。

[3] 李艳艳著:《美国互联网政治意识形态输出战略与应对》,北京:社会科学文献出版社,2018 年版,第 7 页。

里德认为,政治性网络攻击,即网络战只不过是人类冲突所包含的三种活动的复杂版本,这三种活动是破坏、间谍和颠覆。他认为"颠覆正在变得越来越不依赖直接的武装行动:联网计算机和智能手机使得动员追随者以和平方从事政治事业成为可能。在一般情况下,削弱对既有秩序的集体信任和合法性比过去——那时国家可能垄断了大众传播手段——需要的暴力更少。这尤其适用于动荡的早期阶段"。① 里德认为,通过网络途径能够更加便捷地实现颠覆敌方政权的目的。虽然颠覆的目的在于蓄意破坏既有权威或秩序的可信度、完整性和组成,甚至推翻一个社会的现有政权,但是所有颠覆活动的目标是人的思想,而不是机器。

意识形态战的作战目标是人及其思想认知,而不是信息数据或计算机系统,这一点是与网络空间行动有着本质区别的,网络空间行动的作战目标仅限于计算机系统及其信息数据。而且意识形态战的作战手法通常是非暴力的,甚至是非强制性的,正如有人所描绘的那样,"我们不强迫你去做,我们要潜入你的心灵,进入你的潜意识,达到你自己愿意去做"。② 这一点也与网络空间行动相区别,网络空间行动具有明显的暴力性,这种暴力性可以体现于对信息数据的破坏,也可体现于对实物的毁伤。当然,意识形态战会不会对敌方心理造成伤害性影响,通过诸如恐吓、威慑等方式造成心理创伤,答案是肯定的。但是这又属于心理战的范畴,网络意识形态战通常是一种潜在改变主体认知的影响模式。

(二) 网络意识形态的感性特征

在表述意识形态时,马克思、恩格斯用了政治、法律、哲学、道德、宗教、艺术等词语,诸如道德、宗教、文学和艺术等意识形式既可以以理论形式存在,也包含了大量的感性表象和情感体验,包含这

---

① [英] 托马斯·里德著:《网络战争:不会发生》,徐龙第译,北京:人民出版社,2017年版,第10页。
② [俄] 谢·卡拉-穆尔扎著:《论意识操纵(上)》,徐昌翰译,北京:社会科学文献出版社,2004年版,第52页。

些意识形式的意识形态范畴绝非理论化本质所能概括的。在马克思、恩格斯那里并没有将意识形态规定为理论形态，但是人们却通常容易将意识形态与系统的理论相等同，实际上，意识形态总是以逻辑严密的理论体系存在。

这首先是由观念上层建筑的本质决定的。意识形态反映着统治阶级的利益和要求，必须采用合理化表达方式来证明其合理性，统治阶级势必会进行逻辑论证、思想阐述和理论建构，势必会深挖意识形态的历史逻辑，规划其实践逻辑，构建出合理美好的理想逻辑，目的就在于更好地将意识形态的理论和思想在社会上进行普及推广。

理论化的意识形态具有抽象性，从而具有更为丰富的内涵，也能够扩展出更多的外延，从而成为社会各阶层的意识形态。"占统治地位的将是越来越抽象的思想，即越来越具有普遍形式的思想。因为每一个企图取代旧统治阶级的新阶级，为了达到自己的目的不得不把自己的利益说成是社会全体成员的共同利益，这在观念上的表达就是：赋予自己的思想以普遍性的形式，把它们描绘成唯一合乎理性的、有普遍意义的思想。"[1] 意识形态势必采用普遍性的理论形式进行包装，在形式上体现为全体人员的共同利益。"意识形态把它自己呈现为一种关于社会的匿名话语，一种用普遍的东西来谈论自身的话语。"[2] "特殊利益与普遍形式的矛盾统一是意识形态得以成为意识形态的关键所在。"[3] 意识形态要通过概念、判断和推理这些逻辑形式表达出来，具有科学的推理论证，体现为严密的逻辑体系。

意识形态的理论性也可以从其表现形式上加以说明。马克思曾指出："语言和意识具有同样长久的历史；语言是一种实践的、既为别人存在因而也为我自身而存在的、现实的意识。"[4] 语言是意识形态天然的栖身

---

[1] 中共中央马克思恩格斯列宁斯大林著作编译局编译：《马克思恩格斯文集（第1卷）》，北京：人民出版社，2009年版，第552页。

[2] ［英］约翰·B.汤普森著：《意识形态理论研究》，郭世平等译，北京：社会科学文献出版社，2013年版，第15页。

[3] 贾鹏飞：《论意识形态话语创新的三重动力》，《理论探索》，2018年第6期。

[4] 中共中央马克思恩格斯列宁斯大林著作编译局编译：《马克思恩格斯文集（第1卷）》，北京：人民出版社，2009年版，第533页。

之所，是意识形态最为重要的载体，"一定的意识形态总是借用一定的语言和术语来叙述自己的"。①它所蕴含的理论逻辑和价值判断通过语言呈现。语言的正式表达是书面文字，其本质在于有逻辑地再现客观实在，基本形式就是理论形态。

这里需要区分意识形态两个层面的内容，就本质而言，意识形态必定是理论性的，它是统治阶级维护自身利益的逻辑讲述，是基于社会现实物质生产方式的观念表达。它的产生过程经历了人类认识活动一般规律和观念上层建筑形成特殊规律的运动过程，经历了从实践到认识再到实践的循环往复，亦经历了经济基础决定上层建筑、上层建筑反作用于经济基础矛盾运动的互动发展，最终以主体思想观念的理论形态呈现出来，而且通常是系统化完备的理论形态。

但是，意识形态的表现形式却并不必然是理论化的，而是具有多样性、复杂化特征，抽象的内容可以以直观感性的形式呈现出来，可以通过具体实物的静态景观表现出来，也可以通过主体实践的连续运动的方式表现出来。那么，无论是静态实物，还是动态实践能否完整表达意识形态的丰富内涵，或者说经过高度抽象的理论体系如何能被有限的感性形式表达出来？

马克思认为，作为理论体系的意识形态需要以最为直接简单的形式来控制人们，"不言而喻，'怪影''枷锁''最高存在物''概念''疑虑'显然只是孤立的个人的一种唯心的、思辨的、精神的表现，只是他的观念，即关于真正经验的束缚和界限的观念；生活的生产方式以及与此相联系的交往形式就在这些束缚和界限的范围内运动着"。②"概念""最高存在物"等最为精炼的语言表达以及瞬时的视频、简介的符号等，都能清晰展示精神思想的脉络，使意识形态得到真切而又直观的表达。阿尔都塞指出意识形态的传播机制极为简单，"一般意识形态的'机制'是一种实在。我们已经看到，它可以被简缩为用几个词表达的原理"。

---

① 俞吾金著：《意识形态论》，北京：人民出版社，2009年版，第69页。
② 中共中央马克思恩格斯列宁斯大林著作编译局编译：《马克思恩格斯选集（第1卷）》，北京：人民出版社，2012年版，第163页。

他举例说，正像马克思用"物质"，弗洛伊德用"无意识"这样的精炼词来表达思想和理论的核心内容。[1]

西方马克思主义者提出了核心共识理论和意识形态社会复制理论。核心共识理论认为，在意识形态中某些核心价值观和信仰处于核心基础地位，能够被广泛接受和坚持，比如西方社会中所强调的自由、民主、平等等观念。这些核心共识会在社会上进行复制传播，扩散成为人们都共同遵循的社会秩序，而且国家政权必须进行统治意识形态的生产与扩散。

现代传媒理论家用"模因"的概念来揭示文化思想的传播。道金斯（Dawkins）在1976年提出模因的概念（meme），即文化传播就好像基因复制过程，通过基本单元传承社会思想。"模因"这一概念源自希腊语，是指"被模仿的东西"，是指传播、复制思想观念的基本因子。类比基因在生物繁衍中进行遗传的功能，模因同样是文化传播扩散中基本的核心信息单位。

英国学者格雷姆·伯顿在《媒体与社会：批判的视角》中提出了与模因相类似的概念——基石。他认为，媒体文化不仅具有意识形态，而且总是突出和强调能够概括整个意识形态体系的基本元素，利用特殊的传播手段和表现手法，达到强化印象和提升影响力的效果，通过基本元素的传播凝练形成共同的信念和价值观。[2] 意识形态虽然是一个庞大复杂的体系，但是它具有核心的组成部分，或被称为模因，或被称为基石，这个核心组成代表着意识形态的思想精髓，具有简单精炼的表现形式，从而能够快速模仿复制并进行有效传播。"复杂的观念通常被简化为容易记忆的声音和广告口号。"[3] 所谓"容易记忆的声音"和"广告口号"就是意识形态核心观念的通俗表达。显然，意识形态的存在是多种样态

---

[1] ［法］路易·阿尔都塞、李迅：《意识形态和意识形态国家机器（续）》，《当代电影》，1987年第4期。

[2] ［英］格雷姆·伯顿著：《媒体与社会：批判的视角》，史安斌译，北京：清华大学出版社，2007年版，第69—72页。

[3] ［美］詹姆斯·罗尔著：《媒介、传播、文化：一个全球性的途径》，董洪川译，北京：商务印书馆，2012年版，第36页。

的，它既可以是系统的理论体系，也可以是单独的核心观念，这就为其丰富的表达形式奠定了基础。

从意识形态发生学的角度，更容易理解意识形态的多样性，因为它是人对现实社会感知基础上形成的观念形态，意识形态的原始形式异常丰富。马克思认为，"意识起初只是对直接的可感知的环境的一种意识，是对处于开始意识到自身的个人之外的其他人和其他物的狭隘联系的一种意识"。[1] 而意识形态作为意识的有机形式必然具有感性特征，正如葛兰西将意识形态划分为"有机的意识形态"和"随意的意识形态"两种类型，而后者就属于感性意识形态，是人在具体活动中自发的、随意的认知与情感。[2] 所以理解意识形态不能仅看到理论化、体系化的意识形态，更应该关注的是现实的、生活的意识形态。

这里并不是要将意识形态泛化，只是说明意识形态形式多样性有其现实基础。为了更好地界定意识形态的概念，可将马克思所讲的"感知的意识"和葛兰西的"随意的意识形态"称为前意识形态。卢卡奇认为人们对一定状态下的经济社会环境的每一个反应都可能变为意识形态，从而能够以传统的注释、宗教的信仰、科学的理论和方法等多样的表现形式出现。[3] 前意识形态经过理论化过程之后方成为系统的意识形态，而系统的意识形态呈现出了感性意识形态和理论意识形态的不同样态。阿尔都塞认为"意识形态是具有独特结构的表象（形象、神话、观念或概念）体系"，关涉人同世界的体验关系。[4]

感性意识形态与前意识形态既相互联系又有所区别。就形式而言，二者通常体现为感性的，但是前意识形态是初级意识形态，它所反映出的是主体自发的思想观念和价值取向，是不完整的、碎片化的意识形态，

---

[1] 中共中央马克思恩格斯列宁斯大林著作编译局编译：《马克思恩格斯选集（第1卷）》，北京：人民出版社，2012年版，第161页。

[2] ［斯洛文尼亚］斯拉沃热·齐泽克等著：《图绘意识形态》，方杰译，南京：南京大学出版社，2002年版，第161、163页。

[3] 任春华：《网络空间中的感性意识形态：基本特征与传播机理》，《思想政治教育研究》，2020年第3期。

[4] ［法］路易·阿尔都塞著：《保卫马克思》，顾良译，北京：商务印书馆，2010年版，第227—228页。

而感性意识形态中的"感性"是感性的知觉、体验、需求和活动的有机统一。这些感性意识和感性活动能够真实表达出不同主体的思想观念和价值取向。与理论意识形态相比，感性意识形态具有无序、瞬时、难以明确掌握等特点，但是这并不影响其明确取向的本质特征，它只是以感性的形式来表达原本抽象的意识形态。所以，有学者将感性意识形态等同于初级意识形态是有待商榷的，它恰恰不是初级的，而是完备意识形态的再呈现，是理论化意识形态的通俗表达。

关于意识形态的认知要突破纯理论形式的限制，要认清其存在的具体性、广泛性和多样性。"理解意识形态不应仅仅关注其存在于著作文本中的抽象理论形式，更应该探究存在于日常生活实践中的自发、具象的感性形式。与理论形式的意识形态相比，感性意识形态更真实、更生动、更接近于人的现实生活，从而具有更为丰富的内容意涵和更鲜活的价值传播力。"[①] 感性意识形态使得思想内容更加具象化，通过完整的声、光、电等多媒体表达形式，对人的感性直觉进行激发诱导，更全面直接地将人的感知、意识与自身欲以表达内容相衔接，从而对对象进行意识形态干扰与输入。简而言之，当人们观察某个图像或视频时，最为直接的是获得了图像或视频所表达的具体内容，但与此同时也获得其所表达的意识形态。

感性意识形态的兴起折射出的是不同理论意识形态的主体认同模式。当以感性为主要认同方式和认识路径时，人们在图像和视觉消费中获得了自我满足和自我认同，进而实现个性自我，形成了一种立足于感官刺激的自足文化。个性化、生活化、质疑化成为自足文化的典型特征，形成了以"自我"为中心的意识形态认同。主体所认可和追求的首先是娱乐身心，从自身的兴趣爱好出发，易于接受自己喜爱的信息内容，目的在于放松心情、平衡心理和感官享受。媒体生态学创始人尼尔·波兹曼在《娱乐至死》一书中指出："一切公众话语都日渐以娱乐的方式出现，并成为一种文化精神。我们的政治、宗教、新闻、体育、教育和商业都

[①] 任春华：《网络空间中的感性意识形态：基本特征与传播机理》，《思想政治教育研究》，2020年第3期，第48—53页。

心甘情愿地成为娱乐的附庸，毫无怨言，甚至无声无息，其结果是我们成了一个娱乐至死的物种。"① 当然，人并不只是感性动物，它还具有理性特征，这里只是强调感性活动可能会随着技术发展应用而无限扩大，人们可能会在追求感官刺激中迷失自我，但从另外的角度来看，通过感性互动传播意识形态具有"润物无声"的效果。以霍克海默、阿多诺和马尔库塞等为代表的法兰克福学派，不仅将消费、心理、休假、娱乐等内容纳入到意识形态的内涵之中，而且认为工业社会之中的日常生活、大众文化、艺术等都具有意识形态的特征。

在感官活动中受众主体并非是完全被动的，他自身具有一定的意识形态结构与内涵会与外界接触到的内容进行交流、交锋，对其或者拒绝、或者批判、或者用其替代已有内容。在这个过程中意识形态的传播形式与程度具有较大的影响力，如果传播形式满足主体的审美标准，而且又能够以无声融合的方式对主体进行包围渗透，外界意识形态就极有可能会深刻影响受众主体。当然，受众主体的改变具有潜在性，即主体意识形态的改变并非立刻显现出来，而是一个逐渐实现的过程，也许主体自身都没有感觉到自身思想观念和价值判断发生了变化，但是在具体实践中却通过决策判断和行为方式体现出来，尤其是当触及有导向的事件时体现得越发明显。

感性意识形态为什么没有得到足够的重视，历史上难道人们根本就没有注意到感性意识形态的重要性？其实不然，通过感性知觉方式影响人的思想观念和价值判断一直都得到人们认可和遵循。例如，中国古代有"耳濡目染"之说，认为"近朱者赤，近墨者黑"。为了能使儿子拥有良好的教育环境，"孟母三迁"择邻。但是关于感性意识形态的认知也仅仅停留于感性的形式，反倒是理性意识形态的认知率先以理论化形式出现。因为，理性意识形态本身是理论化逻辑性的，这一特征与抽象的文字形式和话语逻辑相契合，于是出现了关于社会上层建筑中理性意识形态的认知与表达。

---

① ［美］尼尔·波兹曼著：《娱乐至死》，章艳译，南宁：广西师范大学出版社，2011年版，第4页。

（三）网络空间中对感性意识形态的操控

现代信息技术尤其是计算机网络技术的发展为感性意识形态的发展提供了技术条件，原本以理论形态呈现的意识形态内容，更多地以多媒体形式在网络空间中呈现，原本针对社会精英阶层的意识形态宣传，开始渗透到普通民众的日常生活之中。

意识形态若要发挥其主导性作用，势必要尽可能地全面渗透到社会各个领域，通过凝聚思想认知和价值共识来实现阶级利益的最大化。但是，理论化的意识形态因为表达形式而难以影响到普通民众，"以概念判断、逻辑推论或理论体系表现自身时，其传播速度和辐射广度都是有很大局限的"。① 对于普通民众而言，接触理解意识形态的主要方式不是解读理性的理论，而是更易于理解的经验性的感性体验。"意识形态内容的传导、内化与践行，更多依赖于受众对相关价值理念的感性认知，只有产生感性情感与认知才能转化为实践，因此感性意识形态对人们实际生活中的行为抉择和价值偏好会产生更大的影响和塑造作用。"② 实际上，对于普通民众而言，严密的逻辑理论不仅索然寡味而且难以理解，也没有足够的时间和精力进行思考和体悟，这就直接决定了理论渗透社会生活的程度与效果。

从另外的角度而言，意识形态发挥作用的机理在于实践，其作用方式不是停留于观念认同，而是要深刻体现在主体的社会活动之中，通过情感认同达到实践认同的效果。马克思在批判德意志意识形态家时指出："哲学家们只要把自己的语言还原为它从中抽象出来的普通语言，就可以认清他们的语言是被歪曲了的现实世界的语言，就可以懂得，无论思想或语言都不能独自组成特殊的王国，它们只是现实生活的表现。"③ 可以认为意识形态不在日常生活之外，不能简单理解为反映日常生活的思

---

① 刘少杰著：《当代中国意识形态变迁》，北京：中央编译出版社，2012年版，第231页。
② 任春华：《网络空间中的感性意识形态：基本特征与传播机理》，《思想政治教育研究》，2020年第3期，第48—53页。
③ 中共中央马克思恩格斯列宁斯大林著作编译局编译：《马克思恩格斯全集（第3卷）》，北京：人民出版社，1960年版，第525页。

想体系，而是人的实践体系和话语体系。希克明确指出："一种意识形态，如果它不符合人们的利益和经验，就决不会成为这些人的意识形态。"① 这势必要求意识形态表达形式的感性化、简洁化。

史蒂文·卢克斯在《权力：一种激进的观点》一书中说，我们也需要注意到那些最不容易观察到权力的方方面面，事实上，权力在最不引人注目的时候是最有效的。意识形态在人们没有认识到意识形态存在的时候通常会起到更为深刻的效果，当意识形态褪去其一贯表现的理论"外衣"时，改用通俗明了的感性表达形式时，恰恰实现了通过"不在场"形式的真正占有。

感性意识形态的认知依赖于现代心理学、传播学等学科的发展，尤其依赖于信息技术的发展。因为现代信息技术尤其是网络技术的发展，改变了人们一直只能依赖于抽象语言和文字表达思想的状况，人们开始能以更为丰富的手段来表达思想，开始能够以丰富的符号载体、数据模型甚至是事物的影响来反映世界，并在反映世界的过程中传递自己的理解和认知。汤普森认为，"在以大众传播的发展为特点的社会里，意识形态分析应当集中关注大众传播的技术媒体所传输的象征形式"。② 如果说传统的意识形态主要体现于理论的文本表达上，那么现代意识形态则散布于各种符号载体之上，其影响体现于不同领域和众多层次。意识形态是思想内容与表现形式的统一，其思想内容必定是系统化、理论化的思想观念与价值体系，体现了特定阶级对自己物质利益和经济关系的诉求和主张，但是这些内容具体采用何种表现形式却具有多种选择，既可以是理论形式的，通过国家纲领文献、法律法规、思想著作等系统理论化表达，也可以通过感性表象的方式呈现。

就一般意义上而言，感性意识形态具有具象化特征，但是这并不能否定其理性化本质，当然更确切的说法应该是感性化表现形式的意识形态，当网络技术充分发展时，人们不再局限于用文字语言来表达意识形

---

① [捷] 奥塔·希克著：《第三条道路——马克思列宁主义理论与现代工业社会》，张斌译，北京：人民出版社，1982年版，第355页。

② [英] 约翰·B. 汤普森著：《意识形态与现代文化》，高铦等译，南京：译林出版社，2005年版，第286页。

态，而是可以选择与人感性直觉相一致的更具感染力的多媒体方式表达，这实际上是用感性的形式表达理性的内容，用视听的、散漫的甚至是娱乐化的方式表达具有深刻逻辑的思想内容。由于这种表达方式与已有的理论化逻辑性的表达方式不一样，意识形态的内涵与特征也不会"跃然纸上"，对于受众而言更容易放松思想警惕，进而在感官接受的同时也潜移默化地接受了其中所蕴含的意识形态内容。

网络空间是感性意识形态的天然场所，因为网络空间中的基本元素是数据信息，这些数据信息是真实世界的描摹反映，它们以虚拟的形式在网络空间中实现了再现，然后以感性的形式在人机界面上呈现出来。"网络空间中感性意识形态的内容呈现，常常是图像、故事、音乐、仪式、影像等多元象征符号的融合运用，体现为多模态样式和全媒体文化共同支撑的多层次信息传导。而随着网络传媒技术的迅猛发展，各类新型媒介样态不断涌现，又促使感性意识形态不断获得新的更为丰富的象征载体与呈现形式。"[①] 这里我们并不能主观地认为网络空间景象呈现就是为了表达意识形态，只是强调网络为意识形态表达提供了天然场所，而它势必成为人们传播意识形态的必然选择。

网络空间是人造技术空间，技术因素决定着空间的形成与信息的传输，这就为利用技术控制网络空间信息流动提供了条件。"互联网这种媒介鼓励更多的公民参与到公众舆论表达、政府治理和决策过程中去。可以说，互联网代表了一种对抗传统媒体的议程设置能力以及对抗政府、政党和传统媒体企图界定和保护现状的权力。它可以是自上而下也可以是自下而上，可以是水平的也可以是垂直的；它是一个充满活力的双向互动的过程。"[②] 通过计算机网络技术和大数据技术，可以对受众接受信息的方式与内容进行强力干扰，软件平台及其服务商既可以根据用户喜好有目的地进行推介，也可以按照某种意图有计划地推介，总之，用户所获得的信息极有可能是别人精心挑选设计的内容，目的就是按照心理

[①] 任春华：《网络空间中的感性意识形态：基本特征与传播机理》，《思想政治教育研究》，2020年第3期。

[②] [英]希瑟·萨维尼、张文镝：《公众舆论、政治传播与互联网》，《国外理论动态》，2004年第9期。

认知模式的规律主导主体的观念认知和价值判断。在虚拟的网络环境中，社交媒体上的讨论交流、观念表达可能都是虚假的人设，它们可能都在传播某种意识形态，旨在影响目标对象的价值观。

与传统媒介相比，网络在符号传播、把关人、议程设置、受众组成、劝服与态度等方面都发生了巨大变化。首先，它改变了意识形态的符号体系。德波认为，"它（意识形态）摆脱了过去的抽象性，借助随处可见的景观实现了意识形态的具象化呈现和碎片化控制，景观成为被强化了的意识形态"。① 网络空间遵循的是感性化传播机制，这一点与人的感性存在相契合，"人不仅通过思维，而且以全部感觉在对象世界中肯定自己"。② 网络空间更能促进感性主体的存在和发展，它体现了人的社会实践的感性方面。"在现实生活或在社会实践中，制约人们思维和行为的意识形态主要是马克思在论述'整个'意识形态时提到的那些情感、信念、希望、幻想、成见等感性意识，是葛兰西、布迪厄、伊格尔顿等人论述的同日常生活直接联系甚至同身体行动统一在一起的日常知识或身心图式。即便是那些具有较强理论思维能力的哲学家，支配他们实际行为的理论意识形态，也一定同他们在生活中的体验和经历联系起来才能发生作用。"③

"大众媒介和网络媒体所反映的意识形态并非真的是某一内容、思想，某组图像或声音，而是将思想、图像和声音组织起来的一套规则。"④ 人们所接触到的各种符号和感性形式并非其本身，而背后所隐藏的诸如消费欲望、商品拜物教、极端个人主义等各种各样的意识形态。当各种思潮和观念通过各种网络符号出现时，实际上已经经过了"精心伪装"和形式转换，不仅真伪难辨而且充满诱惑力、亲和力，所携带的意识形态极易为客体所接受。

---

① ［法］居伊·德波著：《景观社会》，张新木译，南京：南京大学出版社，2017年版，第136页。
② 中共中央马克思恩格斯列宁斯大林著作编译局编译：《马克思恩格斯全集（第42卷）》，北京：人民出版社，1979年版，第125页。
③ 刘少杰：《意识形态的理论形式与感性形式》，《江苏社会科学》，2010年第5期。
④ ［英］尼古拉斯·阿伯克龙比著：《电视与社会》，张永喜等译，南京：南京大学出版社，2007年版，第37页。

传播学理论家怀特在 1950 年提出了新闻舆论筛选过程中的把关模式，网络空间中把关人的功能被削弱，政府机构难以像控制传统媒体那样"把关"各种媒介信息。网络空间信息传播实现了由传统说服模型向互动型转变，思想和意识形态的传播方式开始从传统媒体的权威模型（一面之词模型）转向到分析模型（两面之词模型）。而且在传播过程中比传统媒体更加综合地运用心理、感性和幽默等说服技巧和表现方法。就传播模式而言，具体体现为生活化模式，具体内容融汇于民众生活经验进而实现价值渗透，满足于其生活需求而得到其价值认同，同时采用民众乐于接受的语言表达。生活化模式意味着意识形态问题不再是单纯的政治问题，而渗入到社会、经济、文化、教育等各个领域，与普通人的生活紧密结合在一起，而且它所反映的内容是民众自己的事，这无疑会增加受众主体的认可感与接受度。

通过掌握网络空间，可以达到解构意识形态议程设置目的。议程设置是重要的意识形态传播机制，美国传播学理论家麦康姆斯和肖在 20 世纪 70 年代首次提出议程设置理论。"大众传播具有一种为公众设置'议事日程'的功能，媒介所强化报道的题材和事件，会引起人们的重视；媒介的新闻报道和信息表达活动以赋予各种'议题'不同程度的显著性的方式，影响着人们对周围世界的'大事'及其重要性的判断。"[1] 一些个人、非政府组织甚至是敌对势力通过掌握议程设置，将受众的需求和认知作为议程设置的指向目标，通过构造和裁剪等手法对信息进行取舍和加工，引导受众的注意力和关注点，通过报道事实和舆论评论的方式提供给受众，就可以达到操控民众意识形态的目的。

网络为境外敌对势力干涉甚至改变一个国家意识形态进而颠覆其政权提供了技术手段。任何国家政权的建立都必须以一定的观念上层建筑为指导，如果观念上层建筑被颠覆就会导致社会民众思想波动，进而影响到政权的统治甚至会导致政权倾覆。在国际复杂政治格局中，西方发达国家实现政治目的的途径不再依赖于明火执仗的军事硬实力，而转借

---

[1] ［美］沃纳·赛佛林、小詹姆斯·坦卡德著：《传播理论——起源、方法与应用》，郭镇之等译，北京：华夏出版社，2000 年版，第 245 页。

丁发达的网络技术，通过网络空间散播己方意识形态来实现颠覆政权的目的。

美国政府历来高度重视意识形态输出。奥巴马任职期间实施了"影子网络"建设工程，先后斥资数千万美元建立"影子"互联网和手机通信网络，协助叙利亚、利比亚和伊朗等国家的反对派避开本国政府监控和封锁，开发的"行李箱互联网"方便携带，可随时打开并连接互联网。

美国还专门成立"非暴力行动和战略应用中心"（CANVAS），在50个国家借助网络社交媒体开展了社会抗争运动培训，先后促成了15场反政府的社会革命。自2001年以来，几乎所有的"颜色革命"活动，都与该组织有关联。[1] 2009年伊朗大选、2010年突尼斯"茉莉花革命"，中东变局等都是美国实施意识形态战的典型案例。2010年突尼斯爆发"茉莉花革命"的最直接原因就是放任了互联网社交平台的网络化自治。在突尼斯"社会活动家"的推波助澜下，一些对突尼斯当局不利的言论广泛地在国内的各大论坛传播。英国专门研究中东媒体问题的专家马克·林奇从技术角度形容"茉莉花革命"为"推特革命"。北约部队在打击伊拉克境内的"基地"组织的网上支持者，实施了名为"真诚声音行动"网上舆论战项目，向伊拉克民众进行有利于美军的舆论宣传，实现争取伊拉克民心的目的。这样的案例不胜枚举。

为了更好地实施意识形态的输出，西方国家不遗余力地开发新软件、实施网络行动来制造舆论攻势，影响别国的意识形态。2011年3月17日，英国媒体报道，负责中东和中亚军事行动的美军中央司令部正在秘密研发一款软件，即"在线个人管理服务"软件，该软件可以利用伪造的用户身份在网络上密集发表观点，具体表现为一个人可以拥有10个显示为不同国家IP地址的身份，通过操纵社交软件，推广有利于美国的舆论宣传。

---

[1] 沈逸著：《美国国家网络安全战略》，北京：时事出版社，2013年版，第281—282页。

第六章　网络空间行动的社会规约

战争的出现是人类社会生产力发展到一定阶段的产物，由于生产力发展出现了剩余产品，产生了私有制，出现了阶级，占有生产资料的阶级出于维护自身利益的目的而组建军队，通过实施战争达到捍卫或侵夺利益的目的。战争是人类社会发展到一定阶段的必然产物，即是说在特定的人类历史时期，战争是不可避免的社会现象，虽然它本质上是暴力的、血腥的、杀戮的。战争出现后就有其自身发展演变的逻辑，最为基本的逻辑之一就是遵循技术发展的逻辑，由于人们需要使用特定的技术手段实施作战行为，技术就成为了战争形态发展变化的影响因素和基本内容，人们的战争行为依据技术发展进步而不断演变。最初在陆地实施战争，随着航行技术的发展战争拓展到了海面，航空技术又将攻防对抗延伸到了空中，而当网络技术逐渐兴起并形成网络空间时，人类战争的触角势必会伸展至这一新型人造空间。所以，网络空间行动的出现具有必然性，人类社会无法消除的战争最终必然体现于网络空间。

和平主义者主张彻底消灭战争的想法并不切合实际，以建设和平网络空间为名而彻底否定网络空间行动也并不可取，承认网络空间行动的客观必然性并不意味着就应该放任其存在，真正的和平爱好者恰恰是正视战争存在的合理性，与此同时却又对其进行约束规范，在通过战争达成政治目的的同时减少其附带的暴力伤害。对于网络空间行动这种新兴的战争样式，人们需要认真分析其运行机理，在此基础上进行合理规范，使其成为一种合理合法的暴力手段。通过条约、法律或者制度等对国际网络军事行动进行约束，并逐渐将外在刚性约束逐步转化为内在伦理观念，使网络空间行动成为人类社会合理可接受的暴力性政治行为。

一、网络军事力量的战略均衡

网络空间行动伦理规约目的在于网络和平,这个判断是研究思考网络伦理问题的立足点和最终目的,但是具体的实现路径却不是直线式地达到这个目的,而是要经历具体的举措、方法等环节的螺旋式提升,经历辩证发展过程方能实现。

(一)"以战止战"的网络军事思想

马克思主义持辩证性的和平思想,即基于社会现实的、通过克服具体矛盾因素的和平思想,通过解决具体矛盾问题找到实现和平的路径,从而能够真正实现社会和平。辩证和平思想将战争本身看作是实现和平的有机构成,而不是只看到其破坏性,将其简单地划归于和平的对立面,加以彻底否定,它强调的是合理利用战争实现和平。

关于战争伦理学存在三种思想流派,即现实主义、和平主义及正义战争理论。现实主义者以现实需要为出发点,将是否满足自身利益作为战争行动的判断标准,甚至认为为了利益发动战争就不应受道德限制。与之相反,和平主义者则认为战争和武装冲突是非正义的,需要绝对禁止。和平主义者的典型代表是康德,他的绝对和平思想以道德律令的方式要求人们维护和平,其本质是一种脱离实际的形而上学的和平思想,因其追求绝对、无条件的和平而在现实中根本无法实现。正义战争论者认为在特定情况下战争或武装冲突具有合理性,当理由正当时一国可以对另一国使用武力。具体可以划分为战争正义和交战正义,相对应的问题就是"一个国家何时可对另一个国家使用武力"和"武装冲突交战方可以采取哪些行为"。这些问题的答案在后面的章节中再进行求解,这里需要强调指出的是网络空间行动具有合法性和合理性,当一方率先发动战争或者侵害他国利益时就会招致战争,就会受到报复性打击。从实际战争的角度来思考网络的和平才能真正实现和平，网络和平需要建立在制止现实战争的基础之上，进而言之，需要建立在网络军事力量战略均衡基础之上。

和平具有多种实现方式，有的和平是战争双方力量相对平衡造成的，有的和平是一方力量过于强大造成的。后者如维多利亚式和平，是英国支配殖民地国家而形成的悲惨和平。① 显然，一方过于强大的和平并不是真正的和平，因为这种和平是不正义的。休谟认为在力量极端不平等的环境下，正义便不可能实现。霍布斯也指出，没有限制的力量将不需要契约，因为通过它们将毫无所得：它可以得到想要的任何东西而无需放弃任何东西作为回报。双方的力量越是平等，达成并且遵守正义规则的动机也就越强。"除非所有各方惧怕在没有契约状态下相互之间的伤害，限制利己追求的契约将不可能是有利的。"② 休谟和霍布斯的正义观具有鲜明的现实主义特征，它深刻揭示出国际社会正义的实现必须建立于实力基础之上，在实力悬殊的两国之间不可能真正实现公平与正义。基辛格在《重建的世界》一书中认为由于国际社会中并不存在真正的世界性政府，各主权国家需要通过权力均势来维持和平与秩序。

网络和平的实现首先在于合理规避战争，规避战争并不是消极避战，事实上，消极规避恰恰无法达到和平的目的，网络和平依赖于网络战力量的建设以及形成相对稳定的战略均衡态势。网络和平的实现不能立足于和平主义，而应该秉承"以战止战"的思想，通过网络军事力量均衡避免战争的发生。"和平建立在权力的基础上，也就是说建立在政治单元拥有的能够作用于其他政治单元的能力关系上。"③ 战略均衡无法通过协商实现，而是双方甚至是多方军事博弈的结果，一国政府通过加强网络国防建设形成网络军事实力是确保自身安全的根本途径，只有如此才能达成均衡状态。第二次世界大战期间的化学战就充分证明了力量均衡

---

① 刘先延著：《毛泽东军事辩证法论纲》，北京：解放军出版社，2007 年版，第 66 页。
② ［英］布莱恩·巴里著：《正义诸理论》，孙晓春、曹海军译，长春：吉林人民出版社，2004 年版，第 204 页。
③ ［法］雷蒙·阿隆著：《民族国家间的和平与战争（上）》，周玉婷等译，北京：社会科学文献出版社，2021 年版，第 191 页。

的必要性。当时欧洲战场自始至终都未曾发生化学战，主要原因是欧洲主要国家都拥有化学武器，在交战国之间形成了一定的战略均势，出于避免像第一次世界大战那样的伤亡才未曾爆发化学战。① 而日本在侵略中国时仍然明目张胆地大量使用化学武器，当时的中国军队没有相应的作战手段予以还击。"亘古不变的硬道理是，如果敌人掌握了某种革命性的新装备或军事技术，如果己方无法超越，至少必须拥有与之对等的东西。"② 从根本上而言，决定战争方式的并不是道德因素而是战略需求与政治利益，由于担心会遭到对方实施同等方式报复而放弃采取某种战争行动是制止战争的最为有效的途径。任何国家战略决策以及国家之间的国际法条约都应该建立在理性的利益考量基础之上，只有这样才能达到实现和平的预期效果。

从根本上而言，网络军事力量是以国家整体信息能力建设为基础的，正如恩格斯所说，"增长了的生产力是拿破仑作战方法的前提；新的生产力也必定是作战方法上每次新的改进的前提"。③ 没有国家整体网络实力作为支撑，网络国防和网络空间行动也就不具有现实基础。也许有人质疑这样会不会导致"囚徒困境"的军备竞赛，从形式上而言会出现这样的状况，但是结果却不会造成传统军备竞赛诸如导致战争、资源浪费的恶果。网络武器本质上是逻辑代码，并不需要消耗大量的资源财富进行生产列装，它的研发能够提升科技实力和智力水平，能够促进国家计算机网络技术的进步。实际上，当下仍然处于互联网初级发展阶段，网络战筹备能够从安全角度促进其全面建设发展，远不仅是维护当下和平的问题。

毫无疑问，网络空间中各个国家的军事力量并不对等，网络力量参差不齐，谋求各国之间的绝对均衡根本无法真正实现，但主张网络军事力量建设却可以达成一定的均衡状态，在一定程度上防止战争的

---

① 张景恩著：《国际法与战争》，北京：国防大学出版社，1999年版，第105—113页。
② ［美］迈克尔·怀特著：《战争的果实——军事冲突如何加速科技创新》，卢欣渝译，北京：生活·读书·新知三联书店，2009年版，第234页。
③ 中国人民解放军军事科学院编译：《马克思恩格斯军事文集（第1卷）》，北京：战士出版社，1981年版，第185页。

发生。

（二）网络国防建设至关重要

伦理学在解决具体问题时有两种判断标准：一种称之为效果论，一种称之为义务论。所谓效果论是指某种行为是否道德取决于其结果，依据行为结果来对行为本身进行区别判断，这种判断观点具有明显的实用主义色彩。而义务论则是根据义务、权利和正义等标准来判断行为是否道德，杀戮和说谎是不道德的，因为其行为性质本身就违反了道德原则，即便目的或结果是出于善良的原因也无法改变这种判断。

网络空间行动正义性的判断应该是效果论和义务论的有机统一，维护网络安全既是实现国家安全的重要内容，也是一国政府应尽的国防义务。从狭义的角度而言，所谓国防是指为保卫国家领土主权而采取的军事及其他方面的防御措施，这里虽然强调防御措施，但是其中却包含丰富的内容，为了达到防御功能需要进行国防能力建设，这种能力是进攻与防御的有机统一，具体的实现载体就是军事力量。显然，国防的内涵随着历史的发展而不断演变，随着网络空间不断扩展而不断增加新的内容，要围绕新的空间不断建设新型军事力量。"网络国防是指国家为防备和抵御网络侵略，守卫网络边疆，打击网络恐怖主义，制止网络意识形态颠覆，捍卫国家网络主权和网络空间安全，而进行的军事及与军事有关的政治、经济、外交、科技、教育等方面的活动。"[①] 既然网络空间已经成为继陆、海、空、天之外的第五大空间，其中蕴藏无尽的经济利益和社会利益，那么它就应该成为一国国防重点保护领域，网络国防建设至关重要。

传统的自然空间中的国防通常都有明确的分界线，分界线双方的控制领域是一种此消彼长的关系，而网络国防线建立在网络互联互通基础上，如果像自然空间那样划出明确的隔离线，网络空间也就不复存在。但是网络国防存在明确的国防线，如果不承认其存在国防线，也就无所

---

① 秦安：《论网络国防与国家大安全观》，《中国信息安全》，2014 年第 1 期。

谓网络国防。网络国防线是一个动态虚拟的边境线，它不是一成不变的，而是随着网络设施的增加和网络利用能力的提升不断延伸的领域线。这里用"线"来表达网络国防疆域只是为了更好地理解，实际上网络疆域是非线性的，是不断变化的，在网络运行以及实时对抗中变动不居。

网络空间互联互通，多路由、多节点、多末端的特征，使得网络边疆在社会基层无限延伸，不仅有网络嵌入实体的物联网边疆，也有人机交互形成的思想认知边疆，几乎可以说网络边疆无时无处不在，无时无刻不有。

网络国防的防御对象具有特殊性，它的主要防御对象是信息，信息具有客观性和主体性特征，或者说信息本身是一种客观存在，但是这种客观存在却能够有效影响人的主观认知。所以网络国防具有双重内涵，首先是对信息攻击的防御，其次是对人们认知的防御，前者是后者的基础，如果能够彻底杜绝信息攻击，自然能够有效守卫人的思想认知，但是很多情况下，信息攻击是潜在的而被忽略，最终造成了对人们思想认知的攻击。

网络国防涵盖了物理域、信息域、认知域和社会域，它的防御对象包括信息、物质和能量不同种形式，即是说网络国防内容是由网络的层级内容构成的，可以说网络国防繁琐复杂。

显然网络国防的建设难度与网络发展程度成正比，如果没有网络也就无所谓网络国防，是否就此可以得出网络发达的国家反而会越容易被攻击，也就越脆弱呢？的确，网络越发达也就意味着需要防御的地方越多，但是并不能直接将发达的网络与脆弱的网络等同起来，网络空间中弱者并不比强者更具优势。美国前国家情报总监迈克·麦康奈尔认为，如果发生网络战，美国肯定会输，因为其连接更多，网络资源更为丰富。其实，在美国军界和政界有不少人都持这种观点，这种居安思危充满忧患意识的观点值得肯定，这些将军政要无非是在呼吁要加强网络国防建设，而并非就意味着美国网络不堪一击。

网络空间行动尤其是战略性的行动并不比常规战争容易，甚至更加难以实施。从网络武器开发，到作战目标选定，从攻击行动实施，到战争进程掌控都依赖于军事力量实施，都离不开长期的国防能力建设。网络国防能力首先依赖于先进的计算机和网络技术，计算机软硬件技术是构筑"网络长城"的基石，如果没有自主知识产权的计算机网络技术，仅靠购买引进就会受制于人，进而导致防御体系漏洞百出。

计算机系统和网络基础设施的实力状况直接影响了数据信息的支配能力，当根服务器主要集中于美国时，整个互联网的数据大多会流向或流经美国。在看似"去中心化"的网络空间中，技术发达国家却牢牢掌握着网络控制权。"网络作为一项新事物，是先进技术，更是新的权力形态。不可否认，网络空间权力关系运作是呈现了普遍性、协作性、分散化的特点。网络超越了物理条件的制约，形成从局部到全球的网络群落，处于群落中的个人和组织从事着各类活动，地区与地区、国家与国家之间的界限被打破。作为新的权力形态，网络打破了传统国家作为全球最大独立政治单元的概念体系，并对传统国家主权和权力结构形成强烈冲击。但同样不可否认的是，权力因网络而扩散只是其中的一个趋势，而且，虽然看似与集权化、与霸权相互矛盾，但这种矛盾的双向，却能够在网络空间权力运作中并行不悖。"[①] 发达国家利用技术优势，在制定技术标准、获取空间资源等方面占尽优势，在网络消解传统权力的过程中却又形成新型控制权力。

网络国防涉及的不仅仅是计算机和互联网等网络基础设施，它还需要有天基信息平台、远程感知设备和完善的信息情报系统等，正如传统国防力量建设依赖于工业化生产能力，网络国防力量必须以信息化能力为基础，形成具有完备的攻防作战能力的国防信息资源系统。

如果没有系统的国防资源作为支撑，仅凭几个计算机黑客是无法对网络发达国家造成严重威胁的，就如恐怖分子仅凭各种枪械、炸弹等发动袭击所造成的威胁极其有限，而且还要受到道义谴责，从另外的角度而言，拥有网络支撑的传统军事力量面对没有网络支撑的一方会形成压倒性优势，就如同机械化军队面对步骑兵军队存在明显的代差一样。

随着网络空间安全成为国家安全的重要内容，维护网络安全成为各

---

① 陈森：《廓清网络安全残缺认知 务实推进网络国防建设》，《现代军事》，2017 年第 1 期。

国政府的重要职责，于是各国纷纷建立网络安全军事力量。无论是最发达的国家还是发展中国家都在建设网络部队，发展网络武器装备。对于这种状况无论是国际社会组织还是某个大国都无法进行干预和控制，因为独立主权国家建立捍卫网络空间主权的军队属于各国职权范围之事，这种状况存在具有必然性。但是若要达成力量均衡就要避免"囚徒困境"式的军备竞赛，避免各个国家将大量资源投入到不见尽头的军事研发之中，必不可少的国防建设不应该成为损害经济社会发展的沉重负担。

（三）制定网络发展战略

每个国家的网络军事战略各不相同，这既取决于各国网络实力，也与各国的战略文化传统紧密相关，网络空间行动的实施首先要有明确的战略规划，一方面要将网络力量建设放在国家网络战略规划之中加以实施，另一方面需要在国际和平背景下制定实施网络军事战略。网络建设并不是简单的信息基础设施建设，而是一种重要的国家政治和军事行动。

在互联网发展过程中，一直存在两种相异的发展理念：一种是技术逻辑主导的发展理念，认为网络完全遵循技术内部逻辑，而外部政治因素不应该过多干涉网络的建设发展；另一种则认为网络与其他技术并无不同，同样应该纳入到国家政治利益格局之中。

持第一种观点的大多为网络技术专家，他们是互联网技术发明者，深谙互联网技术逻辑中所蕴涵的开放、自由、平等的原则。网络建设之初就是不同节点之间建立的对等联系，节点之间的信息交互完全是自由平等的，后来形成的 TCP/IP 协议更是体现了这种原则。TCP/IP 协议连接的对象是成千上万的异构的、独立管理的网络，即是说，各种局域网并不用改变自身的结构，就可以接入互联网，而且各个网络之间处于平等一致的地位。

技术逻辑在互联网发展初期得到了充分尊重，技术专家们完全按照开放、自由和平等的原则开发技术、设计体系、制定制度，主导互联网发展的是一些技术性团体。客观而言，这些技术专家和团体为互联网的建设发展做出了突出贡献，他们遵从信息的本质特征来设计信息网络从而使互联网成为信息存储传输的平台，但是，这些技术专家们却过于强调技术内部逻辑而无视外部社会因素的作用，甚至由技术自治的立场而要求互联网自治，即网络组织在各种技术团体的指导下实现自我管理，不再需要自上而下的传统政治治理模式，以确保网络信息自由的最大化。在他们看来，传统社会中的政治因素若要介入到互联网势必会干涉到网络自由原则，网络空间中的各种问题都可以通过主体间自由磋商解决，通过沟通与协商就可以解决矛盾问题，根本不需要政府组织的管理协调。

其实，互联网的诞生发展既要遵循技术逻辑，亦要满足外部社会需求逻辑，社会因素对互联网的塑造不可忽视。技术的社会应用过程绝非价值无涉，不可能超越政治因素，恰恰相反，计算机网络技术发展的每一步都与政治因素紧密相关，都会受到外部社会政治、经济、文化等因素的影响与塑造。

技术应用早期存在临界规模的效应，即是说新技术的推广应用必须达到一定规模，采用该技术的用户量达到最小阈值，只有这样新技术才能够维持自我增长，否则就会逐渐萎缩或者消亡。技术发展早期必须得到政府等方面的大力资助，通过补贴的方式促使新技术的推广采用。在美国国内 TCP/IP 协议早期推行正是依靠美国国防高级研究计划局的补贴才能得以进行。此外，美国政府所支持的专用网络如能源科学网、美国航空航天局的科学网、国家科学基金会的网络等，也都采用 TCP/IP 协议进行联网。1983 年，美国国防高级研究计划局还设立了 2000 万美元的基金鼓励商业计算机供应商为它们的计算机编写 TCP/IP 协议应用程序。[1] TCP/IP 协议被嵌入到 UNIX 软件之中，然后免费提供给大学使用，这些举措推动了 TCP/IP 协议的推广应用，也大大提升了网络互联的能力。

推动 TCP/IP 协议在国际社会上广泛应用的同样是政治因素。当时在欧洲各国之间应用的是 OSI 网络标准，支持 OSI 网络标准者反对采用 TCP/IP 协议，原因是 IP 地址太少，而且行政性权力将会成为网络连接

---

[1] ［美］米尔顿·穆勒著：《从根上治理互联网：互联网治理与网络空间的驯化》，段海新等译，北京：电子工业出版社，2019 年版，第 77 页。

的障碍,因为行政性权力要求外国网络必须遵循美国的访问和使用条款。为了打消用户存在的顾虑,技术推广者通过建立技术社区的方式协调帮助欧洲局域网的接入。1989 年在阿姆斯特丹成立了欧洲网络协调中心(RIPE),1992 年又进一步成立了首个非美国地址注册机构 RIPE – NCC,数年后,亚太地区也成立了 AP – NIC 来授权该地区的地址分配。社会政治因素帮助实现技术的推广应用,而推广应用后的技术又反过来服务社会政治目的的实现。当 TCP/IP 协议成为计算机网络基本协议之后,这一协议的提出者也就成为了网络发展规则的制定者,也就掌握着互联网发展的资源。任何用户通过 TCP/IP 协议接入广域网都需要域名空间,作为"公共资源"的域名空间随着计算机网络技术发展而生成,却成为技术产权方掌控其他用户的权力资源,只有分配到特定的域名系统才能接入到互联网之上,如果取消一些联网计算机的 IP 地址,这些计算机也就在互联网上"凭空消失"。

虽然网络空间中不再受地理空间的限制和阻隔,但是这个开放、平等和自由的互联网空间需要在域名系统(DNS)的统一调配之下方能正常运转,可以通过域名系统实现对网络空间的管控。在域名系统的体系结构中,谁能够定义根区文件,谁就拥有支配顶级域名的权力,并且可以增加新的顶级域名或者将现有顶级域名分配给特定的申请者。但到底谁是正式的权威,谁拥有域名和地址空间却并不明确。正如因特网架构委员会(IAB)在 1994 年 10 月的会议备忘录中提及了域名快速增长所带来的问题,认为潜在的根本问题是"没有能够明确:谁实际控制着域名空间,公平的程序又是什么"。①

1985—1993 年,乔恩·波思泰尔(Jon Postel)根据 DNS 的"负责人"的常识概念进行授权。只要满足特定的基本管理准则,授权按照先到先得的方式进行。域名分配只是在确定联系地址应该位于这个代码代表的国家版图内而已,授权并未经过该国政府相关机构,实际上,互联网作为新兴技术产物并未引起各国政府通信管理机构的足够重视。

---

① [美]米尔顿·穆勒著:《从根上治理互联网:互联网治理与网络空间的驯化》,段海新等译,北京:电子工业出版社,2019 年版,第 124 页。

于是很多国家顶级域名都在本国大学计算机系或网络教育与研究的组织手中，然后他们再承担顶级域名下面的二级域名分配。至于申请者之间出现矛盾纠纷时，乔恩·波思泰尔（Jon Postel）通常用退回内部处理的方式加以解决，由争议双方拿出一个解决方案，否则就拒绝做出任何授权。在最初域名分配时，按照国家标准代码划分了国家代码顶级域名（ccTLD），大约有 200 个域名管理结构，支配了约 20% 的全球域名注册，分散在全球众多主权国家之中。随着许多国家的网络进入 DNS 根，这些国家的网络社区也要求拥有互联网的部分管理权。实际上，当互联网逐渐发展成熟并体现出巨大的政治和经济价值之后，世界各国尤其是美国势必会寻求掌控网络空间、占有网络资源。

取代技术专家管理互联网的是互联网名称与数字地址分配机构，这一非官方、非营利性机构执行管理顶级域名、根服务器及 IP 地址资源的分配等功能。美国商务部反复把互联网名称与数字地址分配机构说成是将域名系统"私有化"政策产生的结果，私有化一般指某一商品或服务的供应由政府转移到私营公司手中，而美国商务部转交给互联网名称与数字地址分配机构的却不是某项服务或财产的所有权，而是在域名注册行业内制定政策和立法约束规范的权力。① 互联网名称与数字地址分配机构制定实施了《统一域名争议解决政策》具体执行域名的分配管理工作。相较于技术专家管理模式，互联网名称与数字地址分配机构的管理模式是一种进步，因为随着互联网的逐渐发展壮大，技术专家们已经难以有效履行应尽的管理职责。而且互联网由世界范围内的网络连接构成，没有哪个国家能够单独占有和管控。有的学者从市场的角度来看待互联网的管理问题，"不能对互联网实施陈旧过时的国家管理模式。相反，必须实行新的国际化的非政府政策手段，这些手段必须灵活多变，以适应技术和市场的快速变革。通常情况下，这些手段依赖的是市场机制的自我调节，而非政府监管"。② 其实，互联网的本质不在于市场化，而

---

① ［美］米尔顿·穆勒著：《从根上治理互联网：互联网治理与网络空间的驯化》，段海新等译，北京：电子工业出版社，2019 年版，198 页。
② ［美］米尔顿·穆勒著：《从根上治理互联网：互联网治理与网络空间的驯化》，段海新等译，北京：电子工业出版社，2019 年版，第 158 页。

在于开放和共享，互联网名称与数字地址分配机构作为非营利性机构应该尽最大可能确保其开放和共享的程度。

自1998年成立起，互联网名称与数字地址分配机构通过签订合同的方式从美国政府那里获得管理职权，最终决定权仍然在美国国家电信和信息局，即是说互联网名称与数字地址分配机构管理模式仍然具有局限性，它还受美国政府的干预和控制。在其他国家政府和世界网民的强烈要求下，2016年10月1日，美国商务部将域名系统管理权正式移交给互联网名称与数字地址分配机构，明确不再干预其日常运作，但是仍然保留了对域名系统职能的管理权限，美国对互联网名称与数字地址分配机构和域名系统的影响力超过其他国家。①

互联网名称与数字地址分配机构被认为是网络技术社区自下而上形成的自治载体。它是之前网络技术社区在新历史条件下的延续，是政府组织借鉴网络技术社区而成立的一种官民结合的国际组织。互联网名称与数字地址分配机构对核心资源"根"具有垄断控制权，即是说它能够从整体上控制域名行业，从而控制了互联网最重要、最根本的资源，这种权力与技术无关，而是来自于它对"根"的直接占有。"整体来说，ICANN是一个建立在人为稀缺性和规范性控制基础上的、保守的、集团主义者的管理体制。任何对保持和复兴互联网革命性特征感兴趣的人必将绕开这一管理体制。"② 客观而言，互联网名称与数字地址分配机构作为一个非营利性组织它本身并没有利益诉求，但是各个国家及其政府却势必谋求利益，对于各个独立的国家尤其是资本主义国家不会放弃对互联网的掌控。

在互联网发展过程中，无论如何都无法绕开政治国家，这里并不否认互联网对传统政治实体及其运行模式的冲击，但是它并没有颠覆和消除传统国家政府的存在，恰恰相反，它始终未能脱离政治影响的逻辑。互联网对国家的传统主权形成挑战，它的结构与组成就是全球性的，其

---

① 张影强等著：《全球网络空间治理体系与中国方案》，北京：中国经济出版社，2017年版，第8页。

② [美]米尔顿·穆勒著：《从根上治理互联网：互联网治理与网络空间的驯化》，段海新等译，北京：电子工业出版社，2019年版，第252页。

通信能力是全球范围即时到达，不像传统技术那样可以被一国或数国政府独占，甚至是连管辖与治理也需要各国政府之间通力合作。又如，其通信模式改变了传统信息流动模式，也改变了传统社会控制机制，改变了社会财富的生成机制，这势必对政府工作运行模式及重点领域产生了巨大影响。伴随互联网发展而产生的诸如互联网工程任务组（IETF）、互联网名称与数字地址分配机构等技术性组织以及互联网巨头企业，也势必对传统国际政治格局产生重要影响。总而言之，互联网深刻影响了传统政治格局，使得原本相对孤立的政治实体之间建立起了千丝万缕的联系，尤其是在互联网安全管理领域是一损俱损、一荣俱荣，没有哪一家能够在网络灾难中独善其身，这也就是网络安全战略与其他领域安全战略所不同的地方。

从另外的角度而言，网络也成为了国家安全的重要内容，政府需要围绕网络安全研究制定安全战略、建设军事力量。"安全已经成了一个普遍的口号，它揭示了一个开放和自由的互联网的消极面。安全往往与重建科层体系以及监管的努力联系在一起。如果有什么能够重新激活对民族国家与传统政府的渴望，那一定是对于安全的需求。"①

网络安全战略应该是基于开放、合作理念上的战略筹划，而不仅仅是军事力量的建设与运用。关于网络安全战略的制定要充分借鉴全球化治理模式，而不应该仅仅停留于国家层面，一方面要突出政府主导的网络安全格局，明确网络空间的国家主权，完善国内法律法规；另一方面要与国际社会以及其他国家网络战略相对接，使国家网络安全战略成为全球化治理的一部分。"我们没有看到哪些民族国家重新主张对全球互联网实行控制。相反，我们看到更多的是国家与全球网络之间的双向适应。不过，最近出现的将虚拟空间纳入国家安全动力体系的倾向，的确导致了对更有力的权力形式的渴求以及重新对'民族国家竞争'这一传统逻辑的大力主张。但是，当我们试图深入贯彻落实这些更有力的权力形式时，我相信我们会越来越欣赏已经浮现的柔

---

① ［美］米尔顿·穆勒著：《网络与国家：互联网治理的全球政治学》，周程等译，上海：上海交通大学出版社，2015 年版，第 159 页。

性、网络化手段的优点。"① 在互联网安全战略方面，不应该陷入简单的形而上学的一元论思维，不能坚持非此即彼的对抗性思维，而应该持一种相互影响作用的辩证统一的观点，全球格局与国家战略并非非此即彼，国家化与全球化治理机构同样可以同时并存、互为补充。实际上，互联网技术的发展进步在催生出新的治理方式和治理机构的同时，对传统政府和国家治理模式提出了严峻挑战并促使其发生了新的变化，这两个方面其实统一于同一个历史进程之中。

（四）形成网络和平条约

科学技术是社会制度文化变革的重要推动力，科技创新应用会打破已有军事平衡并建立新的平衡机制。"技术系统的进化有一个生命周期。那些创造了新资源和新经济及社会活动舞台的系统，可以逃脱制度性管理体制，创造瞬间的破坏平衡的自由和社会创新，但最终还是会建立一个新的平衡。"② 计算机网络技术的出现对军事力量构成以及国际政治格局产生重要影响，人们的战争伦理观念也需要随着网络时代的到来而进行改变。

一直以来，科技领先者会形成依靠技术优势获取战略利益的传统，而且这种传统又促使其对先进科技的不断追求，这种行为将会进一步加剧技术应用可能产生的伦理问题。这种状况美国最为典型。"为获取技术优势而研发的武器必须符合战争法的规定。但是，由于技术发展速度常常快于战争法更新速度，所以战争法本身可能并不构成太大的约束。因此，开发此类武器时，强调要在武器引进之前，对可能发挥作用的法律与伦理问题有所了解。"③

---

① ［美］米尔顿·穆勒著：《网络与国家：互联网治理的全球政治学》，周程等译，上海：上海交通大学出版社，2015年版，第219页。
② ［美］米尔顿·穆勒著：《从根上治理互联网：互联网治理与网络空间的驯化》，段海新等译，北京：电子工业出版社，2019年版，第251页。
③ ［美］简·卢钱缪、威廉·F. 包豪斯、赫伯特·S. 林等著：《新兴技术与国家安全——相关伦理、法律与社会问题的解决之道》，陈肖旭等译，北京：国防工业出版社，2019年版，第37—38页。

社会伦理问题的根源在于对技术行为及其后果的认识存在分歧，人们之间或者国家之间并未形成统一的行为规则，伦理冲突主要体现在利于战争、交往等行动过程中，其中尤其以战争行为表现得最为典型。美国海军战争学院的蒙哥马利·马科菲特提出了"规则不匹配"概念，用以描述各种文化对冲突所持的不同观点。"在战争中打击敌人时，美军可能完全依照战争法、《军事审判统一法典》及西方社会关于武力使用的成文或不成文规范，但对手也可能将美国的所作所为视为无礼的、不光彩的行为，从而使用自认为合理的战术来对抗无礼的、不光彩的敌人。"[1] 规则不匹配的概念可以拓展应用到军事技术研发和应用领域，例如有的民族就有关于杀伤破坏以及死亡的禁忌，而有的民族则没有太多的宗教传统因素。

从更根本的角度而言，人们对同一事物的认识也总是存在分歧，因为不同国家、民族有不同的文化传统和思维方式，它们之间势必会存在一定的差异。2008年，英国决定签署禁止使用、生产、储存和转移集束炸弹的《集束弹药公约》，但是美国并不认可这一公约。《关于禁止使用、储存、生产和转让杀伤人员地雷及销毁此种武器的公约》（通常称为《渥太华禁雷公约》）也存在这种情况，美国与其盟友意见并不一致，美国始终未签署这一条约。

观念上的不一致加上现实实力的差距就会导致各国之间的战略失衡，弱国会在劣势中感到危机四伏甚至是"风声鹤唳"，强国则容易恃强凌弱，在战略危局中战争一触即发。所以有学者提出要建立战略均衡的世界，"除非各方都拥有具备同样优势的武器，否则任何一方均不得拥有具备压倒性优势的武器。当新兴军事技术确实提供了这种压倒对手的优势时，它们的使用可能违反了对手所支持的公平准则"。[2] 如果对手认为

---

[1] ［美］简·卢·钱缪、威廉·F. 包豪斯、赫伯特·S. 林等著：《新兴技术与国家安全——相关伦理、法律与社会问题的解决之道》，陈肖旭等译，北京：国防工业出版社，2019年版，第137页。

[2] ［美］简·卢·钱缪、威廉·F. 包豪斯、赫伯特·S. 林等著：《新兴技术与国家安全——相关伦理、法律与社会问题的解决之道》，陈肖旭等译，北京：国防工业出版社，2019年版，第138页。

公平原则遭到破坏，就可能诉诸恐怖主义，因为传统正常渠道根本无法实现目的。换而言之，若对手使用传统战争手段无力对抗强势一方，就会违反已有准则，不择手段地攻击非作战人员。军事技术应用导致战略态势失衡，进而影响到战争伦理规范的失效，这种连锁反应会带来一系列的社会伦理问题。

客观而言，技术实力差距是客观存在的，世界各国之间的军事实力必然存在强弱之分，解决问题的方法在于在实力存在差距的国家之间建立和平条约，通过明确的条文规范各国的行动。在历史出现过针对特定战争行为的审判与规范，如1946年，纽伦堡系列审判裁定曾经对集中营囚犯实施或协助他人实施恐怖医学实验的德国医生与官员的罪行，又如1955年世界的科学家们联名发表了《罗素—爱因斯坦宣言》，指出核战争的危险，认为使用核武器将威慑到人类的生存，等等。也出现过国家之间为达成战略均衡而制定和约的案例，1972年5月26日美国和苏联签署《第一阶段限制战略武器条约》（SALT－I），同时还签订了关于《限制反弹道导弹系统条约》（ABM），也就是人们通常所说的《反导条约》，通过签订条约维持美苏之间战略进攻武器与战略防御武器之间的平衡。

在网络空间这一新兴领域中，只有有效限制发达国家的技术优势，为落后国家提供一定的发展空间，才能确保其和平稳定。到底应该形成什么样的条约呢？不妨结合网络特征和现实境遇进行规划：

一是开放互信条约，美国在其《网络空间国际战略》（2011年）中明确提出最有效的网络安全解决方案应当在确保系统安全的同时，做到不损害创新、不压制言论和结社自由、不妨碍全球的互通性。这里所提到的"全球互通性"确实道出了网络的本质所在，互联网之所以能形成就在于不同网络之间的连接，为信息架设传输通道，倘若这一点无法实现，互联网也就不复存在。各国应该遵循网络战略透明的原则，明确公布自身的发展规划与战略诉求，"战略能力与现实竞争力两者互为因果的规律屡屡得到验证，体现了重视就会领先这一基本逻辑。以战略为导向是切实提高网络空间竞争力的一种手段，透明的战略也是在国际社会平等对话和得到尊重的重要基础"。①

二是网络主权保护条约，强调网络的连通性并不意味着网络就是无主权空间，而是要根据网络本质特征明确其空间主权性，并且以立法形式保护各国的网络空间主权。这一条与上一条的开放互信条约需要统筹考量，开放性不应该冲击主权性，而主权的维护应该在开放过程中实现，不应该以封闭的方式被动地实现。

三是网络行动规范条约，网络空间行动与自然物理空间有着本质的不同，人们需要就网络行为方式达成共识，尤其是国家与国家之间的网络交往应该有统一的规范原则，要尽力避免因为行为方式差异而产生误会甚至是冲突。

和约的制定难以彻底消除网络空间中国家与国家之间的对抗，只要民族国家没有消亡，战争阴云就会如影随形，落后国家必须清醒地认识到，技术领先者不仅会凭借先进技术优势攫取现实利益，而且会利用技术优势打压后来者，并期望一直保持这种优势。"从地缘政治和大国博弈的角度来看，拥有战略支配能力的领跑国家，必然会充分利用其先发优势，实现其自身利益最大化。这种先发优势的利用，也必然伴随着对跟跑者的打压。这种打压只取决于跟跑者接近的程度和超越的意图，并不取决于追赶的方式。"② 落后国家应该积极面对这种不利局面，学会在逆境中谋求生存发展的技能并不断提升自身的技术硬实力，只有如此才能抢占一定的战略主动权。

落后国家要有针对性地发展"撒手锏"技术。军事技术的价值具有相对性意义，"对一个国家而言，真正重要的不完全在于拥有多么绝对的国防实力，而在一定意义上是'相对于其他国家而言，它拥有多大的国防实力'。事实上，任何一个国家都必须把国防研发投资供需均衡放到与其他国家的比较当中去分析。即站在国家安全利益的最高层次观察，以判断一国的国防实力与可比较的外部军事实力之间的优劣"。③ 核武器

---

① 魏亮、魏薇等编著：《网络空间安全》，北京：电子工业出版社，2016年版，第22页。
② 方兴东、崔光耀主编：《网络空间安全蓝皮书（2013—2014）》，北京：电子工业出版社，2015年版，第110页。
③ 马惠军著：《国防研发投资研究》，北京：中国财政经济出版社，2009年版，第77页。

这种绝对武器一下子把美国等发达国家的技术优势给彻底抹平了，诸如实力较为弱小的国家也同样能使超级大国望而生畏。从实用性的角度而言，落后国家需要掌握一些"撒手锏"武器，只有这样才能制衡超级大国的讹诈。当然"撒手锏"武器可以是针对特定敌人的某种特殊武器，比如基因武器、生物武器等，也可以是大规模杀伤性武器，比如核武器、气象武器。"撒手锏"武器不一定要具有实战效能，它的目的是为了慑止对手不敢轻举妄动。"朝鲜一向将发展核武器归因为美国对朝鲜的'敌对政策'，因此要'以核制核'。……从 1993 年朝核危机初起迄今，朝鲜的核能力已经完成了从谈判筹码到威慑手段的转换。"① 这里不讨论核扩散的伦理问题，不评论朝鲜进行核试验的对与错，但是就事件本身而言，朝鲜把核武器看作是制衡超级对手的"撒手锏"武器技术，拥有它就可以让对手望而生畏，三思而行。

　　网络空间中弱小一方同样需要拥有某种网络"撒手锏"，以实现对强大国家的制衡。弱小国家必须认识到，单凭规则的制定是无法消除网络空间霸权的，因为这种霸权来自于技术优势，如果不能在技术层面加以限制，那么霸权必定难以消除。法律规则层面的斗争是必须的，但是根本点却在于技术硬实力的提升，形成能够应对甚至是限制霸权挑战的技术手段，这样才能构建合理的网络空间秩序。这其中，网络实力又是应对挑战的最为基础性、关键性的能力，它代表的是网络安全的最高水准。

二、网络空间和平的责任分担

　　德国学者马克斯·韦伯提出责任伦理旨在防止最坏后果的出现。责任伦理所关注的是承担行动后果的行为，它旨在唤起行为主体的危机意识，确立起相应的规范约束以防止人类的整体性灾难。对于战争而言，

---

① 樊吉社：《朝核问题重估：僵局的根源与影响》，《外交评论》，2016 年第 4 期，第 35—58 页。

责任伦理至关重要，因为战争本身是极端暴力的交往方式，它势必会带来极具破坏性的严重后果，主体的责任伦理意识会产生重要的影响。

（一）避免战争的责任

战争是达成政治目的的暴力手段，而政治目的通常是为了特定的经济、领土等具体利益问题，也可以说战争本质上是为了谋取利益，但是战争的强大破坏力使得这种战争谋利行为大打折扣。实际上，现代战争中高科技武器的杀伤破坏力已经将战争推向导致崩溃的边缘，世界主要国家都在尽力避免战争。

网络空间行动具有复杂化、正规化的趋势，散兵游勇式的黑客攻击将无法达成特定的政治目的，或者只是一种网络暴力行为，而不是真正意义上的网络战争。世界上主要国家掌握有先进的网络技术，只有它们才有实力、有条件实施网络空间行动，这些国家应该担负起网络大国职责，尽力避免战争。

世界主要网络强国应该承担起避免战争的责任，因为只有它们才有能力发动网络战争。一直以来关于网络战争的认识并不明晰，甚至有人将网络战争与网络刺探、网络袭扰、黑客攻击等相混淆，从严格意义上而言，这些行为都不属于网络战争范畴，它们至多只能算是网络行动。随着网络军事力量建设和网络国防的加强，网络空间行动将逐渐成为一种建制化、专业化的战争行动，它有专门的武器装备、作战人员和行动准则，非专业人员将难以实施有效的攻击。当然，计算机黑客仍然会存在，他们仍然能够凭借自己的专业技能在网络空间"畅游"，正如传统社会中的恐怖分子携带武器进行杀伤破坏但难以达成政治目的一样，网络黑客即便能够造成重大经济损失甚至是灾难性后果，但是难以达成战争目的。

实际上，随着网络国防建设的加强，网络空间安全秩序也必然明显改善，凭借个体技术和一腔热情的黑客的影响将会越来越小。"电信运营商需要部署安全措施保护自由的网络基础设施。银行、零售商等私营机构需要制定安全机制保护内部网络和与客户之间的传输安全。计算机公司需要发布软件更新版本，修复已经发现的软件漏洞。普通网民也需要承担安全责任，在个人计算机上安装防火墙和杀毒软件。所有这些安全措施集合在一起，构成了大部分的互联网安全生态系统。"[1] 网络安全问题不仅体现于国家层面，而且深入到普通人的日常生活，社会各领域安全水平的提升进一步提高网络战争的门槛，只有建设专业作战力量的国家才能够实施网络战争。

发达国家掌握先进网络技术设备，要主动避免战争发生。美国在软硬件领域都占据绝对的优势。美国控制了全球互联网的大部分设施，全球互联网13台根域名服务器中，有10台在美国；微软操作系统在个人计算机操作系统领域的市场占有率在85%以上；思科核心交换机、路由器遍布全球网络节点；英特尔的CPU占据全球计算机90%以上的市场份额；高通和苹果的芯片占据了60%的智能手机市场；谷歌在全球搜索市场份额高达68%。[2] 这些商业公司都在美国政府的管理控制之下，从另外的角度而言，美国可以通过商业公司对全球的网络实施影响甚至进行控制。

实际上，作为网络大国美国并没有承担起应尽的和平职责，而是扮演了网络空间中最大的利益主体，不断谋求网络空间中的优势支配地位以实现利益最大化。计算机和网络等信息技术的通用性较强，既可以应用于军事领域，也被广泛应用于民用领域，在和平时期体现为商业产品，而在战争冲突时期则具有了军事功能。以微软、谷歌、推特等为代表的计算机和互联网企业代表美国政府的利益，扮演着美国网络霸权战略急先锋的角色。美国的微软公司是世界上最大的软件公司，大约85%以上的个人计算机使用微软开发的操作系统，美国政府能够通过这些巨头企业操控世界范围内的计算机。例如，2009年5月30日，微软公司关闭了古巴、伊朗、叙利亚、苏丹和朝鲜5国用户的MSN聊天系统，给这些国家造成了不小的恐慌和麻烦。微软公司推广其产品的同时，也就将美

---

[1] [美]劳拉·德拉迪斯著：《互联网治理全球博弈》，覃庆玲等译，北京：中国人民大学出版社，2017年版，第101页。

[2] 程工编著：《国外网络与信息安全战略研究》，北京：电子工业出版社，2014年版，第7页。

国国防部的触角伸向了对方。微软公司推广应用桌面安全配置，通过安全内容自动化协议（SCAP）实现安全配置部署和合格性检查，但是这个工具可以按照具体需要对系统的配置进行修改，因此 SCAP 被美国网络司令部用于网络攻击在技术上不存在任何问题。"在硬件和软件开发或发送过程中，网络掠夺者寻找或操纵供应链，比如：在软件中嵌入病毒或木马，在硬件中设置旁路通道、隐蔽通道或其他缺陷，以备其将来利用。'军备竞赛'将可能使全球供应链风险更加复杂。"①

据有关文件显示，美国国家安全局为了实现对全球的监控，要求多家网络公司在其产品中安装后门程序。从 2009 年开始，美国国家安全局专门启动了一项针对中国的网络入侵和攻击行动，目标包括商务部、外交部、银行、电信公司、网络设备提供商等。实际上，美国掌握了全球信息核心技术、关键基础设施以及国际互联网的技术标准，美国政府只需启动网络武器，通过分布于各国核心节点的通信设备连接，便可使其他国家陷入混乱乃至解体崩溃。看似民用商业化的计算机和互联网实质上也在军事化，若想维护自身网络空间的利益和网络空间安全，各个国家势必要推进网络军备建设。

倘若美国在软硬件产品中都留下暗门，以备未来战争之需，势必会留下未来战争的隐患，这些漏洞既成为美国发动战争的诱因，也容易被他国甚至是极端团体、计算机黑客所利用，成为安全隐患。至于西方国家政府是否在民用商品中安置插件或留有漏洞，难以有确凿证据论证说明，而且这种做法违背了商业伦理道德，即便是存在也会被实施者极力遮掩。但是，这里要强调的是战争作为政治工具是有界限的，如果任意拓展战争边界势必会导致战争泛滥，造成严重的社会危害。

与商用产品武器化不同，组建军事力量、开发网络武器已经成为公开的秘密，世界主要国家几乎都建有网络部队，拥有研制网络武器的机构。政府组织要对武器技术的研制、生产、保管和使用负责，确保其在绝对安全条件下的合理使用。要肩负起保护网络武器不流失的责任，确

---

① 吕诚昭：《需要关注在网络空间中的"军备竞赛"》，《计算机安全》，2010 年第 11 期。

保网络武器始终在政府和军队的掌控之中,对本国网络武器担负起监管职责,保证它是达成政治目的的暴力工具,而不致成为滥施暴力的工具。美国学者布拉德·史密斯将网络武器的失控比喻为常规武器里"战斧"巡航导弹失窃,他认为各国政府应高度重视储藏并利用漏洞可能对平民造成的损害,呼吁在网络空间中也同样要遵守物理空间中适用于常规武器监管的规则。至于网络武器的使用更是要充分考虑可能蕴含的巨大风险,避免因滥用武力而损失更大的政治利益。

2017年5月,一种利用Windows操作系统编号为MS17-010漏洞的"勒索"病毒开始在互联网上广泛传播,在世界范围内众多使用Windows操作系统的用户感染病毒,而不得不向勒索者即病毒制造者支付赎金才能恢复数据。这一病毒之所以能在世界范围内快速传播并造成巨大损失,美国政府难辞其咎。"勒索软件事件发生的逻辑链条是:黑客入侵造成美国情报部门所开发的强大网络武器的外泄,黑客将这些国家力量支持和开发的网络武器改造成恶意软件。能够得逞的另一个关键因素在于美国等各国情报机构利用软件漏洞作为网络武器,却不及时通知科技公司修补这些软件漏洞。"[①] 政府机构在发现系统漏洞后不是选择修复,而是利用其开发出了网络武器"永恒之蓝",而这种武器又被黑客窃取转化成了犯罪工具,漏洞的军事化应用大大增加了其破坏性。"勒索"病毒暴露出的漏洞风险只是冰山一角,政府机构囤积的系统漏洞及开发的网络武器在网络空间孕育了巨大的风险。

爱因斯坦曾呼吁:"关心人的本身应该始终成为一切技术上奋斗的主要目标……用以保证我们科学思想的成果会造福人类,而不致成为祸害。"[②] 武器技术显然已经"背离"了技术发展的初衷,它以杀伤和破坏为第一目的,这就更需要对其应用进行伦理规约,以更"人道"的方式实现其政治功能。

之所以使用暴力手段,目的不在于施暴,而在于维护和平。漏洞利

---

① 方兴东、陈帅:《辨析美国网络安全战略的错误抉择——从"勒索"病毒反思美国网络安全战略》,《汕头大学学报(人文社会科学版)》,2017年第5期。
② [美]爱因斯坦著:《爱因斯坦文集(第三卷)》,许良英等编译,北京:商务印书馆,1979年版,第73页。

用转化为军事应用的目的不是为了实施破坏,而是一种达成政治目的的"暴力"手段,其本质在于实现政治目的而不是为了网络战争。"对于所有的道德危机而言,问题就在于不正当动机行动与承诺目标不一致。特别是,(美国国家安全局)漏洞评估程序的运行相较于美国政府将自己从零日漏洞供应链中剔除所带来的安全并不明显。"[1] 网络武器强大的进攻能力势必会造成网络空间的巨大破坏,人们不应该过度仰仗武器技术而忘记了和平原则。漏洞利用应该像核武器一样转化为一种战略威慑武器,通过展示大规模网络破坏能力而达成威慑效果,使敌对方不敢贸然发动网络攻击,最终形成网络和平的局面。

网络建设发展既是一个渐进融合渗透的过程,也是一个不断完善升级的过程,一方面网络覆盖范围不断增大,网络不断向基层末端延伸,其将逐渐渗透到社会各个领域,产生不同的信息终端,甚至会与物质设施相融合;另一方面其自身结构体量也在不断完善增加,比如结构更加复杂、传输流量不断增大等。显然,网络建设发展中的安全防御需求也是在不断提升的,网络发达国家面临更多挑战的窘境依然存在。"一个穷国可以动员许许多多聪明人来对一个先进富裕的,但严重依赖其信息系统的国家造成严重损害。而在真实世界中,这种小国的入侵行为将被强大的国家给予粉碎性的回击。如果一穷二白的入侵者本身在网际空间中没有坛坛罐罐可以顾忌,而富甲四海的对手既不愿意流血,也没有其他更好的施压方式,那么富方就会对入侵者敬而远之,同时避免与之的贸易往来和其他的生产活动。"[2]

发达国家网络应用程度较高,网络战争中受影响更大。显然,越是发达的国家网络应用程度也就越高,应用得越多也就意味着依赖性更大,也就会面临更多的攻击与挑战,这种逻辑思维一直被美国的官员政客所强调,借此他们呼吁美国国会和政府要高度重视网络基础防护设施建设和防御力量建设。在 21 世纪初期这种观点尤其盛行,有学者认为,"技

---

[1] Alex Hoffman, "Moral Hazards in Cyber Vulnerability Markets," Computer, December 2019, pp. 83 – 88.

[2] [美] 马丁·C. 利比奇著:《网际威慑与网际战》,夏晓峰等编译,北京:科学出版社,2016 年版,第 70 页。

术发达国家的基础设施在计算机网络攻击中更为脆弱,这种攻击将导致平民日常生活的混乱和军队机动能力的丧失"。① 曾任美国总统国家安全顾问的克拉克还专门计算了不同国家的网络战总体实力,得出美国战力不如朝鲜的结论。

表6-1 网电空间战（网络战）总体实力②

国家	网电空间攻击能力	网电空间依赖度	网电空间防御能力	总分
美国	8	2	1	11
俄罗斯	7	5	4	16
中国	5	4	6	15
伊朗	4	5	3	12
朝鲜	2	9	7	18

在21世纪初作出这个判断并无不妥,但是随着网络基础设施建设不断完善,网络力量建设不断加强,这种判断结果将会被颠覆。实际上,作为世界上头号网络军事强国的美国从未放松过对基础设施和网络军事力量的建设,先后出台的系列战略规划、总统指令就充分说明了这一点。作为互联网的诞生地和最为发达的国家,美国对互联网的应用和依赖程度远高于其他国家,因此也面临更大的网络和信息安全威胁。正如有学者断言:"21世纪的计算机网络攻击战略可与20世纪下半叶的核威慑战略相当。"③ 截至2015年,美国先后颁布了40多份与网络安全有关的文件,形式包括战略、计划、行政令、总统令等。④ 美国国防部先后发布了《国防战略报告》（2005年）、《网络空间行动战略》（2011年）、《网

---

① Jennie M. Williamson, "Information Operations: Computer Network Attack in the 21st Century," US Army War College Strategy Research Project, Carlisle Barracks, 2002, p. 10.
② [美] 理查德·A. 克拉克、罗伯特·K. 科奈克著:《网电空间战——美国总统安全顾问:战争就在你身边》,刘晓雪等译,北京:国防工业出版社,2012年版,第133页。
③ Jennie M. Williamson, "Information Operations: Computer Network Attack in the 21st Century," US Army War College Strategy Research Project, Carlisle Barracks, 2002, p. 10.
④ 程工等编著:《美国国家网络安全战略研究》,北京:电子工业出版社,2015年版,第1页。

络空间战略》（2015 年），将网络空间作为与陆、海、空、天相并列的"第五空间"，明确提出网络震慑力量建设和主动出击战略。"通过大力建设网络安全的攻防能力、重视网络武器的研发和使用、强调先发制人的网络空间威慑和报复战略，美国旨在以进攻性的手段追求其在网络空间的绝对优势、'行动自由'和绝对安全，提防和牵制中国等国家网络安全攻防能力的发展，以期实现其对信息、网络战略空间的垄断。"[1] 在网络防御方面，美国国防部专门制订了"信息保障和生存能力计划"，具体包括战略入侵评估计划、入侵容忍系统、故障容忍网络、信息保障科学工程计划、网络空间指挥控制战计划等 8 个分计划。投入数百亿美元用于研制开发各种网络防御系统和技术装备，例如网络诱骗系统、"网络狼"软件系统和网络攻击报警系统等。网络攻击装备的典型代表是"舒特"系统，该系统属于网电一体作战工具，以电子干扰电磁波、防空雷达电磁波为载体实施入侵行动，取得系统控制权限后，通过修改作战参数，或者利用病毒瘫痪敌方的计算机系统。

虽然有学者认为，在未来冲突中单靠网络空间行动不可能取得胜利，有的学者则认为，在有限目标战争中，赛博空间武器可能是最有效的以弱对强的利器。[2] 实际上，发达国家加强网络建设固然能够改进防御能力，甚至是总体提升网络实力，但是网络空间的基本利益格局却是无法改变的。

正如在核战争中，常规力量占优的国家的优势并不明显，在网络空间行动中常规力量优势同样难以发挥。事实上，在当下国际社会环境中攻城掠地式的武力打击已经没有用武之地，试想一国怎么可能派出庞大的轰炸机群袭击另一国？但是在虚拟的网络空间中却可以通过袭击其某个城市的水电系统造成大范围破坏甚至导致社会瘫痪。

网络空间中各个国家联系更为紧密，战争的破坏力将更具附带性、联通性，各个国家应该尽力避免战争，积极构建网络空间命运共同体。

---

[1] 颜琳、陈侠：《美国网络安全逻辑与中国防御性网络安全战略的建构》，《湖南师范大学社会科学学报》，2014 年第 4 期。

[2] ［美］托马斯·G. 曼肯：《赛博空间战和赛博空间作战》，载《外国军事学术集萃·2011》，北京：解放军出版社，2013 年版，第 89 页。

网络空间行动社会规约的前提条件是硬实力，没有足够强大的网络防御能力和作战力量建设，就难以在国际社会上形成稳定公平的伦理规范。

（二）承担战争后果的责任

网络空间行动发生于虚拟的网络空间，由于虚拟空间密闭而不可见，无法准确及时辨别作战主体，实施战争者通常逃避战争责任。这对于网络空间行动的正规化极为不利。网络空间行动并非什么特殊的东西，只是战争的一种形式，是达成政治目的的暴力手段，与之前物理暴力不同而属于信息暴力的手段，对于网络空间行动不应该噤若寒蝉，也不必谈及色变，而应该将其合法化、正规化。

公开宣战。为了达成某种政治目的，例如惩戒对手、胁迫对手等，在不便或者不愿意采用常规军事力量时可以发动网络空间行动，但要明确告诉对手己方将会实施网络攻击，公开承担实施战争的责任。

2019年6月20日，伊朗革命卫队击落一架美军无人机，为了实施报复，美国政府计划于当日晚上对伊朗境内目标实施火力打击，但是最后时刻叫停计划，转而实施了网络攻击，致使伊朗控制导弹发射的计算机系统和一个"间谍网络"陷入瘫痪。在这个案例中美国想要报复伊朗，但是无人机被击落这一事件本身的严重性有限，倘若直接火力打击敌方境内目标就可能引发战争，所以常规军事手段无法有效达成惩戒对手的目的，其效用有限。在这种背景下，网络空间行动反而成为了有效达成政治目的的手段，而且特意选定伊方的火箭和导弹发射控制系统以及间谍网络作为目标，较好地实现了对等报复的目的。在这次事件中，网络空间行动作为独立的军事行动达成政治目的，具有重要的代表性意义，更为重要的是美国明确了网络空间行动的实施步骤，先实施后宣战。对伊朗方面实施的网络空间行动很快就被美国《华盛顿邮报》公布于世，这是一种非官方但具有高度可信性的发布方式，这种宣传与宣战无异，使得网络空间行动成为一个完整的整体，成为达成政治目的的完整工具。

从战术层面而言，战争行为具有秘而不宣的特点，为的是达到出其不意的效果。但是就整个战争层面来说，没有哪个国家不对战争行为进行公开表态的，都会竭力表达所从事战争的正义性，对战争行为的辩护也就意味着承担了战争的责任。网络空间行动将会从幕后走向前台，将会成为一种独立的作战手段，成为作战主体公开承认的作战方式。

实施网络空间行动而不敢公开承认，另外一个重大原因在于这种新兴战争方式尚未得到国际社会的认可，各个国家都不敢冒天下之大不韪而宣称实施了网络攻击，所以这种作战方式只能在隐秘条件下实施。

如果仅仅攻击敌方的军事指挥控制系统和信息系统自然不会引发任何伦理问题，攻击其他社会目标是否就违反战争伦理原则呢？我们不妨来分析一个战争案例。

科索沃战争发生于20世纪末，在78天的时间里交战双方没有地面部队接触，北约一方通过远程精确打击的方式对南联盟实施打击，既有从战场之外上千公里处发射巡航导弹的攻击，也有出动作战飞机投射精确指导武器的攻击，打击目标是地面部队和军用物资等。实际上，当南联盟方面的各种军事力量及设施都精心躲避、隐藏之后，一些民用设施，如桥梁、铁路、公路、工厂、电视台等也成为了打击目标，对这些目标的打击具有决定性意义，不仅削弱了南联盟的抵抗意志，更重要的是瘫痪了其经济社会运行体系，进而使其军事力量失去了作战能力。当交通、通信以及电力等系统被破坏后，即便是仍然保留大量的军事力量，这些军事力量因被阻断分割而无法机动，难以对敌方实施反击。在科索沃战争中，战争后期的轰炸已经难以区分哪些是军用哪些是民用，这里并不是要否定战争伦理的区分原则，而是强调战争实践中军民区分具有很大的模糊性，甚至根本无法具体区分。这一点并非在科索沃战争中才显现出来的，从古至今的战争都是如此，没有哪场战争能够离得开社会经济基础的支撑，民事与军事紧密地联系在一起。

科索沃战争展现出了独特的作战方式，北约通过空中火力打击而且从始至终未曾派出地面部队参战就赢得了战争，但是科索沃战争仍然属于传统战争方式，实施杀伤的主要手段仍然是火力。网络空间行动与传统战争作战机理大相径庭。在战争过程中，通过网络攻击瘫痪敌方的指挥控制以及信息通信系统，使敌方的有生力量如同失明失聪一般从而失去作战能力。单独实施网络空间行动时，通过网络攻击使敌国的电力、交通、金融等各领域出现混乱，直至其不堪重负而放弃抵抗。相较于传统火力所造成的物理破坏，网络攻击的后果展现出了更大的弹性空间，它或许仅仅造成无形数据的损毁而没有物理损害，也可能因造成网络系统崩溃而导致发生灾难性后果。所以关于网络空间行动出现了截然相反的两种看法，有的学者认为与常规暴力相比，网络暴力的物理性、情感性、象征性以及由此而来的工具性都要稍逊一筹。[①] 而有的学者则认为，"尽管网络攻击极少对目标网络系统释放直接物理力量，但它们能对个人或物体造成极大损害"。[②] 其实不必纠结于网络攻击的后果到底是更为严重还是稍逊一筹，因为网络攻击具有暴力性能够产生破坏性后果确定无疑，它就是一种达成政治目的的暴力手段。所谓网络空间行动是否正义并不取决于其自身，而是决定于在背后起支配作用的政治目的，发动战争的国家及其动机应该受到伦理审判。

由于网络空间虚拟不可见，网络空间行动本身难以察觉并进行明确判断，但是不应该成为实施者逃避责任的依靠，恰恰相反，任何国家实施网络空间行动都必须明确告知社会，并接受社会舆论监督和道德审判。这里并不是说必须在战前就公开宣布，如果那样，网络空间行动根本无法实施，而是强调要对战争后果担负起责任，合乎政治目的自然会得到国际社会的认可，否则将会受到国际社会制裁和道义谴责。当责任伦理一旦树立起来，它就会成为约束各国的有效机制，因为在发动实施网络攻击之前需要认真衡量网络空间行动的合法性、正义性问题，而不会因为虚拟空间缺乏监管、监督而肆意妄为。

由于网络空间具有联通性，众多计算机以及各种系统都连接在网络之上，网络攻击可能会造成连锁反应，也就是产生不必要的附带损伤，甚至可能出现战争进程失控的现象，在网络上造成重大的灾难事件。这就对网络空间行动提出了更高的专业化要求，作战目标是什么、通过什

---

① [英]托马斯·里德著：《网络战争：不会发生》，徐龙第译，北京：人民出版社，2017年版，第13—14页。

② [美]迈克尔·施密特总主编：《网络行动国际法塔林手册2.0版》，黄志雄等译，北京：社会科学文献出版社，2017年版，第407页。

么方式发动攻击、达到什么样的交战后果等都必须明晰界定，并且严格按照作战计划实施。而这一切都依赖于先进完善的计算机网络技术，如果没有技术作为支撑作战行动根本无从实施，而先进的技术和正确的战术运用又需要专业化的军事力量建设。只有建立专业的军事力量，将网络空间行动公开化、正规化才能够解决网络安全问题，而一味地从抽象的道德角度、以所谓网络和平为借口反对网络军事化，其实是一种绝对和平主义，不具有现实性意义，对于解决网络和平和网络安全等问题并无现实意义。

无论人们是否意识到，网络空间每天甚至是每时每刻都在发生着刺探、攻击，无论是网络强国或是弱国，无论是个体黑客还是团体组织都在网络空间中通过行动达成自己的目的，这才出现了网络空间中纷乱的局面，与其混乱无章不如明晰界定，通过明晰网络空间行动的责任而使其合法，让国家以军事力量的形式最终掌握网络空间的管控。

从另外的角度而言，当强调网络空间行动后果责任时，也就赋予了国家在网络空间的主权，国家权力以军事力量这一最高政治力量的形式在网络空间中体现出来，国家这一政治实体也就担负起维护网络空间安全与和平的根本职责。

（三）战争溯源归因的责任

网络空间本身是不可见的，但是人们的网络空间活动却可能留下相关信息，这些信息若为他人获得就容易造成隐私泄露问题，甚至是被他人利用造成利益损害。因此，网络空间活动必须匿名化，使得人们在网络空间中的活动无迹可寻，但是这就导致了另外问题的出现，即匿名性助推了一些人利用网络从事非法有害活动，而后却可以逍遥法外。

匿名网络的出现具有双面性，一方面它成为保护网络隐私的有力手段，另一方面却成为非法从事网络行动的保护工具，具体包括有构建暗网进行非法交易，传播网络病毒，尤其是作为网络攻击的跳板等。匿名网络的出现是网络技术发展的产物，但是它却对人的网络行为尤其是网络空间行动产生了重大影响。

网络空间虚拟性以及网络活动的不可见性是一种技术特征，它本身并不存在善恶的问题，正如虚拟性为不同地域的人交往提供了便利场所，而且具有保护隐私的功能，这种性质也为各种活动隐匿行踪提供便利，使不法之徒和恶意行为者有可乘之机。

为了识别攻击者就需要对网络攻击进行追踪溯源，利用各种手段追踪网络攻击的发起者，具体而言包括定位攻击源、掌握攻击路径，对攻击进行取证以及针对性反制等。具体而言，追踪溯源包括四个层次，分别是攻击主机、攻击控制主机、攻击者和攻击组织。其中，技术层面主要解决的是攻击主机和攻击控制主机，在确定了这两个源头之后才能结合社会工程分析确定攻击者以及攻击组织。

追踪溯源攻击主机也被称为 IP 追踪，这个层面的追踪较为直接，利用路由调试、数据包日志、数据包标记、iTrace 等即可实现对攻击主机的锁定。但是攻击主机在很多情况下是"无辜者"，它们并不是发起攻击的起点，而是被其他主机"胁迫"发动攻击，因此，若要追溯到真正的攻击者还需要进一步确定攻击控制主机。"网络追踪者的挑战就是在未知控制模式的条件下，确定网络中某一事件如何因另一事件控制而发生。同时，攻击者总是提高其攻击能力，提升控制程度，使用难于被追踪者发现的控制方式。攻击者所选取的控制方式受限于其能控制的程度。"[1] 攻击控制主机的模式包括多种，如反射控制、跳板控制、非标准跳板控制、僵尸控制、物理控制等。为了提高攻击行动成功率并降低被发现的风险，攻击者会以各种手段隐藏自己的行踪，例如采用 P2P 网络和匿名通信网络等，使用免费邮箱、利用受控主机上的隐藏区等方式来窃取数据以免被发现，采用加密技术避免数据被监听和识别等。

如果说寻找攻击主机和攻击控制主机属于第一层追踪溯源的话，那么第二层追踪溯源就是要发现相关的数据信息，当然，发现的信息到底是否真实有效需要认真鉴别，因为这些信息可能是攻击者刻意留下甚至是伪造以误导追踪的，追踪溯源过程中同样存在攻防双方的博弈过程。

---

[1] 陈周国、浦石等：《网络攻击追踪溯源层次分析》，《计算机系统应用》，2014 年第 1 期。

第三层追踪溯源是将网络空间数据与自然空间数据进行关联分析，进而确定物理世界中事件的责任人。在第二层的基础上，查找确证主机攻击的行为模式、语言习惯以及文本等相关信息以锁定物理世界中的事件，然后在自然空间中对可疑人员进行深入调查取证，并最终确定实施人。"第三层追踪是从网络设备到人的跨越，将设备的控制行为与具体的自然人相关联在技术上具有极大的挑战。"① 这个层次的溯源工作的非技术特征明显增强，它需要将各种零散的信息进行综合分析、逻辑推理后，构建出关于攻击者行为的完整表述，因此，需要主体具有成熟的认知力和判断力。至于第四层的追踪溯源，就更依赖于认知分析和社会关联了，根据个人特征信息结合社会形势、政策战略等来推测攻击行动的幕后组织机构。随着追踪层次的提升，追踪的社会关联性越来越强，它需要网络战与谍报、外交等领域相互配合共同作用方能实施。

若要形成有效的网络空间行动伦理规约就必须能够使网络空间行动昭示于世，能够确切掌握这种战争发生的具体过程，掌握足够的证据确定实施网络攻击的一方。进入21世纪和平与发展已然成为国际社会的主旋律，战争只是个别局部的现象，对于世界主要大国而言，绝对不敢轻言战争，发动实施网络空间行动亦在违禁之列，通常是借助虚拟特性悄然实施而不敢大张旗鼓。于是寻找跳板、借助第三方、第四方甚至是第五方发动攻击，使自身的行动踪迹难以确定达到隐匿身份的目的。但是网络空间行动作为达成政治目的的暴力工具必须充分体现其政治性职能，而不应该成为少数国家滥施暴力的手段，使战争具有可追溯性就是确保其接受国际社会的公开审判而不至于成为一种黑暗力量，在政治目的的支配下接受伦理规范制约。

在国际社会中，任何国家包括第三方国家有责任和义务协助被攻击方追溯攻击者，即对网络攻击进行归因。这里首先要明确，"不能仅仅因为所涉及的团体或有关'僵尸'位于特定的国家内，就推定发起网络行动所在的国家或用以组成'僵尸'网络的计算机所在的国家应该承担

---

① 陈周国、浦石等：《网络攻击追踪溯源层次分析》，《计算机系统应用》，2014年第1期。

责任"。① 但是任何一个主权国家都必须加强对自己国内网络进行有效管理，提高安全度以减少甚至是避免计算机遭遇劫持而成为"僵尸"，行使这种职能亦是充分体现了强调网络国家主权的重大意义。除此以外，第三方国家应该避免己方人员听命于他国实施网络攻击，有的国家为了逃避追责指示另一国的非国家行为体利用位于多个国家境内的主机组成"僵尸"网络攻击受害国，显然，这就涉及了一国的社会治理问题，各国政府应该尽力消除网络暴力和网络恐怖主义，维护网络空间的和平。"由于黑客等非国家行为体常常发起有害的网络行动，同时鉴于网络空间有可能被恐怖分子利用，国家采取措施控制其领土内发生的网络活动的义务就尤为重要。"② 各个国家之间应该就共同维护网络空间和平、溯源网络攻击展开合作，为追捕位于自己辖区内的攻击者提供便利。《塔林手册》认为："甲国为了取得刑事诉讼所需证据而对僵尸网络采取执法行动，在未经乙国同意的情况下，接管了乙国境内的僵尸网络指挥和控制服务器，该执法行动属于对所在国依国际法享有的排他性政府固有职能的篡夺，构成对所在国主权的侵犯。"③ 如果一国不能对国际溯源行动提供支持而是对位于辖区内的攻击者进行保护，就会形成强大的阻碍。每个国家都有责任和义务帮助国际组织或者其他国家对战争行为进行溯源归因，尤其是当涉及本国管辖范围内计算机和网络时。

《塔林手册》（2.0版）明确提出审慎原则，即一国应采取审慎态度，不得允许其领土，或处于其政府控制下的领土或网络基础设施，被用于实施影响他国行使权利，和对他国产生严重不利后果的网络行动。④ 即是说任何第三方国家都有责任有义务阻止发生在己方境内的针对其他国家的网络行动，因为政府通常对网络基础设施掌握有运营权和控制权，

---

① ［美］迈克尔·施密特总主编：《网络行动国际法塔林手册2.0版》，黄志雄等译，北京：社会科学文献出版社，2017年版，第120页。
② ［美］迈克尔·施密特总主编：《网络行动国际法塔林手册2.0版》，黄志雄等译，北京：社会科学文献出版社，2017年版，第121页。
③ ［美］迈克尔·施密特总主编：《网络行动国际法塔林手册2.0版》，黄志雄等译，北京：社会科学文献出版社，2017年版，第67页。
④ ［美］迈克尔·施密特总主编：《网络行动国际法塔林手册2.0版》，黄志雄等译，北京：社会科学文献出版社，2017年版，第73页。

他们有能力也有义务对其进行监督管控。

当然问题通常并不会这么简单,因为位于领土国的第三方在对目标国实施网络行动时,通常会使用复杂而先进的恶意软件来利用领土国的政府网络基础设施,而且会刻意隐逸自己的行踪而避免被发现。网络空间行动通常假象频繁,有时采取各种伪装行动能够给人造成错误的认知。2013年乌克兰政府网站受到攻击,从各种征兆上看是北约网络合作防御卓越中心所为,但是事实并非如此。随后,北约网络合作防御卓越中心的网络、爱沙尼亚国防军和其他北约国家武装力量也受到攻击,从IP地址查看仿佛是乌克兰政府进行的报复性行动。实际上,是第三方组织在北约和乌克兰之间进行挑拨,它通过伪装诱使双方都认为是对方攻击了己方。

问题的关键在于领土国在这一事件过程中应该承担什么样的责任,应该持什么样的立场态度,是事不关己高高挂起、是推诿塞责敷衍了事,还是主动作为尽最大努力避免类似情况发生。实际上,在国际社会应该建立相应的规章制度强制性地推动世界各国避免成为第三方发动网络攻击的跳板。虽然一些国家和学者始终强调网络空间的自由性特征,以网络互联的逻辑支配网络行为,但是网络行为的逻辑却并不是无限、抽象的自由,同样是法制、规章管理下的有序实践,其中政府机构对网络空间秩序的构建具有主导性作用,承认这一点有助于正确认识网络国家主权的重大意义。

除此以外,更为重要的是各国政府之间要展开密切合作甚至是建立国际性组织,实现对网络行动的追踪溯源。因为互联网特殊运行架构使政府无法对其进行有效管理,在分散化、虚拟化的网络空间中,政府权力存在明显局限性。实际上,一方面是网络管辖权极为重要,另一方面则是这一权力的实施却又受网络空间特性的限制,网络空间属于国际性空间,网络活动的发生及影响可能会波及一系列国家,这些因素就造成了管辖权划分执行的混乱和摩擦。例如"一个罪犯是甲国的国民,但身处乙国,可能针对丙国的网络服务器发起网络攻击,以窃取丁国的个人银行账户信息。在此情形下,四个国家都可以主张一种或多种类型的管辖权。因此,就网络活动而言,执法方面的国际合作显得尤为重要"。①

案例:"海盗湾网站"

"海盗湾网站"是一个发布种子文件链接的网站,用来进行点对点的大数据共享。很多共享的文件是受到所在国家出台的知识产权法律法规保护的,直接的链接共享存在侵权嫌疑,于是文件的合法权利人就控诉海盗湾网站。这一网站本身并不承载实质性内容,只是在全球用户之间建立了链接,为了躲避所在国家的法律制裁,它不断变更物理服务器和域名。最初它将服务器转移到了没有域名管理法律的瑞典,地址也由.com变成了.se,但是这样依然没能最终解决问题,于是就转变成了全球范围内的动态分布系统,这样一来就没有任何一国政府能够对其网站内容或背后架构进行监管。

这样的案例在互联网上屡见不鲜。维基解密为了应对政府力量的盘查,建立新网站时将域名注册在瑞士,但把 IP 地址解析到瑞典,然后重新定位于法国的一个服务器上,而这个服务器注册地在澳大利亚。

案例:"洋葱路由器"

Tor 系统就是网络自由与安全保障相互冲突的典型例子。"洋葱路由器"为希望在互联网中保持秘密的使用者提供了单独的安全保护层,但是这些秘密信息可能对各国政府维持既定社会秩序造成巨大威胁。②

Tor 是一款能够完全隐匿网络行迹的软件。有的网络活动需要高度保密,不仅是内容保密,就连信息痕迹也不能留下,联络对象也不能公开。例如,与地下情报人员联络的情报机构需要保密,企业或者政要调查竞争对手官网时必须隐藏 IP 地址以免留下浏览痕迹等。简单的解决方案是隐藏自己的系统,使用第三方的代理服务器帮助自己将信息转到目标用户那里,而且代理服务器也应该是绝对"安全"。"洋葱路由器"系统就是这样一种代理服务器。这一系统由志愿者自愿提供的计算机为节点相

---

① [美]迈克尔·施密特总主编:《网络行动国际法塔林手册2.0版》,黄志雄等译,北京:社会科学文献出版社,2017年版,第95页。
② [美]P.W.辛格、艾伦·弗里德曼著:《网络安全:输不起的互联网战争》,中国信息通信研究院译,北京:电子工业出版社,2015年版,第106页。

互连接形成，网络流量在该网络中被分解成块并加密，通信时进行一个多跳路径进行，而每一跳之间的通信都是单独加密，所以监控者无法从一个单独的节点窥探到更多的信息。"'洋葱路由'能够提供端点之间的匿名性，并且很难根据位置追踪来源和目标系统。在'洋葱路由'中的每个节点都会在内存中跟踪网络连接，直到连接被断开，因此磁盘上不会存储任何内容。一旦接收到数据，就会进行到下一个节点。这就建立了一个节点回路，一旦连接被关闭，节点便不再拥有之前的终端信息。"① 简而言之，Tor 系统使用一个中间网络来完成对一个会话中源点和端点的隔离。

Tor 系统的积极意义在于通过绕过互联网审查的方式保护了匿名者在网络上的行动自由。但是 Tor 系统为网络行动者提供自由的同时，也保护了一些犯罪分子的活动，使他们能够躲避执法者的在线监听。在 2011 年的西亚北非局势动荡中，Tor 系统为运动中的反对派提供了交流信道，使得这些信道被隐藏在了普通网络交流之中而免受监控。正因为如此，人们对 Tor 系统的态度褒贬不一，有的说它是网络自由的推动者，有的认为它是邪恶的工具。实际上，无论是各种网络工具还是网络本身都是一种技术手段，技术手段无所谓好坏，关键在于合理的应用途径。

由于政府的权力通常在领土范围内执行，它在约束物理层面的网络基础设施时最为有效，政府可以通过控制基础设施和冻结金融资产，关闭办公场所，羁押甚至是逮捕相关人员施展监管权力，但是在面对分处世界各地甚至是无法确定具体归属的网络行为体时就显得无能为力了。

有学者曾建议美国政府制定阻止恐怖分子使用网络空间的战略，有针对性地提出五项建议：②

---

① ［美］苏德、尹鲍德著：《定向网络攻击——由漏洞利用与恶意软件驱动的多阶段攻击》，孙宇军等译，北京：国防工业出版社，2016 年版，第 89 页。
② ［美］弗兰金·D. 克拉默等著：《赛博力量与国家安全》，赵刚等译，北京：国防工业出版社，2017 年版，第 62—63 页。

表6-2　五项建议及拟采取的行动

建议	拟采取的行动
精心制作能吸引人且有说服力的反驳性说辞，以多媒体方式全球传播	挑战极端主义教义；提供能吸引人且有说服力的说辞；使用图表；提供来源可信的消息；扩大和增强基层民众中非极端主义者的声音
在各层次促进文化内和跨文化的对话	针对观念的差异，以及美国穆斯林被疏远、被边缘化的现实；加强公民参与；提高人民之间的交流；恰当应对媒体
关注行为科学研究需求	深化对激进过程的理解；应用社会联网理论
阻止或中断极端势力使用互联网	运用法律手段；摧毁敌人在网上建立的信任；开发利用人类智能和赛博空间的融合
解决美国政府的能力不足	解决文化和语言上的不足；重获制高点；开发战略沟通计划；拓展社会治安方案

这种单方面地进行网络安全治理终究具有局限性，在安全形势严峻的网络空间中，最佳防御措施在于合作。在解决网络安全问题方面，各个主权国家需要发挥作用，因为他们对在其领土上的人和设施拥有管辖权，网络活动及从事网络活动的人员与其他活动一样都要受到一定的管辖和限制。同时要充分发挥国际性互联网组织的功能，共同维护网络空间和平。

表6-3　互联网治理组织①

组织	事项管辖权
互联网名称与数字地址分配机构（ICANN），它包含了互联网编号分配机构的一部分功能	监管域名系统，分配IP协议地址空间，并且负责监督根区域服务器，根区域服务器为互联网流量提供基本的查找信息
互联网协会和相关组织：互联网工程任务组（IETF）、互联网工程指导组（IESG）、互联网架构委员会（IAB）	为互联网及其整体架构的运行制定标准

---

① ［美］弗兰金·D. 克拉默等著：《赛博力量与国家安全》，赵刚等译，北京：国防工业出版社，2017年版，第445页。

续表

组织	事项管辖权
万维网联盟（W3C）	为万维网制定标准
国际电信联盟	制定电信标准，包括互联网和电信系统的接口
经济合作与发展组织、欧盟、欧洲理事会、联合国各机构	针对关系到各成员重大利益的问题，制定特定政策
各国政府各自的政策协议，或者合作制定的联合协议	主要是针对网络犯罪、网络用途以及商业监管等问题，开发特定的政策
电气和电子工程师协会、国际电工委员会、国际标准化组织	产品标准、制造及测试过程标准

三、网络空间行动的国际立法

从狭义角度而言，法律与伦理并不相同，前者是一种外在强制性约束，而后者则是基于社会舆论以及主体道德判断的软约束，但是从根本职能上而言，二者并无本质的区别，都是规范主体言行的原则标准，法律是刚性的伦理，而伦理是法律外延的有效补充。"网络，不仅是一个工具，还是一个社会。这个社会，对国家而言是法域的扩展，对企业而言是市场的扩展，对个人而言是生活空间的扩展。如果用这种观点去理解网络，传统社会中有的问题，网络社会中几乎都有。"[1] 网络空间行动伦理规约势必要上升到法律层面，以国际立法的形式规范各个国家和政治实体的网络空间行动。

实际上，从世界范围内而言总是存在一些单个国家无法解决的国际安全威胁，如恐怖分子、海盗或者有组织犯罪，这就需要多国之间开展合作解决这些安全问题。"互联网治理是一个孤立和抽象的术语，它暗

---

[1] 方兴东、崔光耀主编：《网络空间安全蓝皮书（2013—2014）》，北京：电子工业出版社，2015年版，第181页。

示存在有某种官方治理实体。这个词还暗示美国国会在互联网决策中的作用。但这是个错误的名词，因为并没有真正的互联网治理，有的只是一系列协议，将若干松散分布的组织和势力连接起来。"① 网络空间行动发生于主权国家之间，国际社会若要实现网络治理就必须建立相应的法律对其进行规约。德博拉·斯帕（Debora Spar）将互联网定义为全球公共产品，指出网络空间具有全球公共产品的全球性、虚拟性和无国界性，因此真正有效的互联网政策必须是国际性的、多边性的。②

（一）网络空间治理与国际法

现代国际法起源于 1648 年的《威斯特伐利亚和约》，这一和约被认为是以民族国家为基础的国际体系的开端，从另一个角度而言，这一和约是规范约束民族国家的国际法条文，它明确赋予了主权国家对自己领土内事务的专属管辖权。《威斯特伐利亚和约》也奠定了国际法的基本格调，后来形成制定的条约和公约都有着共同的目标，即规范国与国之间的武装活动，维护国际社会的和平稳定。20 世纪以来国际社会形成各种双边、多边、区域性条约，国际法制蓬勃发展。第二次世界大战结束之际，国际社会制定的《联合国宪章》成为了世界国家普遍遵守的规范条约。

从维护主权国家利益的角度而言，必须制定网络国际法来规范各个国家的权利、责任与义务。万维网的创始人伯纳斯·李深情地描述了万维网是如何打造一个更好的世界的："万维网与其说是技术的产物，不如说是社会的产物。我设计它是为了社会影响，帮助人们一起工作，而不是作为一个技术玩具。万维网的最终目的是支持和促进我们网络式地存在。"③ 对于网络不能仅仅理解为一种技术或者工具，而应该将其看作

---

① ［美］弗兰金·D. 克拉默等著：《赛博力量与国家安全》，赵刚等译，北京：国防工业出版社，2017 年版，第 67 页。

② Debora Spar, "The public face of Cyberspace," in Inge Kaul, Isabelle Grunberg and Marc Stern, eds., Global Public Goods: International Cooperation in the 21st Century, Oxford: Oxford University Press, 1999, pp. 344–363.

③ ［美］派克·海曼著：《黑客伦理与信息时代精神》，李伦等译，北京：中信出版社，2002 年版，第 137 页。

是现实社会的有机组成部分，网络空间的组织构成、行为主体都根源于现实社会，现实社会国际关系势必充分体现于网络空间之中，网络空间国际法的重要性与现实世界一致。

现有国际法的形成经历了漫长的历史过程，是众多国家在交流实践基础上通过协商达成的一致观点和原则，这些法则能否适用于网络空间在国际社会并未达成一致观点。目前大致有三种具有代表性的主张，即"工具论"、习惯国际法论和替代方案论。① 简而言之，"工具论"认为网络空间与其他陆地、海洋、空气等空间并无不同，适用于其他空间的国际法自然能够适用于网络空间。这种观点实际上否认了网络空间的特殊性。习惯国际法论者认为，现有国际法可以转嫁于网络空间，经过修正调整后具有一定的适用性，这一观点的典型代表是《塔林手册》。替代方案论虽然承认网络空间的独特性，但是在缺乏专门网络空间国际法而现实网络空间亟需规制的情况下，可以用现有国际法代替网络国际法。虽然起点不一样，就结果而言，"工具论"和替代方案论并无本质不同，都是沿用传统国际法于网络空间。从法理上而言沿用传统国际法并无不妥，正如《马尔顿条款》所明确的那样，没有颁布新的完整的战争法规之前，应该沿用已有的原则。但是，网络空间的独特性异常突出，传统社会国际法的适用度值得推敲，仅仅沿用已有的肯定难以满足新型网络空间。

在《海牙第四公约：陆战法规和惯例公约》《日内瓦公约》和《日内瓦公约第一附加议定书》中都体现了《马尔顿条款》精神，明确武装冲突法的适用问题。例如《海牙第四公约：陆战法规和惯例公约》规定：在颁布更完整的战争法规之前，缔约各国认为有必要声明，凡属他们通过的规章中所没有包括的情况，居民和交战者仍应受国际法原则的保护和管辖，因为这些原则是来源于文明国家间制定的惯例、人道主义法规和公众良知的要求。②

---

① 刘碧琦：《论国际法在网络空间适用的依据和正当性》，《理论月刊》，2020年第8期。
② ［美］迈克尔·施密特总主编：《网络行动国际法塔林手册2.0版》，黄志雄等译，北京：社会科学文献出版社，2017年版，第373页。

以《塔林手册》为代表的习惯国际法论主张立足于网络空间新特征，将现有国际法进行调整改造适用网络空间，这种做法固然会存在牵强、粗浅等弊端，却是结合新情况进行的有益尝试。在改造过程中难免将已有国际社会的各种问题嫁接到新型空间中，西方发达国家借助习惯国际法将国际社会现存的秩序格局移植到网络空间中，与之相对，发展中国家则主张制定专门的网络空间国际条约，形成能够体现公平、协商、自由等新型国际关系的国际法。这种诉求和目标符合正义性标准，非常值得实践，但是新型网络空间的性质与地位本身尚具有不确定性和争议性，关于其国际法问题更是难以达成一致看法，因此，在短时间内制定出各方都认可并遵守的网络空间国际法几乎是无法实现的目标。

布里利教授有这样的名言："不管公平与否，当今世界认为国际法需要恢复；即使是那些对其未来有信心的人，也可能会承认，国际法在国际关系领域所起的作用相对较小。"① 近100年前讲的这句话，不断得到实践的证实，即便是国际社会都普遍认可的国际法规也可能受到超级大国的威胁和挑战，国际法的强制约束力难以真正体现。但是，即便是存在倒退的问题，也不应否定国际法的进步意义，对于网络空间尤其如此，要利用国际法推动构建形成和平正义型的新空间。

推动网络空间国际法的形成，首先要正确认识网络空间的性质，它不仅是一种技术空间，更是一种社会空间。毫无疑问，网络空间首先是技术空间，是由网络技术及各种设备构成的空间，这一点与传统自然空间有差异，虽然海、空、太空等空间的利用离不开技术的支持，但是这些空间本身是自然性存在，而网络空间是人造空间，其技术性本质更为深刻。当谈及网络安全问题时，法律学者和技术专家的看法并不一致，"法律学者所指的网络安全一般是'秩序'层面的网络安全，即各类主体利用网络工具或者在网络社会中进行活动应当遵守社会安全秩序。技

---

① Zhao Hong, "International Law at a Crossroad: The International Rule of Law: An Ideal and the Reality," http://www.law.fudan.edu.cn/en/news/view/index.aspx? id = 172, accessed on Feb. 13, 2020.

术专家所指的网络安全一般是技术层面的安全,包括系统安全、数据安全、信道传输安全等"。① 更有一些技术专家只肯定网络的技术特征而忽视其社会特征,网络空间是以技术为基础的新型社会形态,如果不能正确认识其社会性就无法形成完善的国际法规。有学者认为,"互联网的结构整体而言并不依赖于法律或法规,而是广泛依赖于商定的标准,如果依赖于法律法规的话,各个国家可以迫使大家遵守。标准的力量体现在系统的逻辑中:参与者必须遵守标准,否则会失去互联网的互操作性。系统工作良好,但是它过度地依赖于这种协同工作的能力,还有相关的一些行业准则"。② 网络空间的形成依赖于网络技术的发展,但是技术本身并无法解决网络安全及争端问题,各种技术标准、协议和准则无法代替国际法。

网络自由主义者认为互联网应该独立于国家政府管控之外,由互联网技术专家和用户组成的共同体对互联网进行"没有政府的治理"以提供秩序,而且这一秩序(相较于政府治理提供的秩序)更为民主与合法。其核心观点可以概括为一句话"请勿插手互联网",又称网络空间自治原则。这种观点其实难以立足,主体的互联网行为固然要遵循技术标准,但是其社会性却不容抹杀,同样需要制定法律法规来约束主体的行为。

在网络发展过程中,网络技术进步在扩展空间的同时,也促使网络空间秩序化发展,这种趋势代表着互联网仍然处于蓬勃发展时期。热力学定律揭示,封闭系统内的熵具有不断增大的趋势,最终会因熵增而达到热寂状态。"熵增效应既呈现出一种自然衰减力量,又显示出一种内在进步的自然力量,它预示着存续事物的强大不会永远持续,而必将被新生的力量替代。"③ 根据熵理论判断,互联网的建设发展是秩序化的演进,门户网站、搜索引擎、电商等各种技术的发展使互联网呈现出更加

---

① 方兴东、崔光耀主编:《网络空间安全蓝皮书(2013—2014)》,北京:电子工业出版社,2015年版,第182页。

② [美]弗兰金·D.克拉默等著:《赛博力量与国家安全》,赵刚等译,北京:国防工业出版社,2017年版,第473页。

③ 罗明伟著:《互联网战略变革与未来》,北京:人民邮电出版社,2018年版,第33页。

有序的格局，使互联网呈现出熵减效应的进化过程，但是技术进步在降低网络熵值的同时，也会产生一定的信息噪声，实际上技术应用通常会产生两方面的后果，当有人用它降低熵值的同时势必会有人用它增加熵值。网络空间中的各种恶意非法行为尤其是网络攻击行为就会导致无序性的增加，如果不加以治理规范会导致网络空间的混乱甚至是崩溃，网络空间国际法旨在构建合理网络秩序。人类历史上形成海洋法完善构建合理的海上贸易秩序的做法可供借鉴。

15—16世纪是人类历史上的航海时代，造船技术和航行技术的发展为世界航行提供了技术条件，海洋成为贸易和通信的主要通道，没有哪个国家拥有海洋的控制权，人们也没有形成关于航海的通行法则。在这样的背景下，海盗行业昌盛不衰，不仅有单纯的海盗，也有获得国家批准的私掠式的海盗，还有各国军队在海上干着海盗的营生。在1812年英美战争期间，海盗式的私掠舰队掠夺了500多艘船只，给英国殖民者造成了严重的经济损失，英国殖民者不得不与海盗进行谈判。但是海盗行为模式逐渐受到人们的抵制，因为这种行为模式毫无规则可言，实际上只会造成更大的混乱和损失。到1861年美国内战时，林肯总统不仅拒绝雇佣海盗，还谴责聘用他们的不道德行为。

对比今天的网络空间与若干世纪前的海洋是何其相似，"和海洋相似，网络空间也被看作是由特定的利益相关者组成的生态系统。'责任和义务'并不是市场机制自然作用的结果，但通过默许不良行为或维护公共秩序，可以创建相应的激励机制和行为框架"。[①]

借鉴当年世界各国打击海盗的做法，可以形成网络空间治理的有效方法。

第一，处置那些获得利益并驱动犯罪行为的避风港和市场。例如破坏并关闭海盗交易战利品的市场，打击那些为海盗提供庇护的国家和地区。在网络空间中同样存在为网络犯罪提供庇护的公司和国家，只有清除这些庇护因素，才能彻底消灭网络犯罪。通过开展合作扰乱网络武器

---

① [美] P. W. 辛格、艾伦·弗里德曼著：《网络安全：输不起的互联网战争》，中国信息通信研究院译，北京：电子工业出版社，2015年版，第170页。

地下交易市场，跟踪并打击攻击者的私人资产。

第二，建立网络条约和规范。为了保护海洋成为自由贸易的安全通道，世界各国形成了一系列协议，这些协议的理念是，为了确保海上主权，一个国家应该对所有从其境内发出的任何攻击都承担责任。1856年《巴黎宣言》的发表，宣布了海盗私掠在世界范围内是一种非法行为。

第三，国家之间建立信任合作机制。1812年英美战争结束后，即便是英国皇家海军和美国海军之间不断进行军备竞赛，但是他们在打击海盗领域达成共识并开展合作。在一般条约和规范的范围，建立更深的了解和信任关系，这一点对网络空间治理同样重要。即便是存在军事竞争甚至是军备竞赛，但是在消除网络空间重大安全隐患、打击网络犯罪、维护网络空间领域自由贸易等方面仍然需要加强合作，这样才能达到利益最大化。

海洋法的形成经历了数个世纪的演变，网络空间国际法的形成绝非朝夕之间能够实现。工业革命后的许多新型治理形式，包括从萌芽状态到定型的知识产权指定、从原始管理到《国际海洋法》正式实施，都经历了半个多世纪甚至百年有余。"由于某些战争工具经历着快速的技术变化，冲突性质也可能快速变化。但是，由于国际法（特别是战争法）建立在社会共识之上，对于冲突期间哪些行动正当和不正当的定义与理解，其变化相应要缓慢得多。"[1] 各个民族国家在新建立的网络空间中的地位不相同，对这一新生事物的认识也不相同，若要对利益冲突导致的战争行动进行定性规范自然会困难重重，必然要经历一个漫长发展演变的历史过程。

网络战争法的形成要超越传统国家主权的不可转让性与不可分割性。网络空间国家主权让渡服务于网络空间治理需要，基于主权国家自主意愿，这不仅是主权国家行使权力的一种体现，而且是维护国家利益的一

---

[1] ［美］简·卢·钱缪、威廉·F. 包豪斯、赫伯特·S. 林等著：《新兴技术与国家安全——相关伦理、法律与社会问题的解决之道》，陈肖旭等译，北京：国防工业出版社，2019年版，第25页。

种方式。欧盟成员国自主让渡部分网络主权转移给欧盟，以达到在欧盟层面进行网络治理维护国家利益的目的。例如，欧洲成员国通过让渡部分网络空间国家主权成立的网络信息安全局与欧洲警察组织、欧洲网络犯罪中心等组织，加强了在网络空间治理中的联合与合作，更好地维护了欧盟成员国的网络安全与发展利益。欧盟成员国网络主权让渡实践表明了网络空间国家主权自主有限让渡没有减弱国家主权的地位，而是更好地维护了国家网络安全与发展利益。

（二）网络空间战争法

在1919年《国际联盟盟约》和1928年《巴黎非战公约》都将战争看作是非法行为，而在此前一直将战争当做解决争端的合理方法，到1945年《联合国宪章》明确规定"各会员国在其国际关系上不得使用威胁或武力"，在国际关系中明确了战争行为的非法性，与此同时，却赋予了国家在面临武力侵略时具有进行自卫的权利。在由民族国家构成的世界格局中，战争必将长期存在，它是各个政治实体达成政治目的的暴力工具，战争法只能从原则上限制战争的发生，但不能消除战争，只要存在政治分歧与纠纷，矛盾尖锐演化的最终结局必然是战争。理解这一点，是制定网络战争法的关键。

网络战争法首先要遵守《联合国宪章》的基本原则，遵循禁止使用武力的原则。网络战属于新型战争形态，而不能与一般的技术活动、情报刺探等相混淆，它的制定与实施属于政治性暴力范畴。不可否认，在互联网诞生初期，一些技术人员或计算机黑客制造出病毒会导致产生严重的损失，但这些并不是网络战争，它们充其量只是网络安全事件。

1998年秋，美国宇航局的一名研究员发消息称，他们的计算机正在遭受攻击，紧接着斯坦福大学和麻省理工学院也报告了类似事件。据统计，这次攻击波及到了6000多台计算机。发动攻击的始作俑者是一个"蠕虫"，即一段恶意计算机程序代码。"和现代的拒绝服务攻击一样，这个蠕虫不会窃取信息或者删除文件，技术上来讲属于'良性'的。但是它会通过不断的自我复制，占用被感染计算机的系统资源，导致系统性能严重下降。"[1]

"蠕虫"的制造者是康奈尔大学在校研究生罗伯特·莫里斯。莫里斯声称，他发动此次攻击的动机是希望互联网安全隐患和脆弱性能得到更多关注。[2] 虽然康奈尔大学调查委员会声称互联网的脆弱性人尽皆知，不需要"天才和英雄式"行为进行揭示，但是莫里斯事件却将计算机安全事件推到了社会关注焦点，在普通人尚不知道网络为何物的时代，预示了各种网络攻击可能会接踵而至。

1999年，"梅丽莎"病毒通过电子邮件附件在互联网上大肆传播，这种病毒以"来自某某的重要文件"为标题吸引用户打开附件，从而使计算机受到感染，然后受感染的计算机又会向邮件通讯录里的前50人发送病毒邮件。"梅丽莎"病毒的泛滥很快就导致邮件服务器过载，从而扰乱计算机网络的正常运转，这个病毒最终感染了北美地区的上百万台计算机，造成了超过8000万美元的经济损失，病毒的研制者最终被判了20个月的刑期。

网络安全事件不能等同于网络战争，网络战争的主体只能是国家等政治组织，是一种针对明确目的、有组织的网络暴力行为，而网络安全事件的主体则五花八门，人们可以用网络安全事件的严重后果来对比理解网络战的后果，但是二者具有本质性差异。人们通常纠结于暴力的强度来分析是否发生了网络战争，其实关键并不在于暴力的强度而在于其性质。网络空间暴力强度已经不能按照传统标准划分，因为它的对象是信息而不是传统的实物和人员，而且网络与信息具有可恢复性，遭受攻击后能够通过重启或备份实现复原，即便是损失微乎其微也是遭受到了网络攻击。"网络行动被防火墙、反病毒软件和入侵检测或防御系统等被动网络防御击退，仍然构成一次攻击，因为如果没有这样的防御，它

---

[1] [美]劳拉·德拉迪斯著:《互联网治理全球博弈》，覃庆玲等译，北京：中国人民大学出版社，2017年版，第100页。

[2] [美]劳拉·德拉迪斯著:《互联网治理全球博弈》，覃庆玲等译，北京：中国人民大学出版社，2017年版，第100页。

将可能导致攻击后果。"① 相反，如果黑客仅仅是通过技术手段在网络上实施破坏活动，即便是造成严重的损失，也不能算是一种战争行为。

网络战争宣示法。传统战争发生时，实施战争方通常会进行宣传鼓动，因为传统战争的发生及其后果都会昭示天下，这么做的目的在于争取舆论优势，实现师出有名的目的，都是为战争寻找合法的政治理由。对于网络空间行动而言，宣示的重要性尤为突出，应该以国际立法的形式进行明确规定，只有如此才能将网络空间行动纳入政治的范畴，而不致成为技术优势方肆意而为的牟利工具。可以采取战前宣示，当敌对国家之间矛盾尖锐化，需要通过战争手段加以解决时，一方可以公开宣示发动网络攻击的意图、目标等，在对方不予理睬的情况下便可发动实施网络攻击。也可以采取战后宣示，网络攻击需要在隐蔽的情况下突然实施，如果提前宣示就无法达成作战目的，一方通常会采用先战而后宣的做法，这里要求在战争结束后攻击方必须公开其作战行动与作战目的，将自己的网络空间行动公之于众。

总之，由于网络空间具有不可见性，将网络空间行动公开化就显得尤为重要，这种公开的要求并不是否定战争行为的隐蔽性，而是在遵守作战隐蔽规则的前提下，对整个网络空间行动政治目的和行动方案的宣示，这么做是为了将网络空间行动纳入政治范畴，进而接受战争伦理原则的审判。

网络国防建设法。若使网络空间行动真正成为达成政治目的的暴力工具，必须加强网络国防和网络军事力量建设，建设正规化的网络部队以执行特定作战任务。网络空间行动组织机构不是情报部门，而是独立的武装力量，"成立独立于陆、海、空、海军陆战队之外的第五种'网军'，是正规化网络作战的最高表现形式，核心目标是能够进一步拓展网络作战职能，增强防护国家关键基础设施的能力"。② 网络空间的安全威胁，无论是有组织的敌对国家行动抑或是黑客的个别攻击，都依赖于

---

① ［美］迈克尔·施密特总主编：《网络行动国际法塔林手册2.0版》，黄志雄等译，北京：社会科学文献出版社，2017年版，第410页。

② 姚红星、温柏华：《网络运维·网络战·网络作战——"实战化网络"路在何方》，《解放军报》，2014年6月26日，第7版。

网络部队的作战职能。美军认为,网络作战要正规化,就必须打破以往过分依靠黑客个人技术能力的网络作战模式,人是网络力量的重要组成部分,但是人又恰恰是最具变数的因素,"黑客"不可能量身定制和批量生产,黑客个体天才式行动难以形成持久的作战能力。"黑客式网络作战属于游击性的作战行动,因此大力推进正规化网络作战是重要的方向性战略选择,其长远目标则是推进网络空间军事化,从而能够夺取制网权、主导联合作战。"① 推进网络部队建设关键在于作战人员培训和武器装备研发。

现实的网络部队建设需要大量的网络人才,但是实际上能够满足要求的掌握网络技术的人员数量有限。美军认为传统军事教育与训练体系难以培养出大量的适应未来网络作战的人才,需要加大网络空间人才培养以及完善雇佣特殊网络人才的政策和法律。2011 年,美国专门提出《网络空间教育与人才培养国家战略倡议》,目标就在于培养网络空间人才。为贯彻该倡议,美国信息安全审查委员会组织了一系列大型教育培训活动,2012 年的 DEFCON 极客大会上,网络司令部司令基斯·亚历山大亲自到会宣传并招募网络黑客。

网络部队建设吸收黑客参加,势必实现对黑客的训练改造,原本毫无政治性、纪律性的个体将会改造成为听从指挥、统一行动的战士,在增强网络部队的同时也减少了网络空间不安全因素。

对网络武器建设进行立法监督。计算机网络如同是一个彼此互联的复杂迷宫,网络武器一旦上线,其路径和影响往往难以预测。正如生化武器受到国际社会的抵制和监督一样,网络武器也应该被有效监管,对于破坏性大,能够造成网络联通性毁坏甚至灾难性后果的要明令禁止。虽然网络武器尚未具有像核武器那样具备毁灭地球的能力,但是世界主要国家应该借鉴之前核武器军控经验,开启网络武器军控谈判,就网络武器研发机理、使用方式等展开协商谈判,在网络军备上达成一致。

---

① 姚红星、温柏华:《网络运维·网络战·网络作战——"实战化网络"路在何方》,《解放军报》,2014 年 6 月 26 日,第 7 版。

(三) 网络空间战争行为法

在战争实施过程中，作战人员必须遵守一定的行为法则，这些法则体现了对作战人员及其暴力手段的约束。第一个就是区分原则，简单而言就是要区分作战对象，避免攻击平民人员和民用设施；第二个是不必要原则，即尽可能少地使用暴力，避免产生额外的伤亡和破坏。

这些战争行为法同样适用于网络空间行动，但是由于网络空间的独特性质，区分原则的实现就需要以新的形式表达。分布式攻击本身就是操控众多"无辜"计算机发动的攻击，而且所利用的机理是占用通信资源，因此区分原则在这里难以得到体现。

对于网络空间行动而言，区分原则首先体现在作战人员的精确实施作战方面，网络作战人员要严格按照作战计划展开行动，而不能根据自己喜好甚至是为谋取私利而展开行动。传统作战行动都有严格的指挥控制系统，确保了作战人员能够按照作战要求行动，但是网络空间对指挥控制提出了新的挑战，指挥官对作战进程和网络战场态势的了解和掌控并不容易实施，这就容易导致出现作战人员失控的局面。另外，与常规作战需要动用大型装备并在自然空间中活动不同，网络空间行动几乎都是单兵或小团体作战，作战人员私自利用网络武器擅自行动尤其需要禁止。要避免作战人员利用网络行动谋取不正当的利益，比如实施金融偷窃、隐私窥探、恶意捉弄等不道德行为。

区分原则的实现还取决于网络武器的开发设计。传统武器的发展也遵循精确化、集约化的原则，在节约能源的同时最大化地实现杀伤的目的。相较于传统武器，网络武器对精确化的要求更高，因为众多计算机都连接于网络，计算机网络如同是一个彼此互联的复杂迷宫，网络武器一旦上线，其路径和影响往往难以预测。战争中的己方、敌方和第三方等都在同一网络空间，如果杀伤机理不能有效控制，就可能在网络上造成混乱局面，不要说敌方军事和民用的区别，就连敌、我、友都难以区分。

漏洞利用武器是专门针对敌方计算机系统漏洞而开发的网络武器，

它所针对的就是存在漏洞的计算机及网络设备。从另一个角度来看，每种网络武器只能攻击小范围内的少数目标，而且与物理打击能够击毁几乎任何目标不同，一旦目标系统或者网络配置有所变化，网络武器就会立即失效。

未来网络空间行动将会成为针对性极强的专业作战，必须首先掌握被攻击目标的详细技术参数，然后根据其性能特征开发网络武器，这种网络武器只对被攻击目标起作用，对其他计算机及各种设施都是无害的。"震网"病毒就是专门为西门子公司制造的离心机而开发的网络武器，它经过多重环节转载到离心机控制台上实施破坏，而且是有计划地实施破坏。即便是实施破坏也是合理控制强度，既不能涉及面太大，也不能攻击对象太多，否则就容易引起敌对方警觉，招致反制措施，导致攻击中断而无法达成作战目的。更为严重的是，可能会被敌对方察觉追溯，进而升级为严重的政治事件，甚至引发常规战争。

军事必要原则是国际人道法的基本原则之一，军事必要原则主要是限制为达到作战目的所采取的作战方法和手段是否超出了必要的限度。相较于区分原则、比例原则和中立原则等，军事必要原则处于更为基础的核心地位。区分原则和比例原则以平民是否受伤害为临界线，区分原则在临界线之上，是一种更高的要求，希望平民能完全脱离战争带来的痛苦，而比例原则在临界线之下，要求战争结果尽量靠近这条临界线，即战争带给平民的伤害越小越好。一般来讲，在不超过必要限度范围内的军事行动是符合作战要求的，也是合法的；而超出军事必要的任何类型的暴力行为都是违反国际人道法的。适用于自卫权时，侧重于只有不存在别的方法能够阻止武装冲突时才能使用军事手段，其本意在于最大程度减小战争冲突带来的灾难，实际上是国际人道法在战争法中的体现，是国际人道法的灵魂所在。军事必要性表明了国际法并不禁止为了击败敌人所采取的措施，但攻击方在进行军事行动之前必须先寻求是否有足够强有力的备选方法来阻止敌方进一步的攻击。①

当己方受到网络攻击时，自然有必要实施反击，无论是在常规战争

---

① Gary D. Solis, "Cyber Warfare," *Military Law Review*, 2014, Vol. 219, p. 30.

中还是单独实施网络空间行动都是如此。倘若不是在这种背景下，是否还能够实施网络攻击，另外实施网络空间行动过程中如何减少伤亡都属于必要原则范畴。其实，是否必要实施网络空间行动不仅取决于战争进程，更取决于政治需求，试想当政治目的需要战争手段加以实现时，有多个途径可供选择，常规战争、核战争和网络攻击，相比较而言网络攻击可能会是最为"经济""便利""人道"的途径，在这种情况下，它是具有必要性的。

军事必要原则还主要体现在作战过程中对象、途径的选择上，这么做是否合理，是否能够在最经济的条件下达成作战目的。如果用精确的语言描述，可以看《美国海上行动法指挥官手册》，"当我们使用不受武装冲突法禁止的武力行动时，必须保证消耗最短的时间，牺牲最少的生命，占用最少的资源，实现战斗的胜利和敌方的投降"。坚持这种原则就能够克服因盲目而造成的资源浪费和无谓伤亡。实际上，网络空间互联互通的局面决定了任何网络行动都可能会波及第三方甚至自己一方，军事必要原则是网络攻击减少附带损伤的必要前提。

无论是区分原则、必要原则还是比例原则，在规范作战行动的同时，所传达的理念都是正义与人道，单就战争行为自身而言都是非正义的，因为它以破坏、伤亡为直接目的，但是若将战争行为放置于政治行为范畴之中，其正义性就会取决于政治行为这一更大范畴的属性，同时，政治正义性会对战争行为的非正义性进行规约，按照正义性要求运用武力。正义性原则使暴力性行为褪去其血腥本质，而成为一种正常的社会职业，甚至升华为神圣的职能使命。

显然，战争行为伦理及其法规不仅是一种行动约束，更是体现战争行为本质的规范，使得作战行为与罪犯杀人有了本质的区别。这种约束至关重要，不仅在于它能够使敌方减少不必要的伤亡，同时也为己方行动奠定了道德基础，使己方士兵的心理认知回归理性而不至于误入歧途。

实际上，战争行为会对人产生重要的心理作用，进而影响到实施者对人性的认知，如果不能正确引导对于杀戮行为的认知，认知偏差会产生严重的心理疾病，就会对作战主体产生潜在性的伤害，这种伤害并不次于战场上对敌方所造成的伤害。一般而言，士兵在战场上遵循一定的价值准则，这些价值准则区分了正确行为和错误行为，遵循价值准则确保了士兵行为的正义性。当新型武器技术应用于战场时就会对传统伦理提出挑战，例如无人机、智能机器人应用于战场就会危及人对自我甚至是人性的正确认知。"以明示或暗示的方式要求士兵违反其价值准则去执行不符合伦理的任务，会对这些士兵产生内在伤害，这种伤害并非身体上的，而是心理上的。特别是，要求士兵以违反道德的方式使用武器或要求他们使用有违其义务感的武器，可能很难使他们把自己的行为与价值观协调一致，最终可能导致他们很难健康地从战斗生涯过渡到平民生活。"[1]

在传统伦理中，这种对立总是明确而显而易见的，也能够引起人们警觉进而不断探索解决伦理困境的出路，但是对于网络空间行动而言则要更为复杂。因为网络空间伦理尚在随着网络技术发展而逐步形成，网络作战行为准则更是需要紧贴网络行动而不断探索，网络战伦理形成过程将会更加需要时间，但是无论如何，这一点的实现却是至关重要的。

若要对网络空间行动进行规约，首先要对网络空间行为进行规约，首先形成一般性的网络伦理规范，然后在这一基础上形成适用于战争行为的伦理规范。这样做有助于形成国与国之间通用的行为准则。由于民族、文化和地域的差异，不同国家人员行为方式有差异，如果不能消除这种差异，达成共识，那么就无法形成世人都认可的行为规范。通过形成一般性伦理规范，就可以大大降低网络空间的不当行为，网络空间主体行为具有多样性、不可见性等特征，甚至是错误操作都可能产生一些严重后果，通过规范行为可以减少错误性行为，区分出网络犯罪和网络战争等。

"一项应用的实际价值有助于人们认识与适应其新的伦理、法律和社会问题。一旦经过证明，某项应用具备很高的实际价值或作战价值，那么人们会在这种价值确立后讨论其伦理、法律和社会问题，提出其合理性。同样，如果某应用的作战价值较小，那么人们会更为强烈地抗议其

---

[1] ［美］简·卢·钱缪、威廉·F. 包豪斯、赫伯特·S. 林等著：《新兴技术与国家安全——相关伦理、法律与社会问题的解决之道》，陈肖旭等译，北京：国防工业出版社，2019年版，第169—170页。

伦理、法律和社会问题，这种抗议可能构成反对该应用的一部分理由。"① 即是说，"作战价值通常会对伦理、法律和社会问题分析的结果产生重要影响"。② 例如基因武器的研发无论是出于何种目的，都会引发一系列的伦理、法律和社会问题，这种武器只要被研发出来，它就会被用来针对某个特殊群体的人，包括各种无辜的平民。网络伦理是指在网络条件下，为适应、保障和维护网络社会正常有序发展，而逐渐形成的调整网络世界中人与人之间、人与社会之间关系的一种行为规范。③ 网络伦理应该遵循无害原则、尊重原则和允许原则等。

网络空间已经成为全民性的生存生态空间，保护这一空间的和平稳定应该成为人们的共识，在社会上应该倡导无损他人、无损社会的网络行为。英国著名的哲学家密尔曾指出："人类之所以有理由、有权利可以个别或集体地对其中任何成员的行动自由进行干涉，唯一的目的只是自我防御。这就是说，对于文明群体中的任何一个成员，之所以能够使用一种权力反对其意志又不失正当，唯一的目的只能是防止伤害到他人。"④ 网络主体在追求个性化的过程中，要时刻尊重对方的权利，尊重对方的个人隐私，并以自己的行为赢得他人的尊重。当代美国生命伦理学家恩格尔哈特认为，允许原则是为持有不同道德观的人们之间解决道德争议的原则。我们只能从别人的允许中获得涉及他人的行动的权威。⑤ 道德权威来源于允许，尊重他人的权利是网络空间存在和发展的条件。

---

① [美]简·卢·钱缪、威廉·F. 包豪斯、赫伯特·S. 林等著：《新兴技术与国家安全——相关伦理、法律与社会问题的解决之道》，陈肖旭等译，北京：国防工业出版社，2019年版，第111页。
② [美]简·卢·钱缪、威廉·F. 包豪斯、赫伯特·S. 林等著：《新兴技术与国家安全——相关伦理、法律与社会问题的解决之道》，陈肖旭等译，北京：国防工业出版社，2019年版，第111页。
③ 郑洁等著：《网络社会的伦理问题研究》，北京：中国社会科学出版社，2011年版，第18—19页。
④ [英]约翰·密尔著：《论自由》，许宝骙译，北京：商务印书馆，2022年版，第10页。
⑤ [美]H. T. 恩格尔哈特著：《生命伦理学基础（第2版）》，范瑞平译，北京：北京大学出版社，2006年版，第123—124页。